인간 폭력의 기원

인간 폭력의 기원

야마기와 주이치 지음

한승동 옮김

곰
출
판

차례

제1장 공격성을 둘러싼 신화

제2장 먹이가 사회를 만든다

제3장 성을 둘러싼 다툼

이번에 야마기와씨의 저서 《인간 폭력의 기원》이 한국에서 개정판을 찍게 됐다. 참으로 기쁜 일이다. 요즘만큼 이런 책이 널리 읽혀야 할 때도 없을 것이다. 작게는 전 세계적인 현상인 인문학적 지知의 퇴보를 막기 위해, 크게는 분쟁이나 전쟁이 점점 늘어나 일상화하고 있는 현실에 대해 가능한 한 깊이 고찰해서 어떻게든 대안을 모색하기 위해서다. 그것이 시대의 요구에 부응하는 진정한 인문학적 소임所任이라고 할 수 있을 것이다.

야마기와씨는 영장류학 분야에서 자신과 타자를 향해 "대저 인간이란 무엇인가?"라는 질문을 끊임없이 던져 왔다. 그것은 단지 학문적 흥미 차원에 그치지 않고, 이 책의 서문에서 밝혔듯이, 시대에 대한 명확한 사명감을 바탕에 깔고 있다. 그 사명감을 굳이 압축해서 얘기한다면 '평화의 희구希求'가 될 것이다.

이 책 초판이 일본에서 간행된 것은 2007년 12월이다. 당시 나는 연구휴가를 얻어 한국에 체류하고 있었는데, 야마기와씨가 이 책 서문에서 얘기한 바와 같이 '이라크 전쟁'뒤의 광경을 주시하면서 "왜 이 지경이 돼버렸을까"라는 동일한 질문을 되뇌고 있었다. 그 질문에 대한 답을 찾기 위해 나는 2008년 봄에 내가 일하는 도쿄 교외의 대학에 복귀하자마자 야마기와씨를 초청해 강연회를 열었다.

그때 깊은 인상을 받았던 장면을 기억한다. 강연 말미에 열심히 청강하고 있던 200명 이상의 학생과 시민 가운데서 질의응답 시간을 기다렸다는 듯이 한 남성이 손을 들었다.

"선생님은 언젠가 인류가 전쟁을 하지 않는 날이 올 것이라고 생각하시나요?"

야마기와씨는 차분하게 대답했다.

"예, 그런 날이 올 것이라 생각합니다."

그때 청중이 술렁거리는 듯한 느낌을 받았다. 1 더하기 1은 2다, 라고 얘기하듯 과학자다운 확신에 찬 말투였다. 나라면 저렇게 대답할 순 없을 텐데, 하는 생각이 들었다.

그로부터 10년이 지난 지금도 야마기와씨는 그렇게 대답할까. 아마도 그라면 그렇게 대답할 것이라고 나는 상상한다. 그것이 나와 같은 사람과 그가 다른 점이다. 다만 그는 '그런 날'이 내일 당장 찾아올 것이라고 얘기하진 않는다. 과학자들의 시간 척도는 우리들보다 수천 배 수만 배나 더 길다. 수백만 년의 인류 진화 역사에서 보자면 천년이나 2천 년도 일순간에 지나지 않는다.

10년이 지난 지금 야마기와씨의 인품과 사상을 알기 쉽게 전해주는 책이 일본에서 간행됐다. 《고릴라와 함께 배운다—가족의 기원과 인류의 미래》다. 매우 흥미롭고 인용하고 싶은 곳이 많은데, 일부만 이라도 소개해 보겠다.

"인간이 진화 과정에서 공감력을 높여왔다는 것은 영장류학자 모 두가 합의하고 있는 견해입니다. (중략) 공동 육아 행위가 실은 인간의 사회성을 만들어냈다고 생각하는 겁니다."

"따라서 내가 최근에 자주 문제 삼고 있는 것은 공감력의 감퇴라는 얘기지요. (중략) 인간은 가까이 있는 인간한테 친밀감을 느끼는 신체 성身體性을 통해 사이좋은 인간관계를 만들어 왔습니다. 그것이 700 만 년이라는 기나긴 진화를 거쳐 만들어낸 역사가 오랜 능력인 거죠. 그런데 그것을 점점 내버리고 있어요."

이 '공감력의 감퇴'라는 문제에 어떻게 대처할 것인가. 야마기와씨 의 과제이자 우리들 모두의 과제이기도 하다.

야마기와씨는 이제 일본 인문학계의 중책을 맡고 있는 스타이다. 2005년부터 일본영장류학회 회장을, 2008년부터는 국제영장류학회 회장을 맡아 온 그는 2014년에 근무처인 교토대학 총장에 선출됐다. 그것은 당시 큰 화제가 됐다. 그의 지도를 받고 있던 제자들이 총장 선거 때 야마기와씨에게 투표하지 말아달라는 '낙선운동'을 전개했기 때문이다. 그가 인기가 없거나 능력이 없었기 때문이 아니다. 그를 총장이라는 행정직에 빼앗겨버리는 건 영장류 연구계 전체에 커다란 손실이 된다는 이유에서였다.

본의 아니게 연구와 교육을 떠나 총장이라는 다망(多忙)한 행정직을 맡게 된 야마기와씨는 나아가 국립대학협회와 일본학술회의 회장까지 맡아 그 능력을 유감없이 발휘하고 있다.

최근 보도에 따르면 교토대학은 올해 3월 '군사연구에 관한 기본방침'을 발표해, 연구활동은 평화 공헌이나 사회 안녕, 인류 행복을 위한 것이라는 점을 지적하면서 군사연구는 그런 가치들을 위태롭게 만드는 경향이 있다고 비판하는 입장을 밝혔다. 이에 대해 방위상(국방장관)은 "방위기술에도 응용 가능한, 선진적인 민생기술을 적극적으로 활용하는 게 중요하다"며 대학의 연구 성과를 방위분야에서 활용하는 방안을 추진해야 한다고 강조했다. 방위청 간부들 사이에서는 "교토대학을 따라가는 곳이 나올지도 모른다"며 그 파급효과를 걱정하는 소리도 나오고 있다고 한다. 바꿔 말하면, 국가 통제로부터 자유롭고 평화를 위한 연구에 헌신하고 싶은 연구자들에게 야마기와씨가 총장으로 있는 교토대학이 선도적 역할을 하고 있는 셈이기도 하다.

야마기와씨는 국가와 정부를 상대할 때도 실버 백(무리를 이끄는 수컷 고릴라)처럼 태연자약한 자세로 동요하는 법이 없다. 그가 '원숭이'를 관찰하는 것은 그것을 통해 '인간'을 이해하고자 하는 것이고, '인간'의 문제를 해결하고 싶어 하기 때문이다. 그것이야말로 진짜 인문학(휴머니즘)이라고 할 수 있을 것이다.

원숭이에 관심이 있는 사람들에게 당연히 이 책을 권하지만, 어쩌면 '인간'이란 무엇인가라는 문제를 깊이 생각해보고 싶은 사람들이

야말로 이 책을 읽어 봐야 하지 않을까 생각한다. 한국인들이 야마기와라는 인물에 더 많은 관심을 가졌으면 좋겠다.

도쿄케이자이대학 현대법학부 교수
서경식

이 책을 출판한 것은 2007년으로, 사담 후세인 이라크 대통령의 사형이 집행된 직후였다. 2001년에 미국에서 동시다발 테러가 발생해 알카에다와 이라크에 대한 미국의 보복공격이 시작된 뒤 하나의 종결점에 도달한 시기였다. 세계는 테러 공포와 인간에 대한 불신과 불안이 가득 차 있었다. 인간이 이웃사람들에 대해 품고 있는 적의敵意의 성질이 급속히 변질돼 간다고 느낀 나는 거기에 제동을 걸어볼 심산으로 문제를 제기해 보기로 작정했다.

전쟁의 본질이 무엇인지를 사람들에게 얘기해서 더 이상 세계가 과열돼 가는 것을 막고 싶었던 것이다. 예상 이상으로 많은 반향이 있었다. 자연과학자만이 아니라 철학이나 사회학 분야, 일반 시민들이 다양한 의견을 보내 주었다. 내 전문분야인 영장류 분야에서도 폭력의 기원에 대한 논의가 확산됐다. 무리를 지어 살아가는 영장류는 일반 포유류보다 폭력으로 목숨을 잃을 확률이 2배 정도 높고, 인간의 조상들에게도 그런 경향이 계속 유지돼 왔다는 사실이 계통분석을 통해 판명됐다. 그것이 문명이 등장한 뒤 10~20배나 급증했다.

즉 이 책이 예상했던 대로, 정착생활定住과 농경·목축 등의 식료생산에 따른 인구 증가가 문명의 토대를 이루고 그것이 폭력의 온상이 됐던 것이다. 그 정신적 지주는 그 훨씬 전부터 공감능력이 높아지면서 이미 형성돼 있었다. 문명은 그 사용방법에서 오류가 발생한 것이다.

이 책 출간 이래 세계는 어떻게 바뀌었을까. 지난해(2017년)의 노벨평화상은 ICAN(핵무기폐기국제운동)이 받았다. 핵무기 금지조약의 실현에 노력해 온 국제 비정부기구NGO로, 세계 101개 국가와 지역에 있는 468개 단체와 제휴하고 있다. 2009년의 노벨 평화상 수상자도 '핵없는 세계'를 국제사회에 호소해 온 미국의 버락 오바마 대통령이었다.

일본은 세계에서 유일하게 대규모 원자폭탄 피해를 당한 나라임에도 제2차 세계대전 뒤에 원자력의 평화이용이라는 미명 아래 곳곳에 원자력 발전소를 건설해 왔다. 그 결과가 어떠했는지는 2011년에 일어난 동일본 대지진으로 명백해졌다. 후쿠시마 원자력발전소의 손괴로 대규모 방사능 오염이 발생했다.

원자력발전소는 핵폭탄과 같은 위험을 안고 있는 시설이다. 방사능 오염은 광범위한 지역에서 인간이 살 수 없는 환경을 만들어낸다. 그 문제는 우리 세대에서는 해결할 수 없다. 그럼에도 원자력발전소는 지금도 여전히 세계 곳곳에 건설되고 있다. 인류가 손에 넣은 과학기술의 마력이나 무기는 잘 못 사용하면 일개 국가만이 아니라 전 세계를 무너뜨릴 위험을 안고 있다. 왜 이런 지경에 빠지고 말았을까.

그 최대 원인은 우리가 폭력의 유래나 그 진정한 의미를 잘 못 이해하고 있기 때문이라고 나는 생각한다. 제2차 세계대전 뒤, "인류는 오랜 세월 수렵자로 진화해 왔다. 그리고 그 무기를 인간끼리 서로 겨누는 전쟁이 일어났다. 전쟁은 인류의 본성이며, 평화와 질서를 가져다준 가장 좋은 수단으로 계속 기능해 왔다"는 설이 등장했다. '수렵 가설'이라 불린 이 설은 전승국인 미국 사람들에게 대규모 살해자로서의 죄의식을 경감해 주는 역할을 하지 않았을까 하는 생각을 나는 한다. 원자폭탄을 떨어뜨린 것은 평화를 이룩하기 위해 어쩔 수 없이 택한 수단이었다고들 얘기한다. 미국은 같은 잘못을 베트남 전쟁에서도 범했다. 게다가 오바마 대통령도 그런 생각을 벗어던지지 못하고 노벨 평화상 수상 연설에서 "전쟁은 평화에 도움이 될 때가 있다"고 말했다.

그러나 '수렵 가설'은 잘못된 것이다. 애초에 수렵이라는 식료획득 행위와 전쟁이라는 인간끼리의 충돌은 그 동기도 목적도 다르다. 인간 이외의 동물 중에 같은 종끼리 서로 말살하려 할 정도로 강한 적의를 지닌 종은 없다. 싸움은 평화로운 공존을 추구하는 자기주장의 조정 과정에서 일어나는 사건이기 때문이다. 공존을 향한 실마리가 발견되면 싸울 필요가 없다. 오히려 싸움은 상호이해를 깊게 해 주고 연대를 강화하는 작용도 한다.

그리고 인간이 수렵 도구를 사용하기 시작한 것은 700만 년의 진화 역사 가운데 고작 40~50만 년 전으로, 그것을 같은 인간을 대상으로 서로 사용하기 시작한 것은 기껏해야 1만 년 전이다. 전쟁이라는 폭력은 결코 인간 본성에 뿌리박고 있는 것이 아니다.

그러면 왜 이토록 온 세계에서 폭력이 과열되고 서로 죽이는 일이 빈발하고 있는 것인가. 그것은 인간이 유인원과의 공통조상으로부터 분리된 뒤 위험한 환경에서 살아남기 위해 고양시켜 온 공감능력이, 말이라는 인지혁명과 정착생활, 식료생산이라는 새로운 생활 스타일을 통해 폭발하듯 확장된 결과라고 나는 생각한다. 그 싹은 먼 옛날로 거슬러 올라가지만, 공감능력은 아주 최근까지 세계의 온갖 환경 속에서 살아남기 위해 인간이 이용해 온 사회력의 원천이었다.

인간은 언제부터 그것을 잘 못 사용하게 됐을까. 어떻게 하면 거기서 빠져나와 폭력을 쓰지 않고 살아갈 수 있게 될까. 그것은 인간에 가깝지만 아직 전쟁이라는 대규모 폭력을 사용한 적 없는 고릴라나 침팬지, 그리고 원숭이들이 가르쳐 주고 있다.

그런 점에서 이 책은 점점 더 그 의미가 커지고 있다고 나는 생각한다. 지금 인간의 진화역사를 거슬러 올라가 우리가 직면하고 있는 폭력의 유래와 의미를 생각해 보는 이유는, 그것이 인간이 진정으로 서로 나눠 갖는 삶을 영위할 수 있는 확실한 미래로 우리를 이끌어 줄 것이기 때문이다.

2018년 6월
야마기와 주이치

싸움의 기억

오늘도 세계 곳곳에서는 크고 작은 전쟁이 일어나고 있다. 최근에는 나라와 나라 사이의 전쟁은 자취를 감추고 다수의 나라들이 얽힌 민족 간 또는 종교상의 대립 등 복잡하고 조정하기 어려운 분쟁이 늘고 있다. 특히 9·11 사태 뒤 국가나 민족의 범주를 벗어난 테러리즘이 전쟁의 새로운 수단이 된 감이 있다. 적의 소재나 정체가 불분명하고, 사람들은 적이 어디에서 쳐들어올지 알 수 없는 불안 속으로 내몰린다. 그것은 곧 과잉 방어나 무차별 공격을 낳고 싸움의 규모를 키운다. 자폭 테러와 인질이라는 수단이 횡행하고 전쟁과 직접 관련이 없는 사람들이 희생당하고 있다. 이제까지 사람들이 의지해 온 국가는 이미 이런 종잡을 수 없는 싸움을 중단시킬 수도, 사람들의 안전을 보장할 수도 없게 된 듯하다. 전쟁이 비참한 사태를 초래하는 게 자명한데도 왜 멈추지 못하는 것일까.

전후(제2차 세계대전 또는 일본 패전 뒤―역주)에 태어난 나는 일본에서 전쟁을 경험한 적이 없다. 그러나 오랜 동안 아프리카에서 고릴라를 조사하고 있어서 종종 분쟁지에 발을 들여놓게 된다. 우간다나 르완다, 콩고민주공화국(옛 자이르)의 내전에서는 전쟁을 피부로 느낄 기회가 여러 번 있었다. 거리에 남겨진 처참한 파괴의 흔적, 길가에 방치돼 악취를 풍기며 썩어 가는 사람들의 주검들, 끊임없이 들려오는 총성, 불안한 눈으로 모여든 사람들.

　내가 무엇보다 충격을 받은 것은 르완다 분쟁에서 난민이 돼 피난 나온 사람들의 표정이었다. 1994년에 자이르와 르완다의 국경 마을에 있던 나는 기나긴 행렬을 지어 오는 난민들을 지켜봤다. 100만 명에 가까운 사람들이 학살당한 비극이 일어난 직후였다. 많은 사람들이 서로 안면 있는 이웃들이 살육당하는 현장에 있었던 게 분명했다. 살육에 가담한 사람도 있었을 것이다. 모두 맨발로, 담요와 식기 등 겨우 몇 가지 짐을 머리에 이고 기분 나쁠 정도로 입을 다문 채 걸어가고 있었다. 사람들의 얼굴은 차갑고, 완벽할 만큼 무표정했다. 아이들은 부모의 손을 잡고, 부부로 보이는 남녀는 바싹 붙어서 걸어가고 있었는데, 아이들 울음소리도 웃음소리도 들려오지 않았다. 마치 깊은 어둠의 바닥에서 떠오른 망령들이 줄을 지어 행진하는 것처럼 보였다. 그들은 필시 나쁜 기억을 모조리 지우고 감정을 떨쳐 버리려는 것이라고 나는 생각했다.

　1996년, 1998년의 자이르 내전에서도 많은 사람들이 목숨을 잃었다. 모부투Mobutu Sese Seko(1930~1997) 정권의 독재에 항거했던 사람들, 그들을 부추기는 르완다의 새 정부군, 거기에 저항하는 옛 르완다 정부군과 민병, 어느 편에 섰는지도 알 수 없는 게릴라 세력이 복잡하게 서로 얽혀 싸움을 계속했다. 분쟁 지역에 금, 철(쇠), 그리고 우리가 사용하는 휴대 전화나 노트북 컴퓨터에 들어가는 콜탄(정련하면 고온에도 잘 견디는 탄탈럼Tantalum이라는 금속 분말을 얻을 수 있는 광물. 탄탈럼은 휴대 전화, 노트북, 제트 엔진 등의 부품 원료, 광섬유 등의 원료로 쓰인다—역주) 등의 지하자원이 풍부한 게 화근이었다. 그 채굴권을 둘러싸고 외부의 여러 나라가 이들 각 세력에 무기를 제공함으로써 싸움이 격화됐다. 오랜 기간 조사해 온 고릴라가 이 분쟁 지역 숲에 살고 있기 때문에 나는 몇 번이나 조사를 중단할 수밖에 없었다.

숲 속 동물을 잘 모르는 병사들에게 고릴라들이 적으로 오인돼 총격을 당하거나 조사 기지가 약탈당하기도 했다. 그 와중에 만난 소년병의 표정을 나는 잊을 수 없다. 총이 무거워 보였지만 소중하게 가슴에 안고 한껏 위엄을 부리면서 그들은 내 차와 짐을 조사했다. 그 도전적인 눈빛과 굳은 표정에서 함부로 말을 걸 수 없는 분위기를 느꼈다. 무심코 불만이라도 입에 올렸다가는 즉각 총의 방아쇠를 당겨 버릴 것 같은 절박감에 차 있었기 때문이다.

하지만 비상시가 아니라면 학교에 가서 동무들과 즐겁게 지내고 있을 소년들이 왜 이런 곳에 와 있는 것일까. 그들은 결코 강제로 전쟁터에 끌려와 있는 게 아니었다. 나는 어떻게든 그 이유를 알고 싶었다. 왜 이 전투에 가담했느냐고 묻는 나에게 그들은 이글거리는 눈을 치뜨며 가족이 학살당했기 때문이라고 대답했다.

그때 비로소 아, 여기에 싸움의 원점이 있구나 하는 감을 잡았다. 싸움은 극한의 파괴임과 동시에 극한의 사랑 표현이기도 했다. 전쟁으로 다치고 죽어가는 사람들의 공포와 고통은 인간이라면 누구나 느낄 수 있다. 남겨진 유족의 슬픔이나 상실감이 얼마나 클지도 이해할 수 있다. 그러나 그럴수록 그 재앙을 가져다준 적에 대한 증오와, 고통 속에 죽어간 가족의 원한을 갚아 주려는 집념은 강해진다. 나아가, 전쟁으로 위험에 처한 가족의 안전을 지키기 위해 참전한다는 동기는 정당화된다. 그것이 가족에 대한 사랑을 표현하는 최고의 방법으로 여겨지기 때문이다.

물론 전쟁은 영토나 이권을 둘러싼 정치나 경제적 의도와 계산 때문에 일어난다. 전쟁은 국가나 공동체 바깥에 적을 만들어 사람들로 하여금 내부의 모순이나 다툼에서 눈을 돌리게 만들고 동지적 단결 의식을 고취시키는 데 이용된다. 공통의 위협에 처한 사람들이 협력하는 모습이 미화되고 위정자들은 그것을 덕성이라 치켜세우며 이용해 왔다. 하지만 위정자들은 그런 동기나 의도를 겉으로 드러내지 않는다. 전선으로 가는 병사들이 품고 있는 것은 자신의 희생적 행위가 사랑하는 이들의 안전과 행복을 가져다줄 것이라는 신념이다. 전쟁을 기획하는 자들은 그런 의식을 부추기려고 기를 쓴다. 바로 그 때문에 전쟁을 막기도, 중단시키기도 어려워지는 것이다.

폭력은 어디서 왔을까

그런데 인간은 언제부터 이토록 전쟁에 집착하게 됐을까. 고릴라 사회와 비교할 때면 그 차이에 놀라지 않을 수 없다. 고릴라는 인간보다 엄청 더 크고 억세서 훨씬 더 폭력적인 존재로 여겨졌다. 분명 고릴라가 가슴을 두드리며 돌진해 오는 모습을 가까이서 지켜보면 아무리 힘자랑을 하는 남자라도 다리가 후들거릴 것이다. 그러나 그 고릴라조차 인간보다 훨씬 더 평화롭게 살아간다는 것을 나는 알고 있다.

내가 고릴라 숲에서 야생 고릴라를 추적하기 시작했을 때, 아직 고릴라들은 인간에게 그다지 길들여져 있지 않았다. 그 때문에 내가 집요하게 그들을 쫓아다니면 등이 흰 큰 수컷(실버 백silver-back이라 불린다)이 가슴을 두드리며 내 앞을 막아섰다. 나는 공포로 몸이 오그라드는 걸 느끼면서도 여기서 물러서면 고릴라들에게 받아들여질 수 없을 것이라 생각하고 가만히 수컷 마주 보기를 계속했다. 그것은 유독 큰 무샤무카라는 수컷이었다. 42마리나 되는, 드물게 보는 큰 무리의 우두머리였다.

언젠가 충격적인 일을 겪은 적이 있다. 몇 번째인가의 만남이 이뤄진 뒤 무샤무카가 결심한 듯 나를 향해 곧바로 돌진해 왔던 것이다. 피하려고 해도 몸이 말을 듣지 않았다. 무샤무카는 그 기세 그대로 달려들어 나와 충돌했다. 그러고는 우거진 풀에 발이 걸려 자빠진 채 하늘을 보고 누운 내 위를 순식간에 지나갔다. 쿵 하는 큰 충격을 가

나중에 사람과 매우 친숙해진 노년의 무샤무카(이하 특별히 출처를 밝히지 않은 사진은 모두 지은이가 찍은 것임).

슴에 느꼈으나 묘하게도 나는 편안함을 느꼈다. 살해당할 것이라는 공포는 없었고, 올 것이 왔구나 하는 생각이 머리를 스쳤다. 내가 일어났을 때 무샤무카는 이미 떠나고 없었다. 나는 가슴에 커다란 멍이 들긴 했으나 달리 상처를 입진 않았다.

그때 이후 무샤무카는 점차 나를 받아들여 주었다. 그때의 돌진으로 만족했는지, 아니면 내 기분을 알아챘는지 나에 대한 무샤무카의 적의는 분명 약해졌다. 그리고 무샤무카 뒤쪽에서 불안한 듯한 얼굴을 하고 있는 어린 고릴라들을 봤을 때 나는 무샤무카의 분노의 정체가 무엇인지 알 것 같았다. 새끼들의 안전을 위협하는 인간에게 경고를 하려 했던 것이다. 몇 년 뒤 무샤무카는 사람 곁에서 태연하게 드르렁드르렁 코를 골며 쉬게 됐다. 고릴라는 이 정도로 인간을 동료로 받아들여 준다.

가족이 살해당한 데 대한 증오로 총을 든 소년병과 새끼들을 지키려고 인간의 접근을 막으려는 수컷 고릴라. 그들이 직면한 것은 똑같이 죽음도 불사할 싸움이지만 그 둘 사이에는 큰 차이가 있다. 아이들이 무기를 들고 싸우는 사회에 미래는 없다. 고릴라는 서로의 처지를 존중할 수 있다면 적의를 드러내지 않고 사귈 수 있다. 고릴라의 새끼들은 함께 놀 수만 있으면 동료든 다른 동물이든 결코 서로 싸우지 않는다. 인간은 왜 아이들까지 상대를 말살하려는 듯 강한 적의를 품게 됐을까.

야생의 고릴라들 사이에 들어가 관찰할 수 있게 되면서 나는 고릴라의 생활을 자세히 알게 됐다. 거기서 본 것은 어떤 의미에서 인간보다 더 도덕적인 고릴라 사회였다. 고릴라는 약하거나 작은 동족을 결코 괴롭히지 않는다. 다툼이 벌어지면 제3자가 끼어들어 먼저 공격한 쪽에 충고하고 공격당한 쪽을 감싸 준다. 그리고 상대를 공격하더라도 철저히 막다른 곳까지 몰아붙이진 않는다. 하물며 상대를 말살하려는 듯한 격렬한 적의를 드러내는 경우는 없다. 적의를 드러내는 것은 자신이 부당한 대우를 받았을 때이며, 자기주장을 한 결과 그것이 상대에게 전달되면 그걸로 사태는 종결된다.

이런 식으로 적의를 표현하는 것은 분명 인간과는 다른 방식이다.

무샤무카에게 공격당했을 때 내가 얼어붙는 듯한 공포를 느끼지 않았던 것은 고릴라가 억제력을 발휘할 능력이 있다는 것을 내가 감지하고 있었기 때문일 것이다.

하지만 인간의 조상들도 옛날에는 고릴라들과 마찬가지로 다른 동물들과 공존하면서, 지금처럼 동료들에 대해서마저 살의를 품는 적대 관계를 만들진 않았을 것이다. 고릴라나 침팬지와 공통의 조상에서 진화한 인간 사회에 왜 그들에게는 없는 강한 적의가 생겨나게 됐을까. 영장류, 특히 인간에 가까운 고릴라나 침팬지 등의 유인원과 인간은 오감五感 능력도 먹이 기호도 매우 닮았다. 바로 수만 년 전까지만 해도 인류의 조상도 별다른 도구를 사용하지 않고 그들과 같은 식생활을 하였을 것이다.

그렇다면 그들과 인간 사이에 이토록 큰 공격성의 차이를 초래한 것은 무엇일까. 원래 영장류나 인간 사이에서 볼 수 있는 다툼은 어떤 원인 때문에 일어나고, 무엇이 그 해결의 실마리가 될까. 만일 인간이 다른 영장류와 그 기원이 같은데도 다른 사회성을 갖게 된 것이 다툼을 격화시키는 원인이라면, 그것은 도대체 어떻게 생겨나고 또 발달해 온 것일까.

원래 영장류 사회는 다른 포유류와 다른 성질을 갖고 있다. 그것은 영장류가 먼저 나무 위에서 생활 공간을 넓혀 간, 포유류로서는 드문 존재이기 때문이다. 우리 인간들이 세계를 인지하는 능력도, 동료들 사이에서 일어나는 갈등도, 싸우는 능력도 모두 영장류로 진화한 시절에 몸에 익힌 것이다. 인간이 싸우는 원인도, 다툼이나 화해의 방법도 그들로부터 이어받은 특징 속에서 찾아낼 수 있을 것이다. 그러나 이제까지 우리는 인간과 동물을 엄격히 구별하고, 동물이 사회를 만들어 살아간다는 생각을 하지 못했기 때문에 그런 의문을 깊이 파고들려 하지 않았다.

일본에서는 20세기 중반에 영장류학이라는 학문이 생겨나 인간과 그 밖의 영장류 사회를 비교해 보려는 시도가 이뤄졌다. 영장류로서 공통성을 탐구하면서 그 위에 인간 특유의 사회성을 그려 낼 수 있게 됐다. 거의 매년 영장류의 사회행동에 대한 새로운 발견이 보고되고 있다. 그런 최신 지식들을 섭취하면서 나는 아직 잘 모르는 인간 사회의 유래를 생각해 보려 한다.

제1장에서는 이제까지 진행돼 온 인류의 공격성에 대한 논의를 되짚어 본다. 전쟁에 이르는 인간 고유의 공격성은 수렵(사냥)이라는 생업 양식의 발전과 더불어 무기를 급속히 개량하고 그것을 동족을 향해 사용한 것이 원인이라는 주장이 있어 왔다. 그것이 과연 인류의 화석이나 영장류의 행동을 통해 뒷받침될 수 있는 설인지, 폭력이라는 것은 도대체 어떻게 정의돼야 하는지에 대해 해설한다.

제2장에서는 영장류에게 다툼의 불씨가 되는 자원은 도대체 무엇이며, 그것과 관련해 영장류는 몸과 행동의 특징을 어떻게 진화시켜 왔는지에 대해 생각해 본다. 또 영장류의 각기 다른 종이 지닌 다양한 집단생활이 어떻게 그렇게 진화해 온 것인지 그 원인에 대해서도

언급한다.

제3장에서는 성性의 경쟁을 둘러싸고 영장류가 발달시킨 해결 방법에 대해 얘기한다. 성 문제는 인간 사회에서도 해결하지 못한 부분이 많아 갈등의 원인이 되고 있다. 그것이 인간 사회의 어떤 특징에 뿌리내리고 있는지에 대해 생각해 본다.

제4장에서는 영장류가 보편적으로 안고 있는 먹이와 성의 갈등을 어떻게 해결하는지, 구체적인 예를 들어 해설한다.

제5장에서는 영장류의 특징을 이어받은 인류가 독자적으로 발달시킨 사회성이란 무엇인지에 대해 생각해 본다. 특히 소유와 가족이라는 문제, 거기서 야기되는 갈등, 폭력에 초점을 맞춘다.

마지막으로 인간이 대규모 전쟁을 하게 된 원인과 그것을 막는 방법에 대한 내 생각을 얘기한다.

지금 이 지구상에는 300종에 이르는 영장류가 살고 있다. 최초의 영장류는 지금으로부터 약 6500만 년 전에 두더지와 일본뒤쥐(두더지와 유사한 변종—역주) 등 벌레를 먹는 식충류에서 갈라져 나와 등장했다. 그 조상에 가까운 성질을 지니고 있는 영장류를 원원류原猿類라고 부른다. 많은 원원류들이 야행성夜行性으로, 몸이 작고 후각이나 청각에 크게 의존하며 살아간다. 주행성晝行性에 몸이 큰 진원류眞猿類는 시각이 발달했고, 거의 모두 집단을 이루어 살아간다. 라틴아메리카에 사는 진원류를 신세계 원숭이, 아시아와 아프리카에 사는 진원류를 구세계 원숭이라 부른다.

인류는 구세계 원숭이에 속하며, 그중에서 인류에 가까운 종을 유인원이라고 한다. 유인원에는 아시아에 사는 긴팔원숭이와 오랑우탄, 아프리카에 사는 고릴라, 침팬지, 보노보가 있는데 긴팔원숭이를 제외한 유인원과 인류는 사람과科로 분류돼 있다. 최근 인간과 침팬지의 모든 게놈genome(유전체. 한 개체의 유전자의 총 염기서열-역주)이 해독돼 그 둘 사이에 몸을 구성하는 유전자가 1.2%밖에 차이가 나지 않는다는 사실이 판명됐다. 고릴라나 오랑우탄과도 2~3% 정도밖에 차이가 나지 않는다. 인간과 유인원의 유전적 차이는 유인원과 다른 영장류 간의 차이보다도 작다.

이 책에서는 이런 계통적 차이를 토대로, 여러 종의 생태나 행동에 대한 최신 보고와 나 자신이 긴 세월 현장에서 쌓아 온 식견을 근거로 인간의 특징에 대해 생각해 보려 한다.

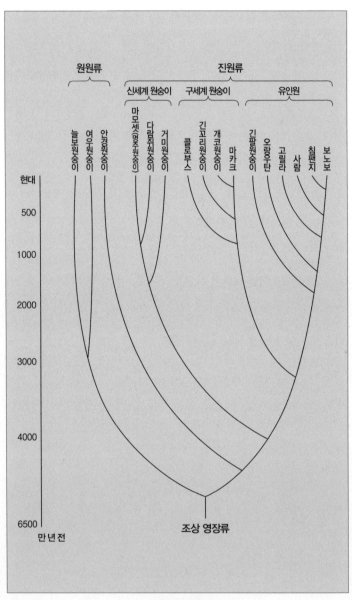

영장류의 계통도

제1장

공격성을
둘러싼
신화

인류의 진화사와
공격성

무기를 지닌 원인猿人?

일찍이 전쟁까지 벌이는 인간의 공격성에 대해 학문적 세계에서부터 일반 민중 사이에 이르기까지 활발하게 논의가 이뤄진 적이 있다. 제2차 세계대전이 끝난 직후의 일이다. 1949년 인류학자 레이먼드 다트Raymond Dart(1893~1988)는 미국 인류학 잡지에 기묘한 논문을 실었다. 그것은 1924년에 그가 남아프리카에서 발견한 오스트랄로피테쿠스 아프리카누스Australopithecus Africanus라는 화석인류에 관한 보고였다.

그 뒤 계속 화석 발굴 작업을 벌인 다트는 이 화석인류와 같은 장소에서 발견된 개코원숭이의 머리뼈에 예외 없이 이중의 움푹 팬 자국이 있는 것을 발견했다. 다트는 그 움푹 팬 자국이 영양의 상완골(어깨에서 팔꿈치까지의 뼈. 위팔뼈-역주)로 인해 생긴 것이라고 봤다. 오스트랄로피테쿠스가 이 상완골을 무기로 사용해 개코원숭이를 죽인 증거라고 주장한 것이다. 이 화석인류가 석기를 사용했다는 증거는 없다.

석기가 출토된 것은 훨씬 더 위쪽에 쌓인 지층으로, 시대가 더 지난 뒤의 일이다. 뇌 용량도 유인원과 비슷한 정도였다.

그때까지 오스트랄로피테쿠스가 식물을 먹었다고 생각했던 많은 학자들은 고개를 갸웃거렸다. 그러나 오스트랄로피테쿠스와 함께 얼룩말이나 혹멧돼지 등 대량의 포유류 화석이 출토된 것을 보고 다트는 이 화석인류가 수렵(사냥)을 한 게 틀림없다고 믿었다. 그리하여 오스트랄로피테쿠스가 동물 뼈를 사용해 수렵을 했다고 생각한 것이다.

1953년 레이먼드 다트는 오스트랄로피테쿠스의 육식에 관한 논문을 발표했다. '서서 두 발 걷기(직립 이족 보행直立二足步行)'를 시작한 오스트랄로피테쿠스가 자유롭게 된 손으로 무기를 만들어 포식자로서의 길을 가게 됐다는 내용이다. 무기를 사용하려면 근육, 촉각, 시각의 협조가 필요하며, 그것은 곧 신경계의 발달을 촉진해 큰 뇌를 형성하는 쪽으로 작용했다. 최초로 짐승 뼈를 무기로 사용한 화석인류는 이윽고 돌로 만든 돌도끼를 무기로 삼은 새로운 화석인류에 의해 멸망했다. 즉 인류를 진화시킨 것은 수렵을 통해 발달한 공격성과 무기였다는 것이다.

같은 해에 동물학자 조지 바톨로뮤George Bartholomew와 인류학자 조지프 버드셀Joseph Birdsell은 오스트랄로피테쿠스가 수렵인이었던 것을 전제로 그들의 가족 생활을 묘사했다. 활동 영역이 넓어서 벅찬 상대인 개코원숭이를 사냥하는 데는 여러 명의 사냥꾼들이 협력해야 한다. 성장이 느리고 품이 많이 드는 아기를 안고서는 효율적으로 수렵을 할 수 없다. 그래서 수렵은 수컷, 육아는 암컷 식의 성_性 분업이 일어나고 그것이 가족 형성으로 귀결됐다고 생각했다.

이들의 활동은 두 발 걷기와도 관련 지어 논의됐다. 수컷이 무기를 쥘 수 있도록, 암컷이 연약한 아기를 안고 움직일 수 있도록 손을 자유롭게 해 주는 '두 발 걷기'는 적응하는 데 유리했으며, 그것은 큰 뇌를 형성하는 데도 공헌했다는 것이다.

1955년 레이먼드 다트는 다시 놀라운 설을 발표했다. 수집된 오스트랄로피테쿠스의 머리뼈에 타격이 가해진 것으로 보이는 흔적이 있었는데, 이를 오스트랄로피테쿠스 그들 자신이 낸 것으로 추측한 것이다. 포식자로 출발한 인류는 진화사의 이른 시기에 무기를 동료에 대한 공격에 사용하기 시작했다. 그리하여 육식으로의 이행과 무기를 이용한 피투성이 싸움의 역사가 인류를 만들었다는 결론에 도달한 것이다.

'피로 얼룩진 역사' 이야기

당시 극작가로 이름을 날리던 로버트 아드레이Robert Ardrey (1908~1980)는 레이먼드 다트의 발상에서 큰 감명을 받았다. 인류의 진화에 흥미를 느끼고 그 역사를 종합적으로 고찰하겠다는 목표를 세운 아드레이는 1955년에 처음으로 다트의 연구실을 찾아가 오스트랄로피테쿠스의 머리뼈와 대면했다. 다트의 설에 감명을 받은 그는

곧 그 옹호자로 나선다. 1962년에 쓴 《아프리카 창세기African Genesis》
는 그 집대성이라고 할 만한 책이다. 로버트 아드레이는 찰스 다윈의
진화론을 토대로 당시 알려져 있던 동물행동학과 영장류학 지식을
섭렵하면서 초기 인간의 모습을 복원하려 했다. 그것은 동물이 본능
적으로 지니고 있는 공격성을 인간은 무기를 사용함으로써 확대하여
살육자로서의 역사를 걸어 현대에 이르렀다는 내용이었다. 그는 레
이먼드 다트의 설을 뒷받침하기 위해 오스트랄로피테쿠스가 무기를
사용했음을 보여 주는 24가지 증거를 들었다. 그중에서 특히 그가 강
조한 것은 오스트랄로피테쿠스 자신이 무기에 의해 살해당한 흔적이
었다. 하나는 청년기의 개체 하악골(아래턱뼈)로, 양쪽이 부서지고 정
면에서 타격을 받은 것으로 보이는 흔적이 있었다. 또 하나는 두 개
의 둥근 구멍이 뚫려 있는 머리뼈였는데, 타격을 받아 뚫린 구멍으로
여겨졌다.

로버트 아드레이는 이들 증거를 토대로 인류의 조상이 무기를 사
용해 수렵인狩獵人(사냥꾼)으로서 능력을 키우고, 그것을 같은 종족을
향해 사용함으로써 싸움의 규모를 확대해 온 역사를 그려 냈다. 식물
을 먹는 영장류로 태어난 인류는 원래 수렵인이 아니었다. 그러나 모
종의 영장류와 마찬가지로 집단으로서 영토territory(세력권)를 유지하면
서 방어하려는 본능을 갖고 있었다. 인류의 조상이 숲을 나와 초원에
서 살기 시작했을 때 수렵 능력과 기술이 발달하고 무기가 등장했다.
그 수렵 능력과 세력권 본능이 결합됐을 때 살육자로서의 길이 열렸

다는 것이다. 아드레이는 오스트랄로피테쿠스의 송곳니가 다른 영장류에 비해 훨씬 작다는 것을 근거로 무기를 사용하지 않고는 그들이 초원에서 살아갈 수는 없었으리라 추측했다. 그리고 육식 동물이 영토 확보 싸움에서 죽는 예가 많다는 사실을 들어 무기를 사용함에 따라 살상 능력이 확대됨으로써 집단 간의 싸움이 격화되었을 것이라는 결론을 내렸다.

아드레이의 주장은 과거의 인류만을 대상으로 삼지 않았다. 그는 거기에서 현대의 인간이 보여 주고 있는 싸움의 유래를 설명하려 했다. 그는 전쟁이야말로 오스트랄로피테쿠스 이래 인류의 주요 관심사였다고 보았다. 그의 주장은 이렇다. 먼 과거 시대부터 주요 정력을 무기 개량과 경쟁에 투입해 온 인류라는 종에게 전쟁을 포기하는 것은 불가능하다. 무기와 전쟁은 인간 세계에 자유와 규율을 가져다주는 최고의 수단이었다. 그것 없이 인간은 자유로운 세계를 만들 수 없다. 무장한 살육자가 된 인간이 어떻게 타자와 공존할지 지성을 짜내온 것이야말로 유례가 드문 큰 뇌를 발달케 한 동인이었다는 것이다.

로렌츠가 그린 '인간성'

《아프리카 창세기》가 세상에 끼친 영향은 컸다. 제2차 세계대전의 비극에서 재기하지 못하고 있던 사람들에게 "전쟁이 인간에게는 피할 수 없는 본능에 의한 조정 수단"이라는 걸 보여 줌으로써 과거를 긍정하게 하고 고통을 완화해 주었기 때문이다. 그것은 로버트 아드레이 자신이 얘기하고 있듯이, "전쟁을 통해 자유를 지키는 데 성공한 나라" 사람들의 마음을 강하게 사로잡았다. 그리고 이런 생각 은 동물행동학자나 인류학자들로부터도 긍정적 평가를 받았다.

콘라트 로렌츠Konrad Zacharias Lorenz(1903~1989)는 동물행동학의 시 조로, 저명한 학자다. 기러기, 갈까마귀, 앵무새 등의 조류와 함께 살면서 갓 태어난 어린 새가 처음 보는 존재를 어미로 인식하고 따 르는 '각인刻印' 현상을 발견한 것으로 유명해졌다. 동물이 본래 유 전적으로 지니고 있는 행동이 어떤 자극에 의해 해발解發(특정한 반응 이 유발되는 것)된다는 개념은 동물행동학의 기초가 됐다. 로렌츠는 이 런 생각을 토대로 1963년에 《공격성에 대하여Das sogenannte Böse. Zur Naturgeschichte der Agression》를 썼다. 공격성이라는 것이 어떻게 동물들 의 기본적 행동을 만들어 내는지 해설하고 같은 종의 동료에 대한 공 격이 내적 충동에 의해 유발된다는 것을 설파한 책이다.

또한 그는 그것이 인간에게도 적용된다고 논했다. 동물은 공격 행 동과 함께 그것을 억제하는 기구도 진화시켜 왔다. 의례적인 싸움을 걸거나 상대에게 자신의 약점을 드러내는 행동은 오히려 상대로부터 과도한 공격을 받아 상처를 입는 위험을 막아 주는 효과가 있다. 하 지만 인간은 무기를 발달시킴으로써 그런 억지 기구를 진화시키지 않은 채 싸움을 확대했다. 무기를 지님으로써 강화된 종 안에서의 도 태가 인간의 공격성을 팽창시켜, 현대는 그 배출구를 잃고 이상한 방 향으로 분출되고 있다. 즉 세계적으로 빈발하고 있는 크고 작은 싸움

그림 1-1 〈2001 스페이스 오디세이〉의 시작 부분에 나오는 장면. 공격성이 촉발된 원인이 뼈를 무기로 손에 쥔 인류의 조상으로 묘사돼 있다.

은 공격의 억제나 방향 설정에 실패한 결과라는 것이다.

콘라트 로렌츠의 책은 큰 비난을 받았다. 그중의 다수는 인문학자나 사회학자들의 비난이었는데, 인간의 공격성을 본능으로 간주함으로써 억압을 수단으로 삼는 권위적 사회를 정당화한다는 내용이었다. 인간의 과거 유산을 아무리 조사해 본들 인간을 해방시키는 이념은 생겨나지 않을 것이라는 비난도 있었다. 하지만 로버트 아드레이와 콘라트 로렌츠의 책은 일반인들의 마음을 강하게 사로잡았다. 아서 클라크Arthur Charles Clarke(1917~2008)와 스탠리 큐브릭Stanley Kubrick(1928~1999)은 아드레이의 설에서 힌트를 얻어 1965년에 영화 〈2001 스페이스 오디세이2001: A Space Odyssey〉를 제작하는 데 나섰다.(그림 1-1)

이 영화는 1968년에 개봉됐는데, '동트기 전'이라는 제목을 단 시작

부분의 장면은 유명하다. 도구를 갖지 못했던 원인猿人들이 어느 시기 우주에서 온 것으로 보이는 수수께끼의 물체와 조우하면서 영감처럼 지성의 번득임이 생겨나 동물의 뼈를 수렵 도구로 사용하는 걸 생각해 낸다. 이윽고 그것을 적대하는 동료를 향해 휘두르게 되고, 집단 간의 싸움에 무기로 사용하게 된다. 원인이 내던진 뼈가 공중에 솟아오르면서 그것이 우주선으로 바뀌어 암흑의 우주에 떠 있는 장면은 너무나도 인상적이었다. 스탠리 큐브릭은 거기서 무기와 함께 새로운 인간성이 생겨났고, 그 때문에 심판의 날을 맞이하게 되는 걸 그리고 싶었을 것이다. 인간이 본성으로 지니고 있는 공격성을 무기가 확대해 전쟁을 불러일으키게 됐다는 생각은 이 영화를 통해 사람들 마음에 확실히 자리 잡았다고 해도 좋을 것이다.

수렵
가설

수렵민은 공격적인가

현재 이 생각이 잘못됐다는 것은 몇 가지 증거를 통해 명백해졌다. 1960년대와 1970년대에 남아프리카에서 오스트랄로피테쿠스의 유적을 조사한 찰스 브레인Charles Kimberlin Brain(1931~)은 레이먼드 다트의 견해가 잘못됐다는 것을 증명했다. 동굴 안에 흩어져 있던 개코원숭이 등의 화석 뼈가 흩어져 있는 모양을 조사한 그는 그것들이 지하 동굴로 흘러 들어왔거나 표범 등의 포식자가 먹고 남긴 것이라고 단정했다. 또 오스트랄로피테쿠스에 남아 있는 타격의 흔적은 동굴이 무너져 그 밑에 깔렸기 때문으로, 머리뼈에 있던 두 개의 구멍은 표범 이빨에 의해 생긴 것임을 입증했다. 오스트랄로피테쿠스는 동료에 의해 살해당한 것이 아니라 표범에게 잡아먹혔던 것이다.

무기를 사용한 수렵 기술의 향상이 인간의 공격성을 높였다는 설도 수렵 채집민狩獵採集民에 대한 연구에서 그것을 뒷받침할 증거를 발견하지 못했다. 1966년에 시카고에서 수렵 채집민과 야생의 영장류를 연구하는 학자들이 모여 심포지엄을 열었다. 그 목적은 수렵 채집이라는 생활 양식을 모든 각도에서 되짚어 보는 것이었다. 인류가 200만 년 전에 문화를 갖게 된 뒤 1만 년 전 농경農耕의 출현에 이르기까지 그 진화사의 99% 이상이 수렵 채집 생활이었다는 사실이 논증되고, 수렵은 인류에게 불안정하고 복잡한 환경에서 살아남기 위해 가장 잘 적응한 생활 양식이었다는 사실이 확인됐다. 가장 충격적인 것은 그때까지 원시적이고 가난한 생활을 한 것으로 간주돼 온 수렵 채집 생활이 실은 풍부한 먹을거리와 여유 있는 시간을 누린, 혜택 받은 것이었다는 사실의 발견이었다.

그 심포지엄에는 수렵과 인간의 공격성을 연관 짓는, 그때까지의 생각이 짙게 반영돼 있어서 상당히 혼란스런 논의가 이뤄진 것을 볼 수 있다. 몇몇 연구자는 살인을 포함해 같은 종 동료에 대한 인간의 공격성은 수렵에 의해 배양된 것으로 보았다. 최근까지 현대의 수렵민에게도, 유럽과 미국인들에게도 전쟁은 수렵과 거의 동일한 것이라는 느낌으로 받아들여졌고, 남자들에게 즐거움을 선사해 왔다는 식의 얘기가 퍼져 있었다. 그러나 다른 연구자는 수렵민들이 싸움을 좋아하지 않는 평화로운 생활을 꾸려 간다고 주장한다. 현대의 숲에 사는 수렵민인 피그미Pygmy, Pygmies를 조사해 온 콜린 턴불Colin Macmillan Turnbull(1924~1994)은 수렵 채집민이 공격적인가 하는 질문에 대해 부정적인 대답을 내놓았다. 수렵은 공격성을 높임으로써 이뤄질 수 있는 게 아니다. 오히려 피그미족 사람들은 싸움을 막는 사회성을 발달시키고 있다는 것이다. 사막에 사는 수렵 채집민인 부시맨 Bushman이나 사바나에서 생활하는 수렵 채집민인 핫자Hadza 부족에서도 특히 싸움을 좋아하는 경향을 발견하지 못했다.

또 1950년대에 칼라하리 사막에서 부시맨을 조사한 엘리자베스 토머스Elizabeth Marshall Thomas는 싸움을 피하는 그들의 생활을 《해를 입히지 않는 종족The Harmless People》(1959)에 묘사해 놓았다. 이윽고 수렵 채집민에 대한 상세한 조사가 이뤄짐에 따라 수렵과 공격성을 연관 짓는 단순한 도식은 무너졌다. 무기의 발달에 따른 수렵 능력의 향상이 인간의 공격성을 높여 동료들 간에 서로 상처를 입히는 경향을 강화하고 전쟁 규모를 확대시켰다는 로버트 아드레이의 설은 점차 지지 기반을 잃어 갔다.

공격성은 본능에 직결되지 않는다

콘라트 로렌츠의 설에 대해서도 오류가 지적됐다. 동물 세계에서는 균형이 잡혀 있던 공격성과 그 억지 기구가 무기에 의해 균형이 깨어짐으로써, 확대되는 인간의 공격성을 막을 수 없게 됐다는 것이 그의 생각이었다. 그러나 동물행동학의 발전에 따라 이미 인간 이외의 동물에서도 단순히 본능이라는 말만으로 공격 행동을 설명할 순 없게 됐다. 동물은 환경이 촉발하는 행위 유발 자극에 따라 기계적으로 공격 행동에 나서는 것이 아니라 상황이나 경험을 토대로 갈등에 대처하는 방식을 바꾼다는 사실을 알게 됐다. 또 자연 도태는 종이나 집단에 봉사하는 행동을 잔존시키는 쪽으로 작동하는 것이 아니라 개체에게 번식상의 이익을 가져다주는 쪽으로 작용한다는 주장이 나왔다. 그 때문에 집단 간의 싸움에 목숨을 바치는 행동을 진화를 통해 설명하기가 어려워졌다. 더욱이 같은 종의 동료를 살해하는 것은 인간의 전매특허가 아니라 다른 동물에서도 얼마든지 그 사례를 찾아볼 수 있다는 보고가 나왔다. 내적 충동인 공격성을 같은 종의 동료를 향해 휘두르는 데서 인간의 비극을 본 로렌츠의 생각은 이미 받아들여지기 어려운 시대가 된 것이다.

콘라트 로렌츠에게 영향을 받은 행동학자들은 많다. 그들은 로렌츠가 주장한 것을 변호하기 위해 공격성의 진정한 의미를 재검토해 볼 필요가 있다고 강조한다. 이레나우스 아이블 아이베스펠트Irenaus Eibl-Eibesfeldt(1928~)는 《프로그램된 인간—공격과 친애의 행동학Love and Hate : The Natural History of Behavior Patterns》(1973)에서 로렌츠가 공격 충동을 '살육 본능'으로 정의하진 않았다는 점을 들어, 그가 공격을 조절해야 한다고 말했음을 암시한다. 아이블 아이베스펠트는 인간이 태생적으로 우호적 유대를 맺으려는 충동에도 지배를 받는 사회적 존재라며, 교육을 통해 공격성을 억누를 수 있는 열쇠를 찾아낼 수 있다고 논했다. 또한 프란스 드 발Frans de Waal(1948~)은 2001년에 발표한 《원숭이와 스시 장인—'문화'와 동물의 행동학The Ape and the Sushi Master, Cultural reflections by a primatologist》(한국 번역서는 《원숭이와 초밥 요리사》)에서 로렌츠의 공적은 공격성이 모든 동물의 사회 행동의 원천이 된다고 본 것이라고 얘기한다.

콘라트 로렌츠의 발견과 주장이 없었다면, 인간을 포함한 모든 동물은 백지상태에서 태어난다는, 당시 주류를 이루고 있던 생각을 무너뜨릴 수 없었다는 얘기다. 프란스 드 발은 인간도 태생적으로 공격성을 갖고 있다는 생각을 바탕에 깔고 그 공격을 협력이나 연합으로 전화시키는 영장류의 화해 행동에 대해 많은 연구를 펼치고 있다. 집단생활을 하는 동물에게 공격이란 단순히 자기를 지키고 주장하기 위한 행동은 아니라는 생각을 나도 갖고 있다. 공격도 마찬가지로 타자와의 관계를 조정하는 수단의 하나이며, 공격의 발현과 해소 방식은 사회성을 특징짓는 힘이 된다.

조상 인류는 수렵민인가

무기의 발달과 수렵 능력의 향상이 인간에게 호전적 경향을 가져다주었다는 설은 힘을 잃었지만, 수렵이 인류 진화의 원동력이 됐다는 발상은 아직도 영향력을 갖고 있다. 수렵 채집민에 관한 1966년 심포지엄의 결과는 1968년에 《인간-사냥꾼Man the Hunter》이라는 책으로 출간돼 많은 사람들이 수렵 채집민과 수렵을 다시 보게 만들었다. 이 책에는 수렵이 인간에게 무엇을 가져다주었는가 하는 질문이 거듭 등장한다. 수렵이라는 생활 양식은 인류 진화사의 99%를 지배하며, 인류의 형태적, 생리적, 유전적 그리고 지성적 특성을 형성하는 원인이 됐다는 것이 그 대답이다.

"수렵은 적어도 남성들의 공격성을 높이기 위한 것이 아닌가"라는 물음이 거듭 등장하지만, 앞서 얘기한 대로 이에 대해 긍정적인 대답은 주어지지 않는다. 그러나 이 질문에서 볼 수 있듯이, 이 책에서 '남성의 행동'에 주목한 것은 큰 파문을 불러일으켰다. '인간=man(남성)'으로 바꿔 놓을 수 있기 때문에 이 책이 남성을 인류 진화의 중심에 놓고 있다 하여 거센 비판을 받았던 것이다. 샐리 린턴Sally Linton은 '여성-채집자Woman the gatherer'라는 논문을 써서 수렵보다도 채집 쪽이 나날의 생계 활동의 중심이라는 점을 지적하고 그것을 담당하는 여성이 인류 진화의 중심이었다고 논했다. 세라 허디Sarah Blaffer Hrdy는 《여성은 진화하지 않았다The Woman That Never Evolved》(1982)라는 책을 써서 인류 진화론에서 남성 우위의 사고를 비판했다. 이것은 당시 활발했던 페미니즘 운동과도 호응하면서 페미니스트 인류학을 확립하는 동력이 됐다.

그 뒤 인류 진화의 원동력을 남성의 활동에서만 구하는 무리한 설은 자취를 감췄지만 수렵이 인간 행동에 커다란 영향을 주었다는 생각은 힘을 잃지 않았다. 탄자니아에서 침팬지의 수렵 활동을 연구한 크레이그 스탠퍼드Craig Stanford는 침팬지의 수렵이 수컷 쪽에만 편중돼 보이는 데에 주목하고, 그것은 암컷을 조정하려는 수컷의 번식 전략으로 이해할 수 있다는 논리를 폈다. 마찬가지로 인간의 남성도 수렵을 여성의 흥미를 끄는 수단으로 활용하고, 여성은 그런 남성의 권력 투쟁을 조종한다. 이러한 남녀의 컨트롤 게임이 인간의 사회성을 키웠다는 것이다.

같은 곳에서 침팬지의 공격 행동을 연구한 리처드 랭엄Richard Wrangham
은 데일 피터슨Dale Peterson과의 공저 《남성의 흉포성은 어디서 왔는
가Demonic males》(1996)에서 침팬지가 집단 간에 싸움을 벌이는 기묘
한 특성을 인류와 공유하고 있다는 점을 지적한다. 혈연관계가 가까
운 수컷들이 협력하여 자신들 집단의 영토를 순찰하고, 다른 집단의
영토에 침입해 그곳 수컷들을 습격해서 죽인다. 그것은 먹이가 풍부
한 땅과 번식력이 있는 암컷을 손에 넣으려는 수컷의 번식 전략으로
이해할 수 있으며, 인간의 집단 간 다툼으로 이어지는 특징을 지니고
있다는 것이다.

하지만 인간의 집단 간 싸움을 과연 남성의 번식 전략으로 이해할
수 있을까. 그것은 바로 이 책에서 검토해 갈 주제이지만, 나는 인류
가 침팬지와는 다른 사회성을 진화시킨 것이 집단 간 싸움이 격화된
원인이라고 생각하고 있다.

인류가 물려받은 것에 대한 탐구

1960년 탄자니아의 곰베 스트림Gombe Stream에 집을 짓고 세
계 최초로 야생 침팬지 근접 연구를 시도한 제인 구달Jane Goodall은
도구 사용이나 먹이 분배 등 침팬지가 높은 지성을 발휘하며 집단 생
활을 영위하고 있다는 사실을 발견했다. 그러나 그 십수 년 뒤에 구
달은 침팬지가 자신과 다른 집단에 속한 동료를 습격해 죽이는 것을

목격했다. 게다가 침팬지는 자기 집단의 새끼를 물어 죽이는 이해할 수 없는 행위를 몇 번이나 저질렀다. 집단 간의 싸움은 다른 지역의 침팬지에서도 관찰됐으며, 새끼 살해는 1965년에 스기야마 유키마루 杉山幸丸가 인도의 다르와르(현재의 후블리다르와르)에서 살고 있는 회색 랑구르 원숭이에서 발견한 이래 30종에 이르는 영장류 사회에서 확인됐다. 같은 종의 동료에 대한 이러한 살해 행위와 영장류의 식성이나 사회성 사이에는 어떤 관계가 있는 것일까. 인간은 그런 특징들을 영장류로부터 물려받은 걸까.

콘라트 로렌츠와는 다른 관점에서, 인간의 살해 행위에 대해 생물학적 설명을 시도해 보려는 연구자도 있다. 마틴 데일리Martin Daly와 마고 윌슨Margo Wilson은 1988년에 《사람이 사람을 죽일 때Homicide》라는 책을 썼다. 그들은 여러 인간 사회에서 일어나고 있는 살인을 성, 연령, 상황 등에 따라 분류하고 사회생물학적 견지에서 분석을 시도했다. 그 결과 대체로 어떤 문화에서도 살인자는 남성이고, 10대 후반에서 20대 전반 나이에 가장 많이 발생한다는 사실이 밝혀졌다. 이것은 인류의 생활사 패턴 및 번식 전략과 딱 맞아떨어지는 결과이며, 많은 살인은 문화나 사회 상황이 불러일으키는 리스크(위험)와 번식을 둘러싼 갈등으로 이해할 수 있다고 한다. 자연 도태는 인간의 심리까지 포함해서 행동을 조절하는 시스템을 발달시킨다. 그리고 그 행위자를 잘 번식시켜서 족벌주의 쪽으로 가도록 작용한다. 폭력과 살인은 그런 흐름이 정체될 때 장애물이 불러일으키는 갈등의 크

기에 비례하여 일어난다는 것이다. 하지만 현대의 인간 사회에서 볼

수 있는 폭력이 정말 인류가 먼 조상으로부터 물려받은 것일까.

폭력이란
무엇인가

폭력에 대한 애증

레이먼드 다트와 로버트 아드레이의 오류는 인류 진화사에 수렵과 싸움이라는 행동이 손을 잡고 함께 등장했다고 본 데에 있다. 콘라트 로렌츠의 지나친 사고는 본래 자신을 지키고 타자와의 협조를 촉진해야 할 공격 충동이 인류의 진화 단계에서는 집단 간의 전쟁으로 발전했다고 상상한 데에 그 원인이 있다. 그러나 그런 것들은 같은 뿌리를 지닌 공격 충동이 아니다. 앞서 얘기한 바와 같이 현대의 수렵 채집민들에게는 오히려 동료에 대한 폭력을 강하게 억제하려는 규범이 있고, 그들은 싸움을 피하는 평화로운 삶을 영위하고 있다. 수렵이라는 생업 양식을 발달시킨 것이 같은 인간에 대한 공격 충동을 고양시키진 않았다는 것이다.

어쩌면 현대의 도시 사회에서 그 두 가지 충동(수렵과 싸움)이 혼동을 일으키고 있는지도 모르겠다. 즉 곰이나 사슴을 몰아가듯이 같은 인간인 적을 막다른 곳으로 몰아 무기로 살상하기에 이른 것으로 보는 것인지도 모른다. 하지만 그것은 아주 잘못된 생각이다. 수렵, 전쟁, 개인의 폭력을 똑같이 공격이라는 말로 표현하고 같은 충동에서 나온 행동으로 보는 것은 오히려 언어에 의한 착각이다. 적어도 수렵과 싸움이라는 행동이 인류 진화사 속에서 서로 뒤섞이며 발달해 온 것이 아니라는 건 분명하다.

다만 옛날부터 인간은 폭력이라는 것에 커다란 두려움과 동시에 매력을 느껴 온 것은 분명하다. 그리고 폭력적으로 보이는 행동거지에 대해 때로는 잘못된 해석을 해 왔다. 그 좋은 예가 내가 연구하고 있는 고릴라다. 19세기 중반, 중앙아프리카에서 유럽인 선교사에 의해 발견됐을 당시 그 거대한 몸체와 우락부락한 풍모가 과장돼 전달됐기 때문에 고릴라는 싸움을 좋아하는 괴물로 간주됐다. 유럽과 미국 사람들이 아프리카를 암흑의 대륙이라 부르며, 흑인을 야만적이고 호전적인 사람들로 생각했던 시대다. 고릴라는 그런 미개한 마음을 키운 어두운 열대우림의 상징이었다.

'킹콩'이라는 오해

고릴라의 발견이 진화론이 제창된 시대에 벌어진 일이라는 게 더욱 불행한 결과를 초래했다. 고릴라는 너무도 인간과 흡사했고, 또한 인간보다 훨씬 더 폭력적으로 보였다. 진화론의 창시자 찰스 다윈은 인간의 형태가 고릴라와 닮았기 때문에 인류의 조상은 분명 아프리카에서 발견될 것이라고 예언했다. 진화론을 받아들인 사람들은 고릴라를 먼 옛날에 인간과 진화의 갈래가 나뉜 동물로 간주했다. 나아가 그 연장선상에서 흑인들을 뒤떨어진 사회에서 살아가는 인간으로 보려고 했다. 즉 흉포하고 잔혹한 성질을 타고난 고릴라는 결코 인간과 같은 선한 마음을 지닐 수 없다. 따라서 인간에게 이익이 되지 않는 존재라면 죽여도 상관없었다.

한편 아직 문명의 빛을 쬐지 않은 미개인들은 이성에 눈뜨게 해서 인간적인 생활을 하도록 지도해야 했다. 이런 자기중심적 이유로 야생의 고릴라들은 차례차례 총에 맞아 죽었고, 생포당한 고릴라는 진귀한 짐승으로 동물원에 보내졌다. 아프리카의 민족들은 구미 열강에 지배당하고 서양 문명에 교화당했으며, 조상들한테서 물려받은 땅은 새로 그어진 국경에 의해 찢겨졌다.

그러나 19세기 탐험가들이 조우했던 고릴라가 아무리 폭력적이었다고 해도 그것은 인간에 대한 태도였을 뿐 그들 고릴라 동료들끼리도 그랬을 리는 없다. 그런 인상이 왜 '호전적 괴물'로 바뀌어 버린 걸까. 거기에는 자연계의 동물들이 매일 싸움으로 날을 지새우고 있고 밀림의 왕자가 언제나 그 싸움의 승자여야 한다는 잘못된 생각이 빤히 들여다보인다. 게다가 탐험가 폴 뒤 샤이유Paul B. Du Chaillu(1831~1903)는 《적도 아프리카의 탐험과 모험Exploration and Adventures in Equatorial Africa》(1861)에서, 현지에서 주워들은 이야기로, 고릴라 수컷이 인간 여성을 채어 갔다는 일화를 소개하고 있다. 고릴라는 자신들의 영역을 지키며 살고 있는 게 아니라 폭력으로 인간의 생활을 위협하는 욕망을 지닌 동물로 묘사된 것이다. 1933년에 미국에서 개봉된 영화 〈킹콩〉은 이런 고릴라의 이미지를 그대로 차용해 제작됐다.

다른 종에 대한 공격성과 같은 종에 대한 공격성

이런 사고방식이 잘못되었음을 알게 된 것은 20세기 후반이 되고 나서다. 일본과 구미의 연구자들이 야생 고릴라의 서식지로 들어가 끈질기게 관찰을 거듭한 결과 고릴라가 의외라고 할 정도로 온화하게 살고 있다는 사실이 밝혀졌다. 고릴라가 호전적으로 보인 것은 수컷이 일어서서 용맹스럽게 가슴을 두드렸기 때문이다. 이는 자기주장을 위한 행동으로, 싸움을 선언한 것이 아니라 오히려 싸우지 않고 서로를 떼어 놓으려고 한 행동이다. 그것을 인간이 오해한 것이다. 인간 사회에서도 우두머리의 지위에 있는 자가 잘난 체하거나 과장된 허세를 부릴 때가 있다. 주변에선 그것을 이해하고 문제 해결에 이용한다. 그런 인간이 하는 짓과 꼭 같은 걸 고릴라도 하고 있다는 사실을 그 당시의 사람들은 꿈에도 생각하지 못했던 것이다.

또 고릴라가 다른 동물들을 지배하거나 위협한다고 얘기한 건 사실이 아니며, 하물며 인간을 적극적으로 공격해 여성을 채어 갔다고 한 건 지어낸 이야기에 지나지 않았다. 고릴라는 거의 완전한 채식(식물식) 동물로, 숲에서 나는 야생 과일이나 죽순 등을 먹으며 평화로운 가족생활을 하고 있다.

현대의 생태학이나 행동학에서 다른 종 사이의 싸움과 같은 종 내의 싸움이 성질이 다르다는 건 상식으로 돼 있다. 육식 동물인 사자나 늑대가 포획물을 노리는 것은 식욕에서 나온 행동이다. 같은 종 동료를 공격하는 것은 영토를 둘러싼 싸움이거나 교미 상대를 둘러싼 갈등 때문에 일어난 싸움이다. 포획물을 노리는 것과 같은 방법으로 같은 종 동료를 공격하는 경우는 없다. 포획물은 솜씨 좋게 숨통을 끊어 놓는 게 중요하지만, 같은 종 동료를 죽도록 공격할 필요는 없다. 싸움이 일어난 원인을 제거하거나, 자기주장을 상대에게 인식시키는 것이 목적이기 때문이다. 그 때문에 같은 종 동료에 대한 공격에는 상대가 납득하면 공격을 억제하는 것과 같은 룰(규범)이 있다.

육식 동물이 아니더라도 동물은 공격당하면 자기 몸을 지키기 위해 상대를 공격한다. 인간 사냥꾼에게 코끼리들이 커다란 이빨을 들이대며 돌진하는 것은 자신과 무리의 동료들을 지키기 위해서다. 고릴라 수컷의 공격도 마찬가지로 인간이라는 침입자를 쫓아내기 위한 것이다. 그들의 생활권에 침입하지 않은 인간을 굳이 공격하는 경우는 없다. 그리고 코끼리도 고릴라도 인간을 대할 때와 같은 공격을 그들 동료를 향해 가하는 경우는 없다. 무엇보다, 동료가 자신을 죽이러 오는 경우가 있을 수 없기 때문이다.

같은 종 동료들 간에 보이는 싸움도 단독으로 사는 동물과 집단생활을 하는 동물에서 나타나는 방식이 각기 다르다. 단독으로 영토를 만드는 동물은 자신의 영토에 침입하는 동료를 쫓아내기 위해 공격한다. 명백히, 공격은 개체끼리 서로 거리를 두기 위해 발현된다. 그러나 집단으로 살아가는 동물은 서로 떨어져서는 안 된다. 매일 얼굴을 맞대야 하는 사이이기 때문에 공격은 자기를 주장하고 상대에게 그것을 납득시키는 것이 목적이다. 그러기 위해서는 싸움을 조정하는 수단이 필요하다. 차지하기 위해 서로 다투는 사물의 성질이나 싸우는 상대, 주변 상황에 따라 해소 방법이 달라지며, 그 동물이 어떤 사회를 만드느냐에 따라 화해와 중재 방법도 달라질 것이다. 그리고 그 결말은 싸움을 일으킨 이나 주변 동료들이 좀 더 원활하게 공존할 수 있도록 작용할 것이다. 집단으로 살아가는 동물들은 싸움이 질서 및 평화와 밀접하게 연관돼 있다는 걸 생각할 줄 아는 것이다.

그런데 동물들은 집단을 나갈 수도 있다. 수컷도 암컷도 언제나 같은 동료들과 집단을 이루고 살아가는 것은 아니다. 자신이 다른 집단으로 옮겨 가는 경우도 있고, 낯선 동료가 자신의 집단으로 들어오는 경우도 있다. 집단 바깥에서는 공격이 반드시 공존을 지향하는 것은 아니다. 집단 간의 싸움은 집단 내의 싸움과는 성질이 다르다. 거기에서 볼 수 있는 공격은 복수의 집단들이 공존할 수 있고, 복수의 개체들이 하나의 집단에서 공존할 수 있는 쪽으로 발현되는 듯하다.

싸움과 폭력의 원점을 파헤치다

이러한 기구가 자연계에서 어떻게 진화해 왔는지 알게 된 것은 아주 최근의 일이다. 인간 사회에서 일어나는 크고 작은 싸움이나 폭력도 먼저 이런 진화의 선물로 이해하는 게 중요하다. 절대로 인간 사이에 폭력이 발생하는 방식을 동물에 그대로 적용해 해석해서는 안 된다. 예컨대 앞서 얘기했듯이 사자가 포획물을 잡듯이 동료를 죽인다든가, 고릴라가 인간을 향해 가슴을 두드리며 돌진하듯이 동료들을 향해서도 돌진할 것으로 생각하는 건 잘못이다. 그것은 사냥을 하듯 동료에게 총을 겨누는 인간의 행동을 동물에게도 그대로 적용하려는 데에 지나지 않는다. 동물들은 그런 짓을 하지 않는다. 같은 종 동물들끼리의 싸움은 상대를 말살하려는 것이 아니라 한정된 자원을 둘러싸고 상대와 어떻게 공존할 것인지 모색하는 것이다.

그러면 그 한정된 자원이란 무엇일까. 동물들에게 그것은 먹이와 교미할 상대다. 자신의 생명을 유지하고 자손을 남기기 위해 동물들은 싸움을 한다. 인간 사회에서 볼 수 있는 싸움도 원래 그와 같이 먹이와 성을 둘러싼 갈등에서 생긴다. 싸움의 해결 방식도 같은 집단생활을 하는 동물들과 틀림없이 비슷했을 것이다. 인간의 싸움에 동물들과 다른 특징이 있다면, 그것은 인간 사회에 큰 변화가 일어나 싸움과 그 해소법이 그런 변화에 대응해 바뀌면서 생겨났을 것이다. 그런 변화, 그리고 변화를 일으킨 요인은 무엇일까.

다음 장에서는 먼저 영장류의 먹이와 성을 둘러싼 갈등이 무엇인지 밝혀내는 일부터 시작해 보려 한다. 영장류의 먹이는 다른 포유류와는 다른 특징을 갖고 있다. 땅 위에서 풀, 잎, 떨어진 과일을 먹는 많은 포유류와 달리 영장류의 먹이는 나무 위에 있는 과일이나 잎, 그리고 그것을 먹으러 오는 곤충이다. 영장류의 먹이를 둘러싼 갈등에는 이런 먹이의 특징과 먹이를 얻을 수 있는 장소의 특징이 크게 영향을 끼친다.

또한 성적 교섭의 상대는 먹이와 달리 없어지지 않고, 동료와 나눠 가질 수 없다. 수정하면 곧바로 알을 낳는 조류와 달리 영장류는 나무 위에서 살더라도 긴 임신 기간과 수유授乳(젖 먹이기) 기간이 필요하다. 육아는 암컷이 맡는 경우가 많다. 그 때문에 자손을 남기기 위해 져야 하는 부담은 수컷과 암컷이 매우 다르다. 번식 상대를 선택하는 기준도 수컷과 암컷이 다를 것이다. 아무리 바라던 상대를 찾아내더라도, 또 동성과의 경쟁에서 이긴다 하더라도 상대가 자신을 선택할 것이라는 보장이 없다. 그럴 경우 단지 공격성을 강화하는 것만으로는 바라던 짝짓기 상대를 획득할 수 없다. 거기에는 먹이와는 다른 싸움 해결 방법이 있기 마련이다.

먹이와 성이라는 다른 갈등과 그 해소법은 영장류의 갖가지 생태와 사회의 특성에 따라 다양하게 발달해 왔다. 인간 사회에서 볼 수 있는 싸움도, 화해 방법도 그 연장선상에서 다양하게 그 꼴이 만들어지고 있다. 그 원초적인 모습을 영장류가 탄생한 장소에서 그들의 진화 역사를 참조하면서 탐색해 보기로 하자.

제2장

먹이가
사회를
만든다

생물이 함께
살아가는 의미

열대우림에서 살아간다는 것

열대우림에서 야생 고릴라를 추적할 때 먼저 눈에 들어오는 것은 고릴라의 똥이다. 거무튀튀한 젖은 땅 위에 고릴라의 손바닥 자국이 또렷하게 남아 있고, 그 옆에 새로 눈 똥이 떨어져 있다. 마치 삼각 주먹밥이 여러 개 이어진 모양을 하고 있다. 가장 긴 변을 재어 보니 7cm나 된다. 똥을 떨어뜨린 주인공은 몸집이 큰 수컷으로, 이미 다 자라서 등이 흰색으로 변한 실버 백Silver-back이라는 걸 알 수 있다. 조금 더 나아가자 크고 작은 손자국과 발자국, 거기에 갖가지 크기의 똥들이 떨어져 있다. 한 무리가 이곳을 떼 지어 지나갔음을 보여 준다. 고릴라 무리는 한 마리의 수컷과 몇 마리의 암컷, 새끼들로 이뤄져 있기 때문이다. 똥을 헤쳐 보면 여러 형태의 씨(종자)들이 들어 있다. 씨의 모양을 보면 고릴라가 어떤 과일을 먹었는지 알 수 있다. 고릴라는 매일 여러 가지 과일을 먹고 돌아다니며 산다. 연구자들은 먼저 똥을 조사해서 고릴라가 어떤 과일을 먹는지를 파악하고, 숲의

그림 2-1 아프리카의 열대우림. 마잔제*Uapaca kirkiana* 나무 밑동.

어느 곳으로 가는지 예측한다.(그림 2-1)

열대우림 속에서 이런 과일은 언제, 어느 곳에나 있는 게 아니다. 계절에 따라 나는 시기가 정해져 있고, 장소도 한정돼 있다. 한곳에서 일제히 열매를 맺는 게 아니다. 익은 과일이 많으면 배불리 먹을 수 있지만, 그렇지 못할 경우 동료들과 어떻게 나눠 먹을지가 큰 문제가 된다. 동료들과 다투고 싶지 않으면 다른 장소를 탐색해야 하는데, 그러면 동료들과 떨어져 외톨이가 될 위험도 있다. 함께 먹으려

할 때 어떤 규칙을 정해 놓지 않으면 다투게 될 것이다. 게다가 그 과일을 먹는 건 고릴라만이 아니다. 원숭이도 다람쥐도 새도 같은 과일을 먹으러 온다. 열대우림의 과일은 식물이 온갖 동물들을 먹이면서 자신들의 종자를 퍼뜨리기 위해 마련한 일종의 보수이기 때문이다. 고릴라는 같은 무리의 동료들만이 아니라 다른 무리나 고릴라 이외의 동물들과 과일을 둘러싸고 다양한 다툼을 벌이게 된다.

다양한 생명들이 교차하는 자연계에서 살아간다는 것은 본래 이런 것이다. 다른 생명들과 서로 이리저리 부딪치면서 그것이 치명적인 것이 되지 않도록 해 주는 방법을 짜내어 공존한다. 그리하여 지금 생물들의 특징이 만들어졌다. 우리 인간에게도 다툼의 원점은 먹이에 있다. 게다가 인간은 열대우림에서 진화한 영장류의 성질을 물려받아 과일을 좋아하는 식성을 갖고 있다. 육식 동물처럼 먹이를 저장해 둘 수 없어서 매일 정해진 양의 먹이를 확보해야 한다. 먹이를 둘러싼 갈등이 일상적인 일이 될 수밖에 없는 원인이 여기에 있다. 그것은 기원을 거슬러 올라가면 열대우림 공생계의 일원으로 태어난 영장류의 능력에 가 닿는다.

우리는 인간 이외의 영장류와의 공통 조상에서 유래하는 특징을 이밖에도 많이 지니고 있다. 예컨대 언어를 사용한다거나 두 발로 서서 걷는 특징은 인간만의 것이다. 하지만 손으로 물건을 쥐거나 세계를 입체적으로 보는 감각은 인간만의 것은 아니다. 그것은 먼 옛날에 영장류가 숲의 나무 위에서 살기 시작했을 무렵 몸에 익힌 능력이다.

평소 땅 위에서 생활하는 인간도 이런 유래가 오랜 능력을 이용해 살아가고 있다. 타자와 다투거나 또는 협력하거나, 위험이나 안전을 서로 확인하는 것도 이런 능력에 토대를 두고 있다. 이쯤에서 우리 조상인 영장류가 어떤 장소에서 살았고, 어떤 기본적 능력을 발달시켰는지에 대해 살펴보자. 거기에 우리 인간 능력의 한계, 다툼을 야기하는 요인, 그 해결책을 위한 힌트도 감춰져 있다.

영장류의 역사가 시작된 땅

최초의 영장류가 탄생한 곳은 신세대新世代 초기인 지금으로부터 6500만 년 전의 북아메리카다. 그 무렵 지구의 육지는 로라시아 Laurasia와 곤드와나Gondwana라는 커다란 대륙으로 나뉘어 있었고, 지금의 북아메리카는 유라시아, 아프리카와 함께 로라시아의 일부로 적도 부근에 있었다. 남반구에는 지금의 인도, 오스트레일리아, 남아메리카로 이뤄진 한 덩어리의 곤드와나 대륙이 있었다. 기후는 온난했고 열대우림이 로라시아 대륙을 광대하게 뒤덮고 있었다. 이 열대우림을 차지한 속씨식물(피자식물)이 영장류의 등장과 진화에 큰 영향을 끼쳤다.

속씨식물은 지금으로부터 1억 년 전에 온갖 환경에 적응해 다양하게 분화하는 적응 방산適應放散을 시작해 그때까지 지구 위를 덮고 있던 겉씨식물(나자식물)을 고위도 지방으로 밀어냈다. 그 번영을 떠받쳐 준 것은 곤충(벌레)류다. 곤충류는 3~4억 년 전에 지구상에 등장한다.

그들이 다양해진 것은 1억 년 전인 백악기 중기인데, 속씨식물의 다양화와 일치한다. 속씨식물이 우세하게 된 이유는 수분受粉, 즉 꽃가루받이 방법에서 찾을 수 있다. 풍매風媒, 즉 바람을 매개로 가루받이를 하는 겉씨식물은 엄청난 양의 꽃가루를 생산해 바람에 날려 보내야 하는데, 그것이 가 닿는 장소나 상대를 특정할 수 없다. 속씨식물은 각각의 종들에 따라 임자가 정해진 곤충들에게 꽃가루를 운반하게 함으로써 매우 효율적으로 꽃가루를 보내고 받는 수분 방식을 확립했다. 속씨식물이 다양화할 수 있었던 원인도 거기에 있다. 속씨식물은 광합성으로 만든 당을 꿀로 바꾸어 곤충에게 주는데, 곤충은 거기에 끌려 날아온다. 꿀을 빨아먹고 있는 가운데 곤충의 몸에 꽃가루가 묻어, 곤충이 다른 꽃으로 날아가면 꽃가루도 함께 옮겨 가도록 한 것이다.

영장류에 가장 가까운 포유류는 현재 동남아시아에 살고 있는 투파이과Tupaiidae(나무두더지목)인데, 최초의 영장류는 나무 위에서 곤충을 잡아먹은 것으로 보인다. 즉 영장류는 속씨식물에 무리 지어 오는 곤충을 주식으로 삼으면서 속씨식물과 곤충의 관계를 잘 이용한 것으로 생각된다. 속씨식물이 옆으로 가지를 뻗는 성질도 영장류의 생존에 보탬이 됐다. 위로 가지를 뻗는 겉씨식물에 비해 속씨식물은 수평 방향으로 가지를 뻗어 수관樹冠(햇빛이 닿는 나무 상층부로, 가지나 잎이 무성한 부분)을 형성한다. 이웃한 나무들은 수관이 서로 닿아 나무 위에서 이동할 수 있는 통로를 만든다. 이 나무 위의 길은 영장류가 땅으로 내려오지 않고 나무에서 나무로 이동할 수 있게 해 줌으로써 지상에 사는 포식자로부터 그들을 지켜 주는 역할을 한 것으로 보인다. 이윽고 영장류는 곤충만이 아니라 꽃, 잎, 과일 등을 먹게 되면서 직접 식물을 먹이 자원으로, 그리고 생활 장소로 삼아 의존하게 된다.

공생의 숲에서

열대우림은 다양한 생물들로 구성된 공생계다. 그것은 지금의 열대우림을 보더라도 알 수 있다. 현재 열대우림 면적은 지구 육지의 3%밖에 되지 않는다. 그런데 거기에 이제까지 기록된 생물 140만 종 가운데 50% 이상이 분포하고 있다. 그 절반 이상이 곤충이다. 또 열대우림 식물의 90%가 속씨식물이다. 열대우림이 얼마나 다양한 생물의 보고인지, 그것이 속씨식물과 곤충에 의해 어떻게 유지되고 있는지 알 수 있다. 왜 열대우림에 이토록 다양한 생물들이 살고 있을까. 그 이유는 수분이 풍부하고 생산력이 높기 때문이다. 식물이 다양해지면 그것을 이용하는 동물도 다양해진다. 또 높이가 다른 나무들로 숲에 상중하의 층 구조가 발달하기 때문에 많은 생태적 지위(니치niche, 어떤 생물종이 활동하는 장소나 시간을 비롯한 환경의 모든 것)들이 형성돼 각각의 영역으로 나뉘어 살 수 있다는 점도 이유로 들 수 있다.

공생이란 두 종류 이상의 생물이 함께 살아간다는 뜻이지만, 반드시 서로 상대를 도와주는 건 아니다. 기생寄生처럼 한쪽 생물이 다른 쪽을 일방적으로 이용하기만 하는 관계도 공생 관계에 포함된다. 또한 상호 이익을 얻는 경우도, 과거에도 꼭 그랬던 건 아니며, 일방적으로 이용하거나 적대적이었다가 서로에게 득이 되는 관계로 이행한 것으로 보이는 경우도 있다.

곤충에 의한 꽃가루받이도 원래는 꽃가루를 먹기만 했던 곤충에게 그것을 운반하도록 식물이 진화한 것으로 여겨진다. 열대우림은 이처럼 동물과 식물이 공진화共進化해서 복잡하게 공생 관계를 펼치고 있는 장소인 것이다.

종자 퍼뜨리기 전략

종자 퍼뜨리기(종자가 모체에서 떨어져나가 이동하는 것)는 움직일 수 없는 식물이 분포를 확대하는 중요한 수단이다. 어미 나무 아래 종자가 떨어지더라도 원래 어미 나무에 떼 지어 몰리는 초식 동물이 많고 질병도 많아 싹 트기(발아)에 방해를 받을 수 있기 때문에 그런 진화가 일어났을 것이다. 또 생육하기에 더 적합한 새 땅에 종자를 퍼뜨려 분포를 넓히려는 목적도 있을 것이다. 거기에 동물이 이용된다. 다만 곤충이 종자 퍼뜨리기를 하는 경우는 드물다. 꽃가루와 달리 종자는 싹 트기에 필요한 영양분을 배젖(배유胚乳)으로 지니고 있어 곤충이 운반할 만한 크기가 될 수 없기 때문이다. 동물을 이용한 종자 퍼뜨리기에는 동물의 몸에 달라붙는 부착형, 동물이 먹어서 운반하는 주식周食형, 동물이 모아서 저장한 뒤에 남겨진 저장 망각형 등이 있다. 영장류가 담당하는 것은 주식형인데, 이것은 원래는 새가 식물과 맺었던 공생 관계일 것이다.

주식형 과일은 동물을 운반책으로 동원하기 위한 보수(보상)를 마련해 놓고 있다. 바로 달콤한 과육이다. 그러나 종자가 미처 준비하지 못한 상태에서 먹혀 버리면 곤란하니까 익지 않은 과일은 떫거나 독을 함유하게 해 포식을 막는다. 익으면 색을 바꿔 동물들을 끌어모으는 경우가 많다. 이빨이나 손이 없는 새는 과일을 삼켜서 운반하는데, 소화가 빨라서 금방 배설해 버린다. 날아가기 위해 항상 몸을 가볍게 해 둘 필요가 있기 때문이다. 하지만 날아갈 힘이 있다고 해도 반드시 멀리 운반해 준다는 보장이 없다. 게다가 먹는 양도 한정돼 있다.

영장류와 종자식물의 공진화

한편 영장류는 대량으로 과일을 먹은 다음 긴 시간 소화를 한 뒤 종자를 똥과 함께 떨어뜨리기 때문에 발아에 좋은 조건이 된다. 또 쓰러진 나무 때문에 수관에 큰 구멍이 뚫리고 태양빛이 쏟아져 들

그림 2-2 침팬지가 매우 좋아하는 사바 플로리다라는 열대우림 과일.

어오는 곳에 똥을 누는 경향이 있기 때문에 종자에서 발아한 식물(실생實生식물)이 자라기에 좋다. 과일을 영장류가 먹으면 종자를 널리 퍼뜨리는 데도 유리하다. 그러나 영장류는 식물이 자리 잡은 그 장소에서 손으로 날렵하게 열매 껍질을 벗기고 이빨로 종자를 둘러싼 달콤한 과육만 벗겨 먹으려 한다. 식물 처지에서는 그렇게 해서 종자가 어미 나무 밑에 떨어져서는 곤란하니까, 영장류가 과일을 통째로 삼키도록 종자에서 과육을 벗기기 어렵게 해 놓는다. 열대우림에는 이런 특징을 지닌 과일이 많은데, 이는 분명 영장류에게 종자 퍼뜨리기 역할을 맡기는 쪽으로 진화해 왔음을 보여 주는 것일 터이다.(그림 2-2)

하지만 영장류도 삼키는 형만 있는 게 아니라 새로운 과일 처리 방법을 발달시키기도 했다. 현재 구대륙에 널리 분포하는 긴꼬리원숭이류에서 과일을 먹는 종은 뺨(볼)에 과일을 넣을 수 있는 주머니를 지니고 있다. 거기에 과일을 일단 집어넣은 뒤 그곳을 벗어나 안전한 장소로 가서 느긋하게 과육을 벗겨 먹고 씨는 버린다. 위 속에는 과육만 들어가고, 종자는 똥에 섞여 떨어지는 것이 아니라 그런 식으로 여기저기 뿌려지는 것이다. 이것은 대단히 효율적인 과일 먹기 방식인데, 식물 입장에서도 여기저기 널리 종자를 퍼뜨릴 수 있는 이점이 있다. 인류에 가까운 유인원은 볼주머니를 갖고 있지 않으며, 모두 삼키는 형이다. 그 때문인지 점차 볼주머니형 긴팔원숭이로부터 압박을 받아 종 수가 줄어든 것으로 보인다.

그림 2-3 코끼리가 퍼뜨려 싹이 튼 종자.

열대우림에서 과일을 먹는 것은 새나 영장류만이 아니다. 나무 위에는 박쥐와 다람쥐, 땅 위에는 영양류, 쥐, 멧돼지, 코끼리 등 과일을 먹는 많은 동물들이 있다. 식물은 이들 동물에게 종자를 운반하도록 만들기 위해 온갖 궁리를 하고 있다.(그림 2-3)

큰 과일은 몸이 큰 코끼리나 고릴라만이 먹을 수 있도록 진화했다. 콩고 분지에 있는 교토대학교 조사지에서는 무게 6kg에 4000개의 종자가 들어차 있는 과일(트레쿨리아 아프리카나*Treculia africana*)도 발견했다. 가봉에 있는 콜라 리자에라는 나무는 지름이 3cm나 되는 타원형의 커다란 씨앗을 지닌 과일을 달고 있다. 코끼리는 이 과일을 먹지 않으며, 고릴라 이외의 영장류도 너무 커서 먹을 수 없다. 결국 고릴라만이 이 식물의 종자 퍼뜨리기를 해 준다는 걸 알 수 있다.

영장류는 다른 동물에 비해 먹는 과일이 다종다양해서 다양한 크기의 종자들을 퍼뜨린다. 입에 넣은 종자를 깨물어 부스러뜨리지 않는 점도 식물에게는 좋은 일이다. 필시 열대우림 식물들은 종자 퍼뜨리기를 영장류에 의존하고 있는 것으로 생각된다. 열대우림에 살고 있는 영장류가 새의 바이오매스Biomass(어느 영역에 살고 있는 생물의 총량)를 크게 웃도는 것은 영장류가 열대우림 식물과 좋은 공생 관계를 만들어 온 덕분임이 분명하다.

먹는 것을 통해
진화한 능력

고릴라 미식가

열대우림에서 고릴라를 관찰하면서 나는 고릴라가 먹은 것은 무엇이든 입에 넣어 보기로 했다. 뽕나뭇과의 밀리안토스는 커다란 과일이 달콤새콤한 게 아주 맛있고, 딸기류도 당분이 풍부해 맛이 좋다. 야생 샐러리나 죽순도 거북하긴 하지만 먹을 수 없는 건 아니다.

하지만 황당한 일을 당한 적도 있다. 시사스라는 포도 열매를 입에 넣어 봤더니 달고 상큼했으나 아릿한 맛이 강하게 목을 휘감아 숨 쉬기조차 힘들었다. 몇 시간이 지나도록 고통이 계속돼, 도대체 고릴라들은 어떻게 그렇게 태연할 수 있는지 궁금해졌다. 또 중앙아프리카 비룽가Virunga 화산군에서는 마운틴고릴라Mountain Gorilla가 쐐기풀을 먹는다. 나도 고릴라 흉내를 내며 잎을 접어서 입에 넣어 봤는데, 손도 입도 엄청 뜨거워 당황스레 입을 씻었다. 그래도 하루 종일 입이 아팠다.

고릴라와 인간은 같은 먹이를 좋아한다고는 하나 분명히 서로 다른 점도 있다. 그것은 우리 인간과 고릴라가 공통 조상에서 갈라져 나온 뒤 익숙해진 먹이와 소화 능력의 차이를 드러낸다. 그러면 인간이 조상 영장류한테서 물려받은 식성의 특징은 무엇일까.

영장류의 초창기 모습

영장류가 탄생한 신생대 초기에는 지구상의 식물 80% 이상이 속씨식물이었다. 속씨식물 번성에 편승해 곤충류는 이미 적응 방산하고 있었고, 조류도 이미 등장해 있었다. 백악기에 곤충류와 꽃가루받이 공생 관계를 맺은 속씨식물은 종자 퍼뜨리기를 둘러싸고 조류와 공생 관계를 발달시키기 시작했다. 최초의 영장류가 나무 위로 진출할 무렵 열대우림 수관은 이미 조류가 점거하고 있었던 것으로 보인다.

최초로 나무 위에 올라간 영장류가 야행성이었던 것은 조류의 식탁을 침입하고 싶지 않았기 때문이었을 것으로 짐작된다. 영장류와 같은 무렵에 적응 방산한 박쥐류도 야행성이다. 초기 영장류도 박쥐류도 주로 곤충을 먹고 살았다. 나중에 과일을 먹는 영장류와 박쥐류가 출현했지만, 박쥐류 중에서 낮에 활동하는 주행성이 된 종류는 없다. 그것은 그들이 하늘을 날기 위해 조류 이상으로 커지지 않았으며, 또 야행성이어야 조류와의 싸움을 피할 수 있기 때문이었을 것이다.

영장류는 체중을 불려 낮에도 새의 식탁에 얼굴을 내밀게 됐다. 곤충식에서 과일 먹기로의 이행은 그다지 어려운 변화가 아니었을 것으로 생각된다. 조류는 과일도 곤충도 모두 먹는 종이 일반적이기 때문이다. 곤충만 전문적으로 먹는 영장류에 비해 과일을 먹이 식단에 넣고 있는 영장류는 체격이 크다. 그들은 조류에 지지 않을 만큼 몸집을 크게 키워 새들과 뒤섞여 과일을 따 먹을 수 있게 됐다. 하기야 아직도 조류는 과일을 먹는 영장류에게 성가신 상대여서 흔히 나무 위에서 서로 싸우는 모습을 목격할 때가 있다.

잎을 먹을 수 있는 메커니즘

그런데 영장류는 식성을 한층 더 확장했다. 단백질이 풍부한 잎을 먹이로 삼은 것이다. 잎을 먹는 동물은 영장류가 처음인 것은 아니다. 다수의 곤충류가 잎을 어릴 때(유충기)의 먹이로 삼고 있다. 잎은 광합성을 하는 식물에게는 중요한 기관이다. 잎이 먹혀 버리면 식물은 성장할 수가 없다. 그 때문에 식물은 탄닌tannin, 리그닌lignin, 알카로이드alkaloid라는 생명 유지에 직접 관계가 없는 2차 대사 물질을 생산하게 됐다. 이들 화학 물질은 동물의 소화나 대사에 장애를 일으킨다. 동물도 이들 화학 물질 해독 체계를 진화시켰다. 그러자 식물은 다시 잎이 먹히는 걸 막아 줄 새로운 화학 물질을 생산했다.

이런 식으로 양자가 변화해 가는 공진화 과정을 '붉은 여왕 가설'이라 일컫는다. 마치 《이상한 나라의 앨리스》에 나오는 붉은 여왕처럼, 같은 장소에 머물기 위해서는 앨리스와 함께 두 사람 모두 서로 전속력으로 계속 달려야만 하는 상태를 가리키는 말이다. 열대우림의 식물은 많든 적든 이런 화학 물질이나 가시 등으로 자신들을 방어하고 있어 쉽게 먹을 수 없게 돼 있다.

또 상록수 잎은 단단한 큐티쿨라cuticula층(각질층)으로 뒤덮이고 셀룰로스(섬유소)로 고정돼 있어서 동물이 먹는 것을 막아 준다. 이것을 씹어서 분쇄하지 않고 먹으면 금방 배가 차 버린다. 한데 동물은 식물 섬유를 소화할 수 없다. 그래서 동물들은 단단한 잎을 분쇄하기 위해 씹는 기관(저작기관)과 식물 섬유를 소화할 수 있는 것으로 분해하기 위한 소화 체계를 발달시켰다. 잎을 먹는 영장류는 높은 치관(잇몸에서 관상冠狀 모양으로 솟아오른 부분)을 지닌 어금니와 씹는 힘이 강한 턱을 갖고 있다. 그리고 셀룰로스를 분해하는 효소(셀룰라제)를 지닌 박테리아를 위나 장에 공생하게 한다.

이런 특수화가 더욱 진행된 흑백콜로부스 원숭이는 네 개의 방으로 나뉜 위를 갖고 있는데, 전위前胃 부분의 산성을 약화시켜 박테리아를 다량 공생시킨다. 이 박테리아들이 섬유를 분해해 만든 생산물과 박테리아 자체를 소화해서 영양분으로 삼는 것이다. 이런 소화 체계를 전위 발효라고 한다. 콜로부스 원숭이류에 공생하는 박테리아는 강력해서 식물 잎에 함유된 2차 대사 물질도 분해해 독성을 없애 준다. 그 덕에 콜로부스 원숭이류는 대량의 잎을 계속 먹을 수 있다. 수량 변동이 심한 곤충류나 계절 변화, 연간 변화가 큰 과일에 비해 열대우림에는 상록수 잎이 풍부하다. 잎을 먹는 영장류는 이처럼 거대한 양의 식물 자원을 손에 넣은 덕택에 몸집을 키울 수 있었다.

포유동물의 기초 대사량은 체중의 4분의 3제곱에 비례하기 때문에 체중이 커질수록 필요한 에너지량의 비율은 작아진다. 즉 대량의 식물 자원을 손에 넣음으로써 더욱 대형화한 잎 먹는(잎식-食) 영장류는 그 커다란 몸집 덕에 에너지 효율이 좋아져 더욱 대형화하는 쪽으로 나아가게 된다. 이 때문에 잎을 먹는 영장류는 곤충만 먹는 영장류보다 훨씬 더 크다.

또 하나의 소화 체계는 장내에 박테리아를 공생시키는 것인데, 후장後腸 발효라고 한다. 과일과 잎을 먹는 거의 모든 원숭이, 그중에서도 유인원이 이 소화 체계를 갖고 있다. 대장에 먹이를 보내 천천히 장내를 이동시키면서 박테리아가 섬유소를 분해하게 만든다. 그래서 잎을 많이 먹는 짖는원숭이류나 고릴라는 대장이 거대하다.

인간이 물려받은 유인원의 식성

유인원도 인간도 후장 발효로 섬유소를 분해하는데, 그 소화 능력이나 2차 대사 물질을 분해하는 능력은 긴꼬리원숭이류에 비해 떨어진다. 유인원이 긴꼬리원숭이류보다 큰 몸집을 하고 있는 것은 이들 2차 대사 물질의 효과를 약화시키기 위해서다. 그러나 그래도 긴꼬리원숭이처럼 잎이나 익지 않은 과일을 다량으로 먹을 순 없다. 그 결과 유인원은 쉽게 소화할 수 있는 잘 익은 완숙 과일을 좋아하게 됐고, 긴꼬리원숭이보다 넓은 범위를 걸어 다니며 익은 과일을 찾아내야 한다.

또한 볼주머니를 지닌 과일 먹는 긴꼬리원숭이에 비해 그것이 없는 유인원은 매우 불리하다. 긴꼬리원숭이는 일단 과일을 볼주머니에 넣어 두면 걸어가면서, 또는 휴식을 취할 때 볼주머니에서 먹이를 꺼내 위로 보낼 수 있다. 그때 소화할 수 없는 과일 껍데기나 씨는 몸 밖으로 버리고 위에는 소화할 수 있는 과육만 보내면 된다.

그러나 과육과 씨를 모두 삼켜야만 하는 유인원은 과일 크기에 따라 먹는 분량이 제한돼 있다. 볼주머니가 없으므로 그때그때 현장에서 과일을 처리해 먹을 수 있는 부분을 골라내야 한다. 그 때문에 과일 나무에 머무는 시간이 길어지고 큰 집단이 함께 행동하기 어려워진다. 유인원이 긴꼬리원숭이보다 작은 집단을 이루면서, 침팬지처럼 개체나 소집단으로 흩어져 사는 특성을 지닌 것은 이런 이유 때문일 것으로 짐작된다. 덧붙이면, 고릴라나 오랑우탄보다 몸집이 작은 침팬지는 몰랑한 과일을 입 속에서 잘 씹어 과즙만 삼키고 나머지를 물기 없는 덩어리로 만들어 뱉어 낸다. 삼키는 것보다 효율은 좋으나 볼주머니가 있는 원숭이들에는 비할 바가 못 된다.

실은 인간도 이런 유인원의 식성을 물려받았다. 익지 않은 과일이 떫어서 먹을 수 없는 것은 2차 대사 물질에 취약하기 때문이며, 달콤한 과일을 몹시 좋아하는 것도 익은 과일밖에 먹을 수 없기 때문이다. 인간의 몸이 원숭이들보다 큰 것은 원래 약한 소화 능력을 보완하기 위해서라는, 유인원의 경우와 같은 이유 때문일 것으로 생각된다. 그리고 넓은 지역을 먹이를 구해 걸어 다녀야만 했던 사정이 나

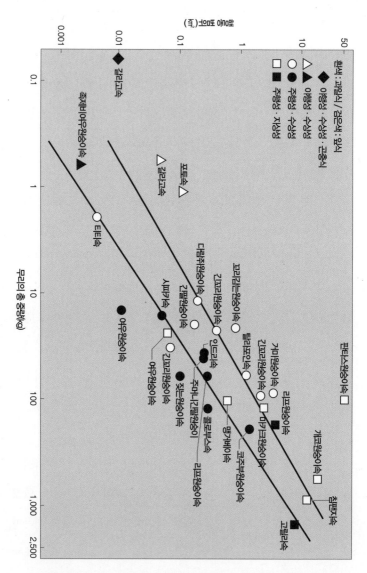

그림 2-4 무리의 총중량과 행동 규범의 상관관계. 위의 선은 과일식, 아래 선은 잎식 영장류를 나타내며, 같은 총중량일 때는 언제나 과일식 종 쪽이 행동 범위가 넓다는 걸 보여 준다(클러튼-브록Clutton-Brock & 하비Harvey, 1977).

중에 두 발 걷기(직립 이족 보행) 등 인간의 독자적 특징을 만들어 내는 원인이 됐다.

이처럼 곤충을 먹는지, 과일을 먹는지, 나뭇잎을 먹는지 등 식성 차이에 따라 몸의 크기, 씹는 기관, 소화 체계가 달라지고 먹이를 찾는 시간과 공간, 연간 걸어서 돌아다니는 활동 영역의 넓이, 먹이를 따 먹는 장소에서의 체류 시간, 하루에 이동하는 거리, 집단의 크기 등에 차이가 나게 된다.(그림 2-4) 이런 차이들은 각기 영장류 종이 종 사이 또는 종 안에서 펼치는 사회적 교섭에 여러 가지 제한을 가한다.

먹이의 차이가
가져온 결과

영장류만이 지닌 특징

식충류에서 갈라져 나와 나무 위에서 생태적 지위를 발견한 최초의 영장류는 야행성으로 오직 곤충만을 먹고 살았다. 그러다가 과일을 먹게 됐고, 새의 식탁인 낮 동안의 수관에 얼굴을 내밀게 됐다. 그와 함께 영장류는 갖가지 새로운 특징을 몸에 지니게 됐다.

영장류를 다른 포유류와 구별하게 하는 특징 중에 손·발가락 중어느 것이 인간과 같은 평평한 손발톱을 갖고 있고, 엄지손·발가락이 적어도 다른 손·발가락 하나와 서로 마주보는 특징이 있다. 이것은 손이나 발로 물건을 쥐고, 손·발가락 끝 촉각으로 물건의 단단함이나 형상을 확인하는 것이 영장류의 공통 성질임을 보여 준다. 무엇을 먹을 때도, 동료와 다툴 경우에도, 다른 포유류처럼 입으로 직접깨물지 않고 먼저 손으로 쥔 다음 입으로 가져간다. 손을 사용하기때문에 물건을 조작하기 쉽다. 또한 어떤 영장류나 쇄골을 갖고 있는데, 이 때문에 쇄골로 판처럼 상반신을 고정하고 손을 늘어뜨리거나 휘두를 수 있게 됐다. 몸의 안정을 유지하면서 손을 사용할 수 있는 것이다. 영장류인 인간에게 손의 조작이나 손짓, 손의 접촉이 중요한 커뮤니케이션 수단이 된 것은 원래 영장류가 나무 위(수상樹上) 생활을 시작함으로써 팔이나 손의 자유도가 증가했기 때문이다. 영장류는 지상에서 네발로 걷는(사족 보행) 이동 역할에서 두 손이 해방돼, 나무 위에서 가지를 잡거나 과일을 비틀어 따는 등 날렵하게 팔이나 손을 움직일 수 있게 됐다.

또 나무 위 생활은 입체적으로 세계를 바라보는 시각을 발달시켰다. 3차원 공간에서 먹이, 동료, 외부 적의 위치를 정확하게 파악하기 위해서는 입체적 시각(입체시立體視)이 불가결하다. 이 능력을 높이기 위해 눈의 위치가 얼굴 옆면(측면)에서 앞쪽(전방)으로 이동했고, 콧등이 뒤로 들어가 양 눈의 시야가 대폭 겹칠 수 있게 됐다. 포유류에서는 보통 오른쪽 눈과 왼쪽 눈이 보고 있는 것이 서로 다르다. 그러나 영장류에서는 두 눈에서 같은 것을 포착해 시야에 있는 사물들의 거리를 눈으로 잴 수 있다. 땅 위에서만 생활하게 된 인간이 테니스, 축구, 야구와 같은 구기에 끌리는 것도, 정글짐에 오르거나 패러글라이딩으로 하늘을 날 수 있게 된 것도 나무 위 생활을 통해 몸에 익힌 능력을 지금까지 갖고 있기 때문이다. 아마도 창을 던지거나 활을 쏘고, 마침내 총을 쏠 수 있게 된 능력도 이 입체시가 없었다면 발달할 수 없었을 것이다. 나무 위 생활은 인간의 시각에 가장 기본적인 능력을 발달시키게 해 주었다.

입체시 능력은 야행성에서 주행성으로 이행했을 때 한층 더 높아졌다. 영장류의 활동 범위가 넓어지고 후각보다 시각에 의존하는 일이 많아졌기 때문이다. 일반 포유류는 지면에 남은 냄새를 실마리로 삼아 주변 상황이나 동료들의 모습을 파악한다. 그러나 냄새를 고정할 기반이 없고 바람이 불규칙하게 부는 나무 위에서는 냄새가 적확한 실마리가 될 수 없다. 게다가 식물은 꽃가루받이나 종자 퍼뜨리기를 위해 동물에 대해 여러 가지 신호를 보낸다. 형형색색의 꽃과 익으면 색을 바꾸는 과일은 그 좋은 예다. 동물들은 이를 감지하고 달콤한 꽃 속 꿀이나 과육을 보수로 받기 위해 몰려온다.

색깔을 감지하는 못하는 많은 포유류 중에서 영장류가 색채를 감지하는 시각을 획득한 것은 식물의 유익한 정보를 이용하기 위해서였던 것으로 보인다.

먹이와 몸집의 다양한 관계

영장류의 일상적 생활이 더 안전하고 더 효율적으로 먹이를 섭취할 수 있게 해 주는 쪽으로 짜여 있다면, 먹이에 따라 식생활 설계도 크게 바뀔 것이다. 먼저 영장류의 먹이는 곤충, 과일, 잎으로 크게 나뉜다. 고기를 전문적으로 먹는 영장류는 없다. 개코원숭이나 침팬지처럼 동물을 잡아먹는 종도 있지만 그들이 고기만 먹고 살아가는 것은 아니다. 따라서 소화기 계통은 주로 곤충이나 식물을 소화하도록 만들어져 있다. 또 육식 동물처럼 먹이를 모아 둘 수 없어 매일 먹이를 섭취하고 소화해야 한다.

이것은 영장류가 하루의 상당 부분을 먹이를 구하는 데 할애하는 것과 연관돼 있다. 곤충이나 과일은 한곳에서 한 번에 얻을 수 있는 양이 적기 때문에 넓은 범위를 찾아 돌아다녀야 한다. 잎은 좁은 범위 안에서 대량으로 얻을 수 있지만 섬유소나 2차 대사 물질을 분해하는 데 시간이 걸린다. 이 때문에 곤충이나 과일을 주로 먹는 영장류는 하루 종일 먹으면서 걸어 다니는 경우가 많지만, 잎을 즐겨 먹는 영장류는 먹은 뒤에 느긋하게 휴식을 취한다. 전자는 어떤 시간대에 먹을지 또는 쉴지 분명하지 않지만, 후자는 아침과 저녁에 먹는 시간이 집중돼 있고 정오 가까이가 되면 휴식과 소화에 시간을 보낸다. 몸의 크기나 무리의 크기가 같다면 전자가 후자보다 하루 움직이는 거리도 길고 1년간 돌아다니는 활동 영역도 넓다.

그림 2-5 수컷 사자. 사바나 지역에 살면서 무리 지어 얼룩말이나 영양 등을 사냥한다.

영장류와 고양잇과 동물은 먹이의 종류와 몸 크기 간의 관계가 다르다. 고양잇과 동물은 작은 고양이든 커다란 사자든 육식인 점은 같다.(그림 2-5) 그러나 앞서 얘기한 대로 영장류에서는 곤충을 먹는 종은 작고 잎을 먹는 종은 크다. 과일을 먹는 종은 그 중간 크기다. 이것은 식물 잎이 단단한 섬유질로 돼 있어서 소화를 방해하는 2차 대사 물질을 포함하고 있기 때문이다. 잎을 소화하는 데는 큰 소화기관이 필요하고, 큰 몸집은 독성의 강도를 누그러뜨리는 효과가 있다. 이에 비해 고양잇과 동물의 몸집 크기는 잡아먹는 동물의 크기에 따라 달라진다.

먹이의 차이가 좌우하는 사회 구조

먹이의 차이는 영장류와 고양잇과 동물의 행동에 결정적 영향을 끼친다. 고양잇과 동물은 잡아먹을 포획물만 있으면 기후나 식생의 차이에는 별로 영향을 받지 않는다. 따라서 호랑이나 표범은 열대 우림에서 시베리아의 설원이나 히말라야 고지대까지 분포하고 있다. 하지만 그들의 생존은 잡아먹는 동물 수에 의존하기 때문에 동물의 수가 줄면 살아남기 어려워진다. 게다가 포획물을 간단히 잡을 수 있는 것도 아니다. 수렵에는 민첩함과 강한 힘, 지구력 등이 필요하며, 경험과 기술이 좌우한다. 따라서 고양잇과 동물들은 어미가 새끼에게 사냥하는 법을 가르치는 것으로 알려져 있고, 개체나 집단이 각기 엄격한 영토를 갖고 있다.

한편 영장류는 먹이로 삼은 식물의 분포에 따라 큰 영향을 받는다. 식물은 움직일 수 없기 때문에 그 분포가 끊기면 먹이를 얻을 수 없다. 식물의 분포는 기후에 따라 정해지기 때문에 영장류의 분포도 기후에 좌우된다. 영장류가 여전히 열대우림을 중심으로 분포하고 있고, 눈이 있는 지방으로 분포를 넓힌 건 일본원숭이를 비롯한 극소수의 종에 지나지 않는 것도 이 때문이다. 동면하지 않는 영장류는 매일 먹이를 확보해야 하는데, 눈 쌓인 적설지에서는 나무껍질이나 겨울눈, 떨어진 도토리 등으로 목숨을 이어 간다. 다만 고기와 달리 과일이나 잎이 그다지 희소한 먹이는 아니며, 확보하는 데 강인한 체력이나 높은 기술을 요하는 것도 아니다. 따라서 영장류에서는 어미가 새끼에게 생존 기술을 시범적으로 가르치는 교시 행동을 거의 찾아볼 수 없고, 먹이 확보 기술을 배우는 데 별로 긴 시간이 걸리지 않는다.

먹이의 차이는 자원에 대한 집착 방식, 획득하기 위해 노력을 기울이는 법, 동료와의 다툼(트러블)과 그 해소법의 차이를 낳는다. 고기처럼 좀체 얻기 어려운 먹이 자원은 언제 또 포획할 기회가 올지 알 수 없기 때문에 집착도 강하고, 양이 적을 경우 독점하려 들 것이다. 거꾸로 그 희소성을 이용해 특별한 동료들에게만 먹이를 나눠 주는 등 정치적 수단으로 이용될지도 모른다. 하지만 식물성 먹이는 설사 그 자리에서 확보하는 데 실패하더라도 어딘가 다른 장소에서 얻을 수 있다. 보통 영장류는 100종류가 넘는 식물들의 여러 부위를 먹기 때문에 찾고 있던 먹잇감을 찾을 수 없을 경우 다른 걸 먹으면 된다. 따라서 영장류의 경우 먹이에 지나치게 집착하진 않는 것으로 보인다.

원숭이 한 마리가 하루에 걸을 수 있는 시간도, 거리도 한정돼 있다. 지금 눈앞에 몹시 좋아하는 과일이 있다고 하자. 한데 바로 그 곁에는 자기보다 강한 원숭이가 바로 그 과일을 주시하고 있다. 자신이 그 과일을 향해 손을 뻗치면 강한 원숭이로부터 공격당할 위험이 있다. 이때 이 원숭이는 몇 가지 판단을 해야 하는 상황에 몰린다. ① 재빨리 손을 뻗어 과일을 쥐고는 안전한 장소까지 도망친다. ② 강한 원숭이가 다 먹을 때까지 기다렸다가 남은 과일을 먹는다. ③ 그 과일을 포기하고 다른 장소에서 그런 과일을 찾든지 다른 먹이를 찾는다. ①과 ②를 택하려면 다음에 일어날 사태를 정확히 판별하는 통찰력이 필요하며, ③에는 그 지역의 먹이 분포에 관한 지식이 필요하다. 또 별로 일어날 것 같진 않지만, 이 세 가지 선택지 외에 강한 원숭이의 허락을 얻어 함께 그 과일을 나눠 먹는 방법도 있을 것이다. 실은 이런 일은 유인원이나 인간에게 일상적으로 일어난다.

이런 판단들 가운데 어느 것을 선택하느냐에 따라 그 종의 사회성이 결정된다. 분산해서 먹이를 구할 것인가, 동료와 뭉쳐서 먹이를 구할 것인가, 안심해도 되는 상대와 함께 먹을 것인가 등 먹이에 따라서도 (사회성이) 바뀔 수 있다. 어느 쪽이든 식물의 부위를 먹고 있는 이상 그 희소성은 그다지 높지 않기 때문에 먹이에 대한 집착이 육식동물만큼 강할 것으로 생각되진 않는다. 또 식물은 움직일 수 없기 때문에 먹이를 둘러싼 다툼은 그 먹이가 있는 장소를 둘러싼 다툼이 된다.

다툼이 일어나는 방식은 나무 위와 땅 위에서 각기 뚜렷이 다르다. 나무 위에서는 보통 과일이나 잎이 있는 가지 끝에 먼저 도달하는 쪽은 몸이 가벼운 개체다. 몸이 무거운 개체는 움직일 수 있는 장소가 한정돼 있기 때문에 작은 개체를 내쫓더라도 모든 먹이 활동 장소를 점유할 순 없다. 따라서 같은 나무 위에서 체격이 다른 원숭이들이 함께 먹이 활동을 하는 것은 그다지 드문 광경이 아니다. 하지만 지상에서는 몸이 큰 개체가 어떤 장소에나 갈 수 있기 때문에 장소를 둘러싼 우선권이 몸집 크기로 결정된다. 일본원숭이, 히말라야원숭이, 사바나 개코원숭이처럼 주로 땅 위에서 활동하는 원숭이 종에서 엄격한 서열 관계를 확인할 수 있는 것은 이 때문이다.

하루에 돌아다니는 범위도 먹이와 사회성 양쪽 모두의 영향을 받는다. 먹이가 풍부하면 그만큼 이동할 필요가 적어지지만 동료의 수가 늘면 개체당 차지할 수 있는 몫이 줄기 때문에 더 많이 이동해서 먹이를 찾아야 한다. 또 개체 간에도 서열의 차이가 있어서 우월한 개체가 먹이를 우선적으로 먹는다면 열등한 개체일수록 넓은 범위를 돌아다니며 먹이를 찾아야 할 것이다. 이처럼 먹이 종류와 양이 한정돼 있기 때문에 같은 종 동료들 간에 갈등이 빚어지고, 그것이 영장류가 돌아다니는 범위나 함께 행동하는 동료의 수, 동료와의 관계를 결정하는 것으로 보인다.

생태적 지위와
영토

열대우림은 먹이의 보고인가

최근까지 열대우림은 먹이의 보고로 여겨졌다. 식물이 눈에 파묻히는 겨울도 없고 나무들이 잎을 떨어뜨리는 건기도 짧은 열대우림은 다양한 초식 동물을 키우고 또 그들을 잡아먹는 육식 동물을 배양함으로써 복잡한 먹이그물을 매개로 한 풍성한 세계를 유지해왔다는 이미지가 그것이다. 그러나 아무래도 그렇진 않은 듯하다.

일반적으로 먹이연쇄의 단계가 올라가면 동물의 몸집 크기가 증대하고 개체 수는 감소한다. 개체 수를 결정하는 요인은 에너지 수지收支다. 먹이연쇄의 위쪽에 있는 동물은 아래 단계의 먹이연쇄 생물들이 만든 에너지의 극히 일부밖에 얻을 수 없다. 우선 식물(생산자)은 기껏해야 태양 에너지의 2% 정도밖에 흡수하지 못한다. 다음에 식물을 먹는 동물(1차 소비자)은 식물이 흡수한 에너지의 10%밖에 이용할 수 없다. 게다가 그것을 먹는 육식 동물(2차 소비자)은 또 그 10%밖에 이용할 수 없다. 이런 식으로 손에 넣을 수 있는 에너지는 급격히 줄어든

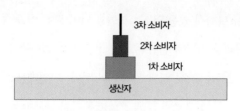

그림 2-6 개체 수의 생태 모형. 어떤 지역의 각 영양 단계별 개체 수. 아래로 갈수록 개체 수가 많아지기 때문에 피라미드 형태가 된다.

다. 이것이 먹이연쇄 상층부의 동물 수가 극단적으로 적은 이유다.(그림 2-6)

열대우림에 무진장 있다고 생각하는 식물의 대부분을 동물들은 이용할 수 없다. 더구나 그 식물을 먹는 곤충을 먹이로 삼는 영장류는 더더욱 적은 에너지밖에 이용할 수 없고, 그 수는 크게 제한된다. 그렇다면 이렇게 한정된 에너지 공급원을 둘러싸고 그 이용자들은 어떤 분배 방법을 진화시켜 왔을까.

다른 종의 동물이 같은 먹이를 둘러싸고 다투면 어떤 결과가 빚어질까. 힘이 극단적으로 다를 경우 어느 종만이 살아남을 것이며, 서로 길항하는 관계라면 서로 비슷한 수가 돼 균형을 유지할 것이다. 이것을 옛 소련의 생태학자 게오르기 가우제Georgii Frantsevich Gause(1910~1986)가 실험을 통해 확인했다. 그는 두 종의 짚신벌레를 원심분리용 유리관에 넣어 영양분이 든 수프로 채웠다. 결과는 언제나 한 종만이 살아남았다. 그러나 조건을 바꾸자 살아남는 종이 바뀌었다. 그리고 크기가 서로 다른 종을 넣었더니 유리관 위쪽과 아래쪽으로 공간을 나눠서 공존한다는 사실을 알아냈다. 이를 통해 가우제는 "같은 생태적 지위에서는 두 종이 공존할 수 없다"는 일반 원칙을 발견했다. 이것을 '경쟁 배제 원칙'이라 한다. 자연계는 이처럼 생태적 지위를 다양화함으로써 많은 종의 동물들이 공존할 수 있게 해 주는 기구를 갖추고 있다. 열대우림에 많은 종의 생물이 공존하는 것도 이 경쟁 배제 원칙에 따른 생태적 지위 분화가 끊임없이 일어나고 있는 덕분이라 생각된다.

조류의 영토와 식충류의 영토

그러면 영장류는 먹이연쇄의 어디쯤에 위치하며, 어떤 생태적 지위에서 살고 있을까. 영장류는 기본적으로 초식을 하는 동물이다. 식물의 부위를 먹이로 삼는 곤충이나 동물을 잡아먹기도 하기 때문에 그림 2-6의 제2단계(2차 소비자), 또는 제3단계(3차 소비자)에 위치하는 것으로 보인다. 식충류에서 갈라져 나온 영장류가 처음 진출한 나무 위에서 개척한 생태적 지위는 조류의 영역이었다. 그러나 영장류는 새처럼 공중을 날지 못했다. 그 때문에 같은 종이나 다른 종의 동료들 간에 먹이 배분을 결정하는 방책은 먼저 식충류와 마찬가지로 단독으로 영토를 마련하는 것이었다.

영토라는 개념은 오래전부터 새의 세계를 통해 알려져 있었다. 멧새의 동료인 노랑멧새는 겨울 동안 여러 암컷과 수컷이 함께 무리를 지어 생활한다. 봄이 되면 수컷은 각자 마음에 든 나무를 골라 앉아

지저귀기 시작한다. 수컷들은 동성들에 대한 공격성을 높여 다른 수컷이 자신이 앉아 있는 나무에 접근하면 맹렬하게 달려들어 쫓아낸다. 여기에서 어떤 법칙성을 발견할 수 있다. 침입자는 반드시 쫓겨나며, 먼저 나무에 깃든 점유자가 침입자에게 그 장소를 내주는 경우는 찾아볼 수 없다. 수컷들 간의 다툼은 승부를 결정하는 것이 아니라 서로 점유하는 장소를 확인하고 공간적으로 거리를 두는 데 있다. 이윽고 암컷이 와서 수컷과 짝을 지으면 수컷과 암컷은 협력해서 침입자를 쫓아낸다. 이런 행동을 통해, 짝짓기는 영토 내에 먹이 활동 장소를 확보하고 번식을 유리하게 이끌어 갈 수 있게 해 준다는 걸 알 수 있다.

이런 조류의 영토와 식충류의 영토는 성질이 다르다. 먼저 조류는 날 수 있기 때문에 영토의 크기가 고정돼 있지 않다. 수컷들, 짝을 지은 쌍이 서로 거리를 두고 각기 먹이 활동 장소를 확보하기 위해 영토를 만들기 때문에 큰 바람이 불어 다른 쌍이 다가오거나 하는 상황 변화가 일어나면 영토도 바뀐다. 또 영토를 만들지 못한 수컷들이 여기저기 숨어 있다가 영토의 주인이 죽거나 사라지면 금방 새 주인으로 자리를 차지해 자기 존재를 드러낸다. 그리고 새의 영토는 먼저 수컷이 만들고 거기에 암컷이 참가하는 모양새를 띤다.

그런데 식충류의 영토는 고정적이다. 땅 위 또는 땅 밑에서 생활하는 식충류는 분명히 경계가 그어진 영토를 갖고 있다. 그들은 자기 영토에 오줌을 갈기는 등 특수한 분비샘에서 나오는 분비물로 표시를 해서 침입자에게 경고를 보낸다.

예컨대 두더짓과의 일본뒤쥐는 수컷도 암컷도 대체로 1500㎡ 정도의 행동권 내에서 살아간다. 그런데 확실한 영토 경계가 만들어지는 것은 동성 간으로, 이성 간에는 행동권이 크게 겹친다. 번식기가 되면 수컷의 행동권은 2, 3배로 확장되면서 여러 암컷들의 행동권을 그 속에 포함하게 된다. 두더지나 땃쥐 등 다른 식충류도 대체로 일본뒤쥐처럼 암수가 영토를 만들어 살아간다. 새처럼 먼저 수컷이 영토를 만들지 않고 수컷도 암컷도 각자 영토를 마련한 뒤 번식기가 되면 수컷이 영토를 넓혀 암컷의 영토를 끌어안는 것이다. 이것은 포유류인 식충류의 육아가 암컷에게 편중돼 있기 때문이다. 암컷은 자신의 번식과 육아를 위해 좋은 먹이 활동 장소를 확보하고, 수컷은 번식을 위해 여러 마리의 암컷과 짝짓기할 수 있도록 영토를 넓힌다. 번식기가 아닐 때의 영토 크기는 먹이가 되는 곤충이나 지렁이의 밀도에 따라 달라진다.

단독 행동 짝짓기형 영토

열대에서 아열대에 걸친 아시아의 숲에는 투파이tupai라 불리는, 얼핏 보기에 다람쥐 비슷한 동물이 있다. 최근까지 영장류의 하나로 간주돼 왔으나 식충목과 영장목의 중간에 위치하는 것으로 판단돼 투파이목이 새로 만들어졌다.

영장류의 조상은 이 투파이와 같은 모습으로 살았던 것으로 보인다. 싱가포르의 열대우림에서 투파이의 생태를 조사한 가와미치 다케오川道武男는 각각의 개체에 식별용 표시를 해 두고 개별 영토들을 면밀히 조사했다. 수컷도 암컷도 약 1만 ㎡ 전후의 독자적 영토를 갖고 있으며, 동성의 침입자가 있을 경우 점유자가 반드시 공격을 가해 영토에서 쫓아냈다. 투파이들은 자주 소리를 내고 가슴샘(흉샘)이나 항문 근처에 있는 분비샘을 나무에 대고 문질러 영토의 경계를 표시했다. 그러나 암수 간에는 상대를 자기 영토에서 쫓아내는 행동을 하지 않았으며, 수컷과 암컷의 행동권이 정확히 서로 겹쳤다. 투파이는 암컷도 수컷도 동성에 대해서만 배타적 영토를 설정했던 것이다. 가와미치 다케오는 이것을 '단독 행동 짝짓기형'이라고 이름 붙였다.

투파이와 같은 영토를 만드는 것은 식충류만이 아니다. 초식성인 우는토끼나 훨씬 몸집이 큰 영양도 그런 영토를 만든다. 수컷들과 암컷들끼리의 행동권은 겹치지 않으며, 동성 간에 마주치면 영토 점유자가 침입자를 격렬히 쫓아낸다. 그러나 암수의 행동권은 크게 겹치며, 서로 쫓아내는 행동을 하지 않는다. 그렇지만 암수가 공동으로 영토를 지키는 것은 아니다. 각기 동성의 이웃을 자신의 행동권에서 배제하려 할 뿐이다. 이들 단독 행동 짝짓기형 영토를 만드는 동물들에게 공통되는 점은 그들의 먹이가 집중적으로 분포하지 않고 여기저기 흩어져 있다는 것이다. 이 때문에 많은 동료들이 무리 지어 먹이 활동을 할 만큼 먹이가 많지 않아 개체 단위로 영토를 만들어 먹이 활동 장소를 각자 점유하는 것으로 보인다.

영장류 중에서도 야행성의 작은 원원류로 벌레를 잘 먹는 좋은 암 컷도 수컷도 각각 영토를 만드는 경우가 많다. 아시아와 아프리카 열대우림에서 살아가는 늘보원숭잇과의 늘보원숭이류와 갈라고원숭이 류가 그 좋은 예다. 늘보원숭이류에는 아시아에 사는 늘보로리스와 아프리카에 사는 포토원숭이 등이 있는데, 매우 닮은 행동 특징을 지니고 있다. 즉 나무늘보처럼 너무나도 느리게 움직인다는 것이다. 그런 행동은 포식자가 알아차리기 어렵다는 이점을 갖고 있는데, 나아가 위험을 감지하면 마치 얼어붙은 듯 움직이지 않는다. 또 늘보원 숭이류는 대사율이 낮아 상대적으로 적은 먹이로도 몸을 유지할 수 있다. 늘보로리스도 포토원숭이도 갑충, 개미, 거미, 쐐기 등을 포식하는데, 이들 중에는 독소를 지닌 벌레가 있다. 먹이에서 얻은 에너지가 먼저 해독에 사용되기 때문에 대사율이 낮다는 설도 있다. 벌레 외에 과일이나 나뭇진도 먹는다. 수컷의 행동권은 암컷보다 넓어서 여러 암컷들의 행동권을 포함하는 경우가 많다. 수컷들과 암컷들은 배타적으로 오줌을 갈기거나 항문을 나무에 문질러 자기 영토임을 주장한다. 영장류의 최초 조상도 늘보원숭이류와 같은 낮은 대사율로 작은 영토를 만들어 살지 않았을까 추측하고 있다.

갈라고류는 늘보원숭이류와 대조적으로 재빨리 움직이며, 두 발로 도약해서 이 나무에서 저 나무로 뛰어 건넌다. 이것도 포식자로부터 달아나는 방법의 하나다. 식성은 늘보원숭이류와 비슷해서 곤충이나 작은 동물 외에 과일이나 나뭇진을 먹는다. 체중이 300g 이하인 세

그림 2-7 필리핀의 안경원숭이(원원류).

네갈갈라고와 1kg을 넘는 갈색큰갈라고가 있는데, 모두 단독성이 강해서 수컷도 암컷도 영토를 각기 만든다. 그러나 개체들은 서로 자주 연락하면서 다양한 사회관계를 맺고 있는 듯하다.

곤충을 먹는 원원류 중에서 잊어선 안 될 존재가 안경원숭이다.(그림 2-7) 먹이의 90%는 곤충류인데, 나머지 10%도 작은 뱀이나 도마뱀, 박쥐나 작은 새 등의 동물이다. 큰 귀와 눈이 특징이며, 머리를

180도로 돌릴 수 있다. 예민한 귀로 포획물의 움직임을 감지하고 숨어 기다리다가 재빨리 덤벼든다. 안경원숭잇과는 6종이 알려져 있는데, 짝이 함께 영토를 만드는 종과 수컷도 암컷도 독자적으로 영토를 만드는 종이 있다.

이들의 단독 영토는 인간을 포함한 유인원에서는 거의 찾아볼 수 없는 것이다. 최초의 영장류가 단독 행동 짝짓기형 영토를 만든 존재였다면 언제, 무엇 때문에 영장류가 단독 생활을 그만두고 영토를 만들지 않게 됐을까. 즉 무리 생활을 하게 된 것은 어떤 이유 때문이었을까. 아마도 그것은 밤의 세계로부터 낮의 세계로 활동 시간을 옮긴 데 따른 결과였으리라.

낮의 세계가
집단생활을 낳다

단독으로 살아가는 야행성 원숭이들

수컷도 암컷도 따로 영토를 만드는 생활은 진원류에서는 거의 찾아보기 어렵다. 그것을 변화시킨 요인이 된 것은 야행성에서 주행성으로의 변화, 거기에 따른 곤충식에서 과일식이나 채식으로의 식성 변화, 체중 증가였던 것으로 보인다. 그런 흐름을 알게 해 주는 절호의 사례를 마다가스카르에서 찾을 수 있다.

인도양에 떠 있는 마다가스카르 섬에는 32종의 원원류가 살고 있는데, 진원류는 없다. 이 섬은 영장류가 등장하기 이전에 아프리카 대륙에서 떨어져 나갔기 때문에 원원류의 조상이 떠내려가는 나무를 붙잡고 흘러 들어와 지금의 종으로 분화한 것으로 생각된다. 이 섬에는 세계 유일의 주행성 원원류가 있다. 아시아와 아프리카의 열대우림에 널리 분포하는 원원류는 모두 야행성인데, 왜 마다가스카르에만 주행성 원원류가 있을까. 그 이유는 이 섬에는 중형 이상의 포식자나 진원류가 없었기 때문인 것으로 짐작된다. 다른 지역에서 몸집이 크고 대사가 활발한 진원류가 살고 있는 생태적 지위를 마다가스카르에서는 몸집이 작고 대사율이 낮은 원원류가 차지할 수 있었던 것이다.

마다가스카르의 원원류는 곤충뿐만 아니라 과일이나 잎도 먹는다. 몸집이 작은 종은 야행성이고 곤충식인 경우가 많고, 몸집이 크면 과일이나 잎을 즐겨 먹는 경향이 있다. 그러나 몸무게가 몇 kg이나 돼 진원류만 한 체격을 지니고 있는 인드리원숭이(마다가스카르 특산인 짧은 꼬리여우원숭이-역주)나 호랑이꼬리여우원숭이도 대사율이 낮아서 매일 아침 일광욕을 하지 않고는 활동을 시작할 수 없다.

쥐여우원숭이는 모양이 쥐와 같고 체중도 100g이 채 되지 않는, 세계에서 가장 작은 영장류다.(그림 2-8) 쥐와 다른 점은 얼굴 앞쪽에 있는 커다란 눈과 사물을 쥘 수 있는 손이다. 야행성으로, 곤충 외에 도

그림 2-8 세계에서 가장 작은 영장류, 쥐여우원숭이(원원류).

마뱀이나 개구리 등 작은 동물을 잡아먹는데, 모두 작고 분산돼 있는 것들이어서 한꺼번에 많은 양을 잡아먹을 수 없는 먹이 자원들이다. 과일도 먹기 때문에 완전한 육식 동물은 아니다. 수컷도 암컷도 독립된 영토를 만들지만 수컷은 암컷의 2배 가까운 영토를 갖고 있으며, 여러 암컷들의 영토와 겹친다. 암컷은 한 번에 1~4마리의 새끼를 낳기 때문에 미처 자립하지 못한 새끼도 함께 살아가는 경우가 많다.

난쟁이여우원숭이는 체중이 쥐여우원숭이의 3~5배나 되는데, 야행성이며 역시 곤충 등의 작은 동물을 잘 먹는다. 그밖에 꿀, 꽃가루, 과일 등도 먹는 것으로 알려져 있다. 단독 생활을 하는데, 수컷도 암컷도 독립된 영토를 만든다. 마다가스카르손가락원숭이라고도 하는 아이아이원숭이는 야행성 원숭이 중에서는 몸집이 커서, 체중이 약 3kg이나 된다. 철사처럼 가늘고 긴 가운뎃손가락을 갖고 있으며, 단단한 과일 껍질이나 줄기 속에 들어 있는 벌레 유충이나 씨앗을 후벼 내서 먹는다. 수컷도 암컷도 독자적인 행동권을 갖고 있으나 수컷들의 행동권은 상당히 중복돼 있으며 마주치면 서열 관계를 인지하고 있는 듯한 행동을 보인다.

무리를 짓는 주행성 원숭이들

마다가스카르에는 이들 야행성 원숭이 외에 밤과 낮에 모두 활동하는 원숭이들이 함께 살고 있다. 몽구스리머mongoose lemur나 붉은배여우원숭이(붉은배리머)는 과일을 좋아하고 잎, 꽃, 곤충, 도마뱀

등도 먹는 잡식성이다. 밤에도 활동하고 낮에도 활동하는데, 야행성 시기에는 짝 생활을 하며, 주행성 시기에는 20마리에 가까운 무리를 짓고 있다. 무리에는 여러 마리의 수컷과 암컷이 들어 있는데, 서로 털 고르기 등을 해 주면서 접촉한다. 여러 짝들이 모여 무리를 만드는 경우도 있는 듯한데, 짝을 이루는 때와 무리를 짓는 때가 어떻게 교대로 이뤄지는지는 자세히 알려져 있지 않다.

이 두 종류에 가까운 갈색여우원숭이는 밤과 낮에 모두 활동하는데, 언제나 몇 마리에서 20여 마리의 무리를 지어 생활한다. 무리의 활동 영역은 이웃 무리와 크게 중복돼 있고, 침입자를 내쫓는 행동은 목격된 바 없다고 한다.

이런 주·야행성 여우원숭이를 보고 있노라면, 밤에서 낮으로 활동 시간대를 바꿈으로써 단독 생활에서 짝 생활, 복수의 자웅(복수 수컷—복수 암컷) 무리로 이행해 가는 경향을 읽어 낼 수 있다. 먹이도 분산돼 있는 곤충이나 작은 동물에서 집중적으로 따 먹을 수 있는 과일, 꽃, 잎으로 옮겨 감에 따라 무리를 만드는 경향이 뚜렷해진다. 거기에 따라 적어도 개체로서 영토를 만드는 경향도 희박해진다.

주행성 원원류 중에는 단독으로 영토를 만드는 종이 없다. 그리고 재미있게도 암컷이 수컷보다 우위를 차지하는 경우가 많다. 목도리여우원숭이(목도리리머)는 체중이 약 4kg인데, 암컷이 수컷보다 약간 더 무겁다.(그림 2-9)

암컷은 늘 수컷보다 우위를 차지하고, 공격도 암컷이 수컷을 향해

그림 2-9 주로 낮에 활동하는 목도리여우원숭이(원원류).

가하는 경우가 많다. 주행성으로 과일, 씨앗, 잎, 수액 등 식물성 먹이를 주로 먹는다. 열 마리 전후의 무리를 만드는데, 짝으로 나뉘는 경우도 있다. 무리가 작은 집단으로 나뉘는 건 먹이가 적어져 서로 흩어질 때라고 한다. 무리의 행동권은 이웃 무리와 별로 겹치지 않는데, 무리 사이가 적대적일 때 영토를 만드는 것으로 보인다. 목도리여우원숭이는 귀를 찢는 듯한 큰 소리를 내는데, 이것도 영토 방위를 위한 소리로 짐작된다.

체중이 약 3kg으로 약간 작은 호랑이꼬리여우원숭이도 주행성인데, 20마리 전후의 수컷들과 암컷들이 모여 무리를 만든다. 과일을 좋아하고 꽃과 잎, 작은 동물을 먹으며, 나무 위만이 아니라 땅 위에서 생활하는 경우도 많다. 무리 사이는 적대적인데, 행동권이 겹치는 지역에서는 냄새 피우기를 비롯한 적대적 교섭이 벌어진다. 냄새

피우기는 손목에 있는 냄새샘을 꼬리로 문지른 뒤 그 꼬리를 곧추세워서 흔드는 행동인데, 서로 상대방에게 냄새를 날려 보내면서 싸운다. 무리 내에서도 개체들은 이런 냄새 피우기로 서열을 정한다. 역시 암컷이 수컷보다 우위를 차지하며, 암컷만이 무리를 떠돌아다닐 수 있다.

낮의 세계가 가져다준 것

이들 원원류의 활동 습성과 식성을 비교해 보면, 땅과 먹이에 관한 개체 간의 갈등과 그 해소 방법이 어떻게 변화해 왔는지 추측할 수 있다. 먼저, 밤의 생활은 체격이 작고 단독 생활이나 최소한의 집단인 짝 생활을 하는 쪽이 선호하는 듯하다. 곤충 등 분산돼 있는 먹이를 이용하며, 활동 영역을 영토로 여기고 지키려는 경향이 강하다. 이 경우에는 과일이나 꽃 등 채집할 수 있는 장소가 정해져 있는 먹이와 달리 움직이는 먹이이기 때문에 일정한 범위의 공간을 점유하는 방법이 유효할 것이다. 하지만 이것이 성립되기 위해서는 작은 영토에서도 충분한 먹이를 얻을 수 있고, 또 각각의 영토들 사이에 별로 큰 차이가 없어야 한다는 조건이 충족돼야 한다. 만일 먹이의 양이 크게 바뀌거나 영토 간에 차이가 있다면 공간적으로 떨어져서 계속 공존하기는 어려울 것이기 때문이다.

과일은 얻을 수 있는 장소가 정해져 있기는 하지만, 계절에 따라 얻을 수 있는 시기가 있고 또 넓게 분산돼 있다. 이것은 좁은 범위를 후각과 시각에 의존해 돌아다니는 야행성 원원류에게는 적당한 먹이가 아니다. 그래서 과일을 먹이로 취할 수 있는 비율이 높고, 먹기에 적당한 과일이 있는 곳을 시각을 이용해 감지할 수 있는 낮에 활동하는 경우가 많아졌을 것이다. 넓은 범위를 돌아다니자면 외부 적이 노릴 위험성이 커지고 다른 개체와 접촉할 수 있는 기회도 늘어난다. 단독으로 있기보다 여럿이 함께 있는 쪽이 더 안전하며, 협력해서 먹이를 확보하는 데도 유리하다. 그런 필요성에 따라 짝이 모이거나 암컷들이 모여 무리가 만들어지게 됐다. 원원류 무리가 수컷의 집합으로 만들어진 게 아니라는 건 확실하다. 왜냐하면 주행성 원원류는 암컷이 수컷보다 우위를 차지하고 있어서 암컷은 단독으로 살아가는 선택도할 수 있기 때문이다. 실제로 주행성 원원류에서 단독 생활은 목격되지 않는다. 이는 암컷이 동성 또는 수컷을 공존 상대로 선택하여 무리를 만들기 때문이라고 판단할 수 있다.

무리 지어 영토를 만드는지의 여부는 종에 따라 다르다. 다만 원원류는 대사율이 낮고 냄새를 이용한 적대 행동을 하기 때문에, 진원류처럼 시각을 우선적으로 이용하고 무리 중의 동료들이 협력해서 다른 무리와 싸우는 행동을 하기는 어렵다. 무리 내에서 공존하는 개체들 간에 서열은 있지만 진원류에서 볼 수 있는 것과 같은 혈연이나 서열 차례에 바탕을 둔 사회관계는 형성돼 있지 않은 듯하다.

먹이와
포식자의 영향

진원류는 단독 생활을 하지 않는다

진원류 중에는 아주 드문 예외를 빼고는 야행성 생활을 하는 종도, 단독 생활을 하는 종도 없다. 유일한 야행성 진원류는 남아메리카의 열대우림에 사는 올빼미원숭이다. 이 종의 조상은 원래 주행성이었으나 야행성으로 역행한 것으로 생각된다. 1kg으로 몸집이 작고, 과일이나 곤충을 먹는 잡식성이다. 짝을 지어 영토를 만드는 특징은 야행성인 원원류와 매우 닮았다. 또 하나의 예외는 오랑우탄인데, 주행성인데도 단독 생활을 하는 종과 같은 활동 영역을 갖고 있다. 즉 암컷이 작은 영토를 만들고, 여러 암컷들의 영토를 포함하는 커다란 영토를 수컷이 만드는 것이다. 그런데 오랑우탄은 고릴라 다음가는 큰 체격을 갖고 있는데, 수컷의 몸집은 암컷의 두 배나 된다. 암수의 체격 차가 없는 단독 생활형의 영장류와는 명백히 다르다.

오랑우탄을 빼고 왜 진원류에서는 단독 생활을 하는 종이 없는 것일까. 무리 생활을 하는 종에서도 수컷이 단독 생활을 하는 시기가 있다. 복수 수컷-복수 암컷 무리를 만드는 일본원숭이 사회에서는 사춘기를 맞이한 수컷이 태어나 자란 무리를 떠난다. 이탈한 뒤 곧 이웃 집단으로 이적하는 경우도 있지만 수컷들끼리만 행동하거나, 단독으로 돌아다니는 수컷도 있다. 다른 집단으로 옮긴 뒤에도 수컷은 한 집단에 오래 머무는 것이 아니라 여러 집단들을 옮겨 다닌다. 집단에 속하지 않고 계속 단독으로 생활하는 수컷도 눈에 띈다. 수컷 한 마리에 여러 마리의 암컷들로 짜인 무리를 만드는 고릴라의 수컷도 단독 생활을 한다. 일본원숭이와 마찬가지로 사춘기에 자신이 태어나 자란 무리를 나간 젊은 고릴라 수컷은 다른 무리로 이적하지 않고 단독 생활을 한다. 수년간 단독으로 방랑하며 이곳저곳의 무리와 조우한 끝에 암컷을 꾀어내 자신의 무리를 만드는 것이다. 그러나 일본원숭이도 고릴라도 암컷에게는 이처럼 단독으로 살아가는 시기가 없다. 일본원숭이 암컷은 태어나 자란 무리를 떠나지 않고, 고릴라 암컷은 이탈하더라도 곧 다른 무리로 이적한다. 다른 진원류 사회에서도 마찬가지로 암컷은 단독으로 살아가지 않는다. 진원류에게 단독 생활이 없는 것은 암컷이 다른 개체와 무리를 지으려는 경향이 강하기 때문인 것으로 보인다.

그러면 왜 진원류의 암컷은 단독 생활을 싫어할까. 그것은 진원류가 주행성인 것, 과일 등 식물 부위를 먹이로 삼는 것과 관계가 있다. 원원류 중에서도 주행성을 보이는 종에서 짝이나 무리를 지어 사는 경향을 찾아볼 수 있다. 밤의 어둠에서 태양 빛이 내리쬐는 낮의 세계로 나왔다고 해서 도대체 뭐가 바뀌었을까.

원래부터 단독 생활을 하고 있더라도 수컷과 암컷의 활동 영역은 다르다. 투파이도 우는토끼도 영양도 암컷의 영토는 수컷보다 작으며, 수컷은 여러 암컷들의 영토를 포함하는 넓은 영토를 갖고 있다. 이것은 수컷과 암컷이 영토를 만드는 이유가 다르기 때문인 것으로 보인다. 수정하면 금방 알을 낳는 조류와 달리 포유류의 암컷은 수십 일, 길게는 1년 이상 몸속에서 태아를 키운다. 출산 뒤에도 암컷은 장기간에 걸쳐 젖을 먹여야(수유) 한다. 수컷도 암컷도 알품기(포란)가 가능하고 부화한 뒤에도 암수가 함께 새끼에게 먹이를 날라 주는 새와 달리 포유류는 암컷만이 젖을 먹인다. 그 때문에 긴 임신과 수유 기간 중에 암컷은 자신만이 아니라 아기의 영양 조건까지 개선해야 한다. 그래서 임신 기간이나 수유 기간이 긴 영장류는 더욱더 먹이 조건이 암컷의 번식 성공을 좌우하는 큰 요인이 된다. 한편 임신도 수유도 하지 않는 수컷은 영양 조건보다 짝짓기 상대를 확보하는 게 더 중요하다. 그 때문에 가능한 한 많은 암컷과 짝짓기할 기회를 얻을 수 있도록 자신의 활동 영역을 넓히게 된다. 그 결과 수컷의 영토가 암컷의 영토보다 커지게 된 것으로 보인다.

먹이의 질과 분포가 '무리'를 낳는가

이처럼 수컷과 암컷의 번식 성공을 좌우하는 요인이 각기 다른 것에 착안한 리처드 랭엄은 먹이의 질과 분포 양식이 영장류 암컷에게 군거성(떼를 지어 생활하는 성질-역주)을 가져다주었다고 생각했다. 만일 영장류에게 매력적인 질 좋은 먹이를 집중적으로 확보할 수 있는 장소가 있다면 여러 마리의 암컷들이 모여들 것이다. 과일처럼 먹이 자원이 조금씩 편재해 있을 경우 많은 암컷들이 함께 먹을 순 없다. 암컷들 사이에 서열이 있다면 우위에 있는 암컷들이 그 자원을 독점하게 될 것이다. 또 1대1로는 이길 수 없더라도 다른 암컷과 연합하여 우위의 힘센 암컷을 이길 수 있다면 암컷들은 연합해서 그 자원을 무리 전체가 독점하려 할 것이다. 하지만 잎처럼 균일하고 연속해서 분포하는 먹이는 암컷 사이에 먹이 확보 경쟁을 불러일으키지 않기 때문에 군거성이 촉발되지 않는다.

수컷들은 자신의 번식 기회를 증대시키기 위해 이런 암컷들 집단에 들어가려 한다. 먹이 자원이 풍부하고 암컷들이 무리 단위로 영토를 만들 경우에는 수컷이 늘면 그만큼 영토를 키워야 하고, 그렇게 되면 다른 무리로부터 영토를 지킬 수 없게 된다. 그 때문에 암컷 무리에 들어가는 수컷의 수는 최소한이 돼 수컷 한 마리에 여러 마리의 암컷들로 구성된 무리가 형성된다. 영토를 만들지 못하면 많은 무리들이 먹이 자원을 둘러싸고 부딪치게 되고, 암컷들은 복수의 수컷들이 들어오는 걸 허용함으로써 다른 무리보다 우위에 서려 한다. 무리의 크기가 큰 쪽이 무리들끼리 충돌할 때 유리할 것으로 보기 때문이다.

하지만 그렇다고 무리를 무한대로 키울 수 있는 건 아니다. 무리의 크기가 커지면 설사 다른 무리를 물리친다 하더라도 하나의 먹이 자원을 둘러싸고 무리 내 동료들끼리 경쟁을 벌여야 하는 상황에 처하게 된다. 무리가 커지면 무리 내의 경쟁으로, 작아지면 무리들끼리의 경쟁으로 손실이 커진다. 그 결과 무리의 크기는 그 두 가지 손실이 길항하는 지점 어딘가에서 정해지는 것이다.

리처드 랭엄은 이 가설을 야생의 영장류를 통해 실증하기 위한 지표로 삼아, 과일과 같은 질 좋은 먹이를 이용해 암컷들이 연합하는 종에서는 먹이 자원이 무리들끼리의 경쟁에 중요한 영향을 끼치는 것으로 생각했다. 무리 내의 움직임이나 무리들끼리의 경쟁에서 암컷이 적극적 역할을 하고, 암컷들 간의 결속을 강화하는 털 고르기 같은 사회 교섭 현상이 빈번하게 나타날 것으로 예상했던 것이다.

몸을 지키기 위해 무리를 짓다

그러나 영장류가 군거성을 갖게 된 이유가 단지 먹이의 질과 분포 때문일까. 앞서 얘기했듯이 야행성 종에는 단독 생활이나 짝 생활이 많고, 거꾸로 주행성 종에는 단독 생활이 거의 없다. 야행성에서도 과일이나 잎을 먹는 종이 있지만 큰 집단을 만들지는 않는다. 주행성 종에서도 남아메리카에 사는 마모셋원숭이marmoset나 타마린 등 소형 영장류는 수액이나 곤충을 잘 먹지만 보통 4~12마리의 무리를 짓는다. 먹이보다도 밤과 낮의 활동 시간 차이가 영장류의 군거성에 더 큰 영향을 끼치는 것으로 보인다.

카렐 반 샤이크Carel van Schaik는 먹이보다는 포식당할 위험성을 피하려는 움직임이 군거성에 더 큰 영향을 주는 것으로 생각했다. 무리 크기를 키우는 일은 무리 내 동료들과의 먹이 활동 경쟁을 격화시키고 먹이 활동의 효율성을 떨어뜨리지만 포식자를 피하는 데는 효과적이다. 여러 개의 눈들이 포식자를 발견하는 효율을 높여 주고, 설사 포식자의 습격을 막아 내지 못했다 하더라도 자신이 포획당할 확률은 낮아지기 때문이다. 그 증거로, 같은 영장류 종에서도 포식자가 없는 지역에서는 무리의 크기가 작아지는 경향이 있다.

카렐 반 샤이크는 먼저 수마트라 섬 필리핀원숭이의 밀도와 무리 크기의 관계를 분석했다. 밀도가 높아지면 개체 간의 먹이 활동 경쟁이 심해진다. 리처드 랭엄의 가설에서는 개체들이 연합해서 자원을 독점하려고 하기 때문에 밀도가 높아지면 큰 무리가 늘어날 것으로 예측된다. 하지만 반 샤이크의 가설에서는 무리 크기의 상승은 먹이 활동 경쟁을 격화시킬 뿐이므로 밀도가 높아지면 분열이 일어나 작은 무리들이 더 많이 만들어진다. 필리핀원숭이는 반 샤이크의 가설대로 작은 무리들로 분열했다. 또 먹이 활동 효율이 암컷의 영양 상태에 영향을 준다면, 그 좋고 나쁨은 암컷의 출산율로 판정할 수 있다. 리처드 랭엄의 가설에서는 무리 크기의 상승률이 작을 동안에는 출산율이 높지만, 무리 크기가 너무 커지면 출산율이 내려간다. 반면에 반 샤이크의 가설에서는 무리 크기가 커지면 출산율이 내려갈 뿐이다. 필리핀원숭이의 결과는 다시 한 번 카렐 반 샤이크의 가설을 뒷받침했다.(그림 2-10)

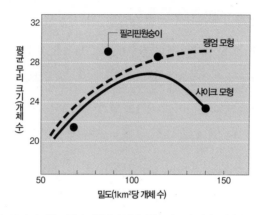

그림 2-10 두 가지 가설 모형과 케탄베의 필리핀원숭이 조사 결과. 점선과 실선은 두 가지 가설이 예상하는 결과, 검은 선은 실측값을 나타낸다(반 샤이크, 1983).

그리고 카렐 반 샤이크는 포식자가 미성숙 개체를 곧잘 노리는 데에 주목하고 몇몇 영장류 종에서 포식자가 있는 지역과 없는 지역에서 새끼들의 사망률을 비교했다. 그랬더니 포식자가 있는 지역에서만 큰 무리에서 새끼들의 사망률이 내려가는 것이 확인됐다. 이런 증거들을 토대로 반 샤이크는 영장류의 군거성은 포식자로부터의 위험을 피할 목적으로 촉발되며, 그 결과 군거성이 촉발된 무리 내에서 자원을 둘러싼 경쟁을 자원의 성질이나 양에 맞춰 어떻게 해결하느냐에 따라 몇 가지 사회성이 진화한 것으로 생각했다.

먹이를 둘러싼 싸움과
사회성의 진화

영토에서 무리로

포식당할 위험을 피하기 위해 야행성 영장류는 단독으로 눈
에 띄지 않게 행동하는 성질을 진화시켰다. 포식자가 노리기 쉬운 낮
에는 나무 동굴이나 숲 속에 숨어 눈에 띄지 않는 몸 색깔을 하고 위
험을 감지할 경우 꼼짝하지 않았다. 이런 생활에는 잘 숙지하고 있는
작은 활동 영역이 적합하다. 그들은 무리 짓지 않음으로써 포식자의
밥이 되는 걸 면했다. 영장류의 개체 단위 영토는 포식자에 대한 대
책으로서 발달해 온 면도 있다고 볼 수 있다.

주행성 영장류는 이런 포식자 대응 전략을 그만두고 무리를 만들어
포식자로부터의 위험을 줄이려 했다. 눈에 띄지 않는 몸 색깔이나 행
동으로 포식자가 찾아낼 수 없게 만드는 것이 아니라 포식자를 일찍
발견하여 재빨리 도망가거나 수에 의지해 대항하는 전략을 발달시킨
것이다. 주행성 진원류는 원원류보다 대사율이 높고 민첩하게 나무
위를 돌아다닐 수 있으며, 얼굴이나 몸에 눈에 띄는 색깔의 털이 있

는 종도 많다. 외적에 대해 여러 마리의 원숭이들이 공동으로 맞서는 행동도 볼 수 있다. 주행성이 되면서 영장류는 개체 단위의 포식자 대응 전략을 무리 단위의 대응 전략으로 바꾼 것이다.

그러면 무리가 되면서 단독 생활을 하던 원숭이가 갖고 있던 영토는 어떻게 되었을까. 카렐 반 샤이크가 추측한 대로 무리의 크기가 무리 내의 먹이 활동 경쟁과 포식자로부터의 위험 회피라는 두 가지 원인으로 결정된다면, 그 종의 식성과 환경 조건에 따라 적정한 무리의 크기가 정해지는 것으로 볼 수 있다. 무리의 크기는 먹이 조건에 따라 하루 이동 거리를 좌우하는 원인이 된다. 먹이 자원이 적고 분산돼 있을 경우 무리가 커지면 몇 개의 먹이 활동 장소를 돌아다녀야 하기 때문이다.

거꾸로 먹이 자원이 많고 무리가 작다면 별로 돌아다닐 필요가 없다. 이런 활동 영역을 영토로 삼고 방어하기 위해서는 무리의 하루 이동 거리에 비해 활동 영역이 너무 크지 않은 쪽이 좋다. 활동 영역이 매일 돌아다닐 수 있을 정도의 크기가 아니면 다른 무리의 침입을 막을 수 없기 때문이다. 존 미타니John Mitani와 피터 로드먼Peter Rodman은 하루 평균 이동 거리와 활동 영역의 크기를 나타내는 지수를 비교해, 이동 거리에 비해 상대적으로 작은 활동 영역을 지닌 영장류일수록 방어 행동을 보인다는 걸 밝혀냈다. 무리를 짓는 영장류는 먹이 분포와 무리의 크기에 따라 이동 거리나 활동 영역을 정하는 것이지 그 반대는 아니다. 무리가 영토를 만들지의 여부는 무리에 필요한 먹이 자원이 풍부해서 작은 활동 영역만으로도 꾸려 갈 수 있는지의 여부에 달렸다. 잡아먹힐 위험을 피하려는 필요성 때문에 큰 무리를 만든 주행성 영장류는 과일이나 잎을 먹이로 삼으면서 영토를 만들 수 있을 정도로 작은 활동 영역을 갖기 어려웠을 것으로 생각된다. 현재 주행성으로 영토를 갖고 있는 것은 단독 생활을 하는 오랑우탄이나 짝을 짓고 사는 긴팔원숭이, 티티원숭이(꼬리감는원숭이류의 일종) 등 겨우 몇 종에 지나지 않는다. 그리고 이들 종은 모두 계절 변화가 작은 열대우림의 나무 위에서 살고 있다. 주행성 영장류가 영토를 갖기에는 무리의 크기나 생활 공간, 먹이 조건이 지극히 제한돼 있다는 걸 알 수 있다.

서열을 통해 싸움을 피하는 일본원숭이

그렇다면 무리 지어 살아가는 주행성 영장류는 먹이를 둘러싼 동료들과의 경쟁을 어떻게 해결하고 공존하게 되었을까. 실은 이 해결법의 하나는 영장류학의 초창기에 일본 영장류학자에 의해 발견됐다. 그것은 야생 원숭이를 인간과 가까워지도록 먹이로 길들이는 방법을 써서 금방 밝혀냈다.(그림 2-11) 1952년에 미야자키 현의 고지마幸島와 오이타 현의 다카사키야마高崎山에서 일본원숭이를 먹이로 길들이는 데에 성공했는데, 가와무라 슌조川村俊蔵와 이타니 준이치로伊谷純一郎는 원숭이들을 한 마리 한 마리 개체로 식별하고 이름을 붙여 각각의 행동을 기록했다.

그림 2-11 먹이를 기다리는 다카사키야마의 원숭이들. 1000마리가 넘는 원숭이들이 하나의 무리를 이루고 있다.

그랬더니 흥미로운 사실이 드러났다. 두 마리의 원숭이 사이에 먹이를 던져 주면 반드시 어느 한쪽의 원숭이가 그것을 집어 갔다. 게다가 같은 조에서는 몇 번이나 먹이를 던져 주더라도 그것을 집어 가는 원숭이가 정해져 있었다. 여러 가지로 그 조합을 바꿔 본 결과 먹이를 집는 우선순위가 직선적으로 정해져 있다는 사실을 알게 됐다. 즉 A가 B보다 강하고, B가 C보다 강하면 반드시 A는 C보다 강하다는 관계가 성립되었다. 이타니 준이치로 등 연구진은 이것을 '직선적 순위 서열'이라고 불렀다.

가와무라 슌조는 오사카 부의 미노箕面에서 먹이로 길들여진 일본 원숭이 무리 속에서 이 서열 관계를 조사해, 혈연관계가 있는 암컷들은 가계에서 분명한 서열 차이를 드러낸다는 걸 밝혀냈다. 딸이 엄마의 바로 밑 서열이 되기 때문에 어느 가계에 속하는 암컷은 모두 다른 가계에 속하는 암컷보다 높은 서열에 있거나 낮은 서열이 된다. 그리고 가와무라 슌조는 자매 사이에서는 나이가 적은 동생이 언니보다 서열이 높아진다는 걸 발견했다. 이것은 나이가 어린 딸을 엄마가 비호하기 때문에 생기는 현상이다. 일본원숭이 무리는 이처럼 혈연에 토대를 둔 상호 서열 관계를 확실히 인지하고 서열 차례에 따라 먹이를 집어 가는 우선권을 발동하는 것으로 경쟁을 억제하고 공존을 달성할 수 있었던 것이다.

일본원숭이 연구보다 10년 이상 뒤늦게 다른 영장류 종의 현장 연구가 시작됐고, 일본원숭이와 비슷한 서열을 지닌 종과 조금 다른 사회관계를 가진 종이 있다는 사실을 알게 됐다. 예컨대 망토짖는원숭이는 먹이를 앞에 두고 어느 쪽이 우선적으로 집어 가는 양태를 별로 보이지 않고 나무 위에서 여러 동료들이 함께 모여 잎을 먹는다. 침팬지나 고릴라는 암컷이 태어나 자란 무리를 나와 다른 무리로 옮겨가기 때문에 암컷 사이에 혈연을 바탕으로 한 강한 결속은 생기지 않는다.

쟁탈 경쟁과 대면 경쟁

카렐 반 샤이크는 이들 사회관계를 먹이로 설명하려고 했다. 먼저 먹이를 둘러싼 경쟁을 쟁탈 경쟁scramble과 대면 경쟁contest으로 나눴다. 쟁탈 경쟁은 개체 간에 다투지 않고 먹이를 집어 가지만 개체 수가 많아지면 각각의 개체가 가져가는 몫이 줄어드는 경쟁 관계를 가리킨다. 따라서 이는 무리의 크기와 먹이 자원의 양에 좌우된다. 무리가 클수록, 그리고 먹이 자원이 적을수록 쟁탈 경쟁은 심해지고 원숭이들은 다른 먹이 자원이나 먹이 활동 장소를 찾아 계속 이동할 수밖에 없다. 이동은 체력을 소모시키고 포식자에게 몸을 노출시키게 되므로 손실로 이어진다.

대면 경쟁은 실제로 먹이를 둘러싸고 다툼이 생기고 우위에 있는 쪽이 우선적으로 먹이를 가져가는 경쟁 관계다. 그 때문에 먹이가 무리 전원에게 돌아갈 만큼 풍부해도 그것이 집중적으로 분포돼 있어서 서열이 높은 원숭이가 그것을 독점해 버리면 낮은 서열의 원숭이는 먹을 수 없게 된다.

카렐 반 샤이크는 이 같은 경쟁을 무리 내에서 일어나는 것과 무리 사이에서 일어나는 것으로 나눴다. 영장류의 같은 종 무리들끼리는 서로 반발하고 먹이 활동을 할 때 서로 뒤섞이는 경우가 좀처럼 없기 때문에 무리 사이의 쟁탈 경쟁을 생각할 필요는 없다. 따라서 무리 사이에 대면 경쟁이 일어나는지, 무리 내에 쟁탈 경쟁이 있는지, 또는 대면 경쟁이 있는지 등의 경우를 생각해 볼 수 있다. 그런 것을 결정하는 것이 포식자로부터의 위험 회피와 먹이다. 먼저 포식자로부터의 위험이 높은 곳에서는 큰 무리의 형성이 촉진된다. 이런 곳에서는 무리 사이보다 무리 내의 경쟁 증가 문제를 해결하는 게 중요해진다. 나무 위에서 잎을 먹고 사는 종에서는 먹이를 둘러싸고 직접적인 다툼이 일어나기 어렵고, 몸이 작은 개체는 쉽게 도망칠 수 있다. 따라서 쟁탈 경쟁이 일어나 개체 중심적이고 평등적인 사회관계가 발달할 것이다. 콜로부스 원숭이류, 랑구르 원숭이류, 망토짖는원숭이류 등이 이 경우에 해당한다. 곤충 등 분산된 먹이를 이용하는 종도 이에 가까운 사회성을 지니게 된다.

한편 땅 위에 사는 원숭이로, 과일을 먹는 종은 대면 경쟁 관계가 작동해서 서열에 바탕을 둔 전제적인 사회관계를 발달시키게 될 것이다. 암컷들의 연합이 유리하면 혈연관계가 있는 암컷들이 결속해서 혈연 편중이 되는데, 무리 간 경쟁에서 이기기 위해 큰 무리를 형성하기 때문에 개체 간 관계는 평등하게 된다. 섬에 격리된 종, 예컨대 인도네시아 술라웨시 섬의 마카크 원숭이 등이 이 경우에 해당한다.

먹이를 통한 사회 이해의 맹점

이런 고찰은 집단생활을 하는 암컷의 사회성이 포식자나 먹이 등 환경 요인에 의해 결정된다는 시각을 기본적으로 깔고 있다. 그러나 몇 가지 모순도 있다. 그 좋은 예가 내가 연구하고 있는 고릴라다.

몸집이 큰 고릴라에게 포식자는 큰 위협이 되지 않는다. 따라서 고릴라는 나무 위에서만이 아니라 포식자들이 많은 땅 위에서도 생활한다. 게다가 잎이나 지상성 초목 등 언제 어느 곳에서든 풍부하게 얻을 수 있는 것을 먹기 때문에 먹이를 둘러싼 경쟁이 벌어지기 어려울 것으로 생각된다. 이런 조건이라면 암컷이 분산해서 먹이 활동을 해도 좋고 거꾸로 큰 무리를 지어도 좋을 것이다. 그러나 실제로는 언제나 짜임새가 좋은 열 마리 안팎의 작은 무리를 만들어 생활한다. 고릴라 암컷이 모이는 이유를 포식자와 먹이로는 설명할 수 없다.

또 과일을 먹는 거미원숭이나 침팬지는 암컷들이 연합하기는커녕 뿔뿔이 흩어져 먹이 활동을 하는 경향이 강하다. 이것은 이들 종들은 암컷이 태어나 자란 무리를 떠나 혈연관계가 없는 동료와 무리를 만들기 때문이기도 하다. 일본원숭이와 같은 혈연 편중 경향을 이용해 암컷 간 연합을 만들 수 없는 것이다. 하지만 왜 이들 종의 사회에서 암컷이 분산 경향을 보이는지, 포식자와 먹이만으로는 만족스런 해답을 찾아낼 수 없다.

종이 보여 주는 사회성은 환경 원인보다도 계통 관계를 반영한다는 설도 있다. 술라웨시 섬의 마카크 원숭이의 일종인 무어마카크 원숭이 사회를 연구한 마쓰무라 슈이치松村秀一는 카렐 반 샤이크의 예상과 반대로 이 종은 무리 간 경쟁이 약하며, 그럼에도 평등주의적인 사회관계를 유지한다는 사실을 밝혀냈다. 그리고 마카크 원숭이에는 전제적 경향을 띠는 필리핀원숭이, 히말라야원숭이, 타이완원숭이, 일본원숭이 그룹과, 평등적 경향을 띠는 사자꼬리마카크, 보닛마카크 원숭이 그룹이 있고, 이들은 각기 계통적 근사성에 대응한다고 지적한다.(그림 2-12)

또 환경 조건에 따라 사회형이 결정된 것이라면, 그것은 어느 시대에 어느 정도 기간에 걸쳐 형성된 것인지 궁금해진다. 환경은 일정하

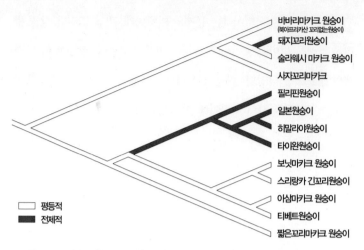

바바리마카크 원숭이
(북아프리카산 꼬리없는원숭이)

돼지꼬리원숭이

술라웨시 마카크 원숭이

사자꼬리마카크

필리핀원숭이

일본원숭이

히말라야원숭이

타이완원숭이

보닛마카크 원숭이

스리랑카 긴꼬리원숭이

아삼마카크 원숭이

티베트원숭이

짧은꼬리마카크 원숭이

☐ 평등적
■ 전제적

그림 2-12 마카크 원숭이의 계통과 각각의 사회 구조(마쓰무라, 1999).

지 않고 항상 변화한다. 각각의 영장류들이 살아가는 환경은 과거에도 반드시 지금과 같았던 건 아니다. 포식자의 유무나 먹이의 질과양, 분포도 크게 바뀌었다.

사실 다양한 환경에서 살아가는 차크마개코원숭이 사회에서는 포식자의 존재나 먹이 분포는 암컷 간의 사회 교섭 빈도에 영향을 주지만 사회관계를 바꾼 건 아니라는 보고가 있다. 사회관계는 서식지의차이를 넘어 종 내에서는 놀랄 만큼 균일하다는 것이다.

이런 지적들은 영장류의 사회 구조나 사회관계를 암컷의 먹이 활동과 번식을 안전하고 효율적으로 이뤄지게 하는 쪽으로 끌어가는 방향성만으로는 이해할 수 없다는 걸 보여 준다. 거기에는 또 하나의성, 즉 수컷이 살아가는 방식이 여실히 반영돼 있다.

여기서 우리는 '성性'이라는 문제와 마주치게 된다. 그러나 성을 둘러싼 경쟁은 먹이를 둘러싼 경쟁과는 성질이 다르다. 상대에 따라 경쟁의 정도도 달라진다. 다음 장에서는 그것을 살피면서 성의 경쟁이 가져다준 영장류 사회의 변이에 대해 생각해 보자.

제3장

성을
둘러싼
다툼

근친상간 회피와
사회의 진화

원숭이들의 근친상간 회피

인간 사회에는 성적 상대를 둘러싼 갈등이 일어나지 않도록 해서 복수의 남녀가 공존하는 구조가 존재한다. 바로 가족이다. 가족 안에서는 부부 관계에 있는 남녀에게만 성행위가 허용되고 다른 이성 간에는 금지돼 있다. 이것이 근친상간incest 터부(근친 간 성행위의 금지)이며, 세계의 어떤 문화, 사회에서도 찾아볼 수 있다. 이 터부가 있기 때문에 혈연관계에 있는 동성, 특히 어버이와 자식(친자)은 성 상대를 둘러싸고 경쟁하는 일 없이 평화롭게 살아갈 수 있다.

가족이 인간 사회를 특징짓는다는 것, 그것이 근친상간 터부에 의해 성립된다는 것을 논한 것은 19세기 인류학자들이었다. 그들은 그것을 사회 진화와 엮어서 생각했다. 1877년에 《고대사회Ancient Society》를 쓴 루이스 모건Lewis Henry Morgan(1818~1881)은 인류가 어버이와 자식, 형제 간 구별 없이 성행위를 하는 원시 난혼亂婚 상태에서 진화했다고 봤다. 이윽고 어버이와 자식 사이, 형제자매 간에 근친상간을 금지하게 되고, 현대의 핵가족처럼 성행위를 부부에게로 한정하는 친족 조직이 완성됐다고 그는 생각했다.

그러나 누구도 근친상간을 회피하는 경향이 인간 이외의 동물 세계에서 이미 구현돼 있었다는 생각은 하지 못했다. 그것을 발견한 것은 일본의 영장류학자다. 1950년대 초에 도쿠다 기사부로德田喜三郎는 교토동물원에서 히말라야원숭이와 필리핀원숭이의 성 행동을 조사했다. 암컷은 발정하면 어느 수컷과도 교미를 했으나 자신의 아들과는 교미를 하지 않았다. 그 뒤 먹이로 길들인 고지마 섬 일본원숭이들의 성행동도 조사했는데, 역시 어미와 자식 간에는 교미를 하지 않았다. 직선적 순위 서열이 있는 일본원숭이 무리에서는 가장 우위에 있는 수컷이 다른 수컷보다 우선적으로 발정한 암컷에 접근할 수 있다. 그런데 고지마에서 가장 우위에 있는 수컷은 그 어미로 보이는 암컷을 교미 상대로 끌어들이려 하지 않았다. 어미도 교미를 유도하는 행동은 보이지 않았다. 도쿠다 기사부로는 마카크 원숭이(히말라야원숭이, 필리핀원숭이, 일본원숭이를 포함한 반半지상·반半수상성의 구세계 원숭이) 사회에서는 어미와 자식 간에 성행위를 피하는 어떤 심리적 기구가 작동하고 있을 것이라고 생각했다.

가족의 기원

그런데 인간의 가족은 도대체 어떻게 성립됐을까. 근친상간을 회피하는 경향은 인간 이외의 영장류에서도 찾아볼 수 있으므로 가족이 형성되는 단계에서 근친상간이 금지된 것은 아니다. 거꾸로 이미 존재했던 근친상간을 회피하는 성질을 이용해 가족이 창조된 게 틀림없다.

그것은 인간 사회에서는 근친상간 금지가 어미와 자식 이외의 근친 간에도 적용되고 있기 때문이다. 원숭이처럼 어미와 자식 간에 성행위가 이뤄지지 않는 것은 아이 양육을 통해 어떤 심리적 유대가 형성되고 그것이 성행위를 막고 있다고 생각할 수 있다. 하지만 인간 가족에서는 어미와 자식만이 아니라 아버지와 딸, 형제자매, 나아가 더 폭 넓은 혈연관계에까지 근친상간이 금지되고 있다. 평소 얼굴을 맞대고 살아가지 않는 친족까지 근친상간이 금지되는 것은 심리적 기구로는 설명할 수 없는 규범이 거기에 존재하기 때문이다. 그것은 어떤 이유 때문에 생겨난 걸까.

이마니시 긴지今西錦司(1902~1992)는 영장류까지 거슬러 올라가 인간 가족의 기원을 생각했고, 외혼제外婚制(무리 바깥에서 상대를 구하는 결혼 제도), 근친상간 터부, 남녀 분업이라는 세 가지 조건이 이미 인간 이전의 단계에서 성립돼 있었다고 본다. 인간의 단계에서 비로소 가능하게 된 것은 복수의 가족이 모여 근린 관계를 만들고 상위의 지역 사회를 형성한다는 조건이다. 아마도 어버이 자식 이외의 혈연자에게 성행위나 결혼을 금지하지 않았다면, 이런 복수의 가족들이 공존할 수 있는 사회를 만들 수 없었을 것이다. 근친상간의 회피를 터부라는 제도로 정착시켜야 했던 건 이 때문이다.

그러면 어떻게 해서 가족이 만들어지고 다른 가족과 공존하게 됐을까. 그 진화 과정을 상상하기는 어렵다. 이마니시 긴지는 새의 사회가 집단생활을 하는 시기와 짝 생활을 하는 시기를 확실히 구분하고 있고, 포유류에서도 집단생활을 하면서 짝 생활을 하는 사회형이 공존하는 경우는 없다고 지적한다.

영장류에서도 복수의 암수들이 공존하는 사회 속에서 짝을 이루는 것은 간단한 일이 아니다. 이제까지 살펴봤듯이 영장류는 단독 생활에서 짝을 짓는 사회를 진화시켰고 거기서 더욱 큰 집단을 이뤄 생활하는 쪽으로 진화했다. 그러나 복수의 암수들이 공존하는 사회에서 짝 생활을 하는 구조를 지닌 종은 없다. 인간은 포유류로서는 처음으로 집단생활과 짝 생활이 양립할 수 있는 사회를 만든 것이다. 바로 그 때문에 근친상간의 금지를 통해 성의 경쟁을 완화하는 가족이라는 형태가 필요했던 것이다. 아마도 영장류의 근친상간 회피는 성의 경쟁을 피하기 위한 것은 아닐 것이다. 어느 쪽의 성을 분산시켜서 유전적 열성을 피하기 위한 기구(수단)였을 것이다. 인류는 그것을 사회적 목적을 위해 이용한 것이다.

인간의 가족은 그 시초가 짝을 짓는 사회에서 배태된 것은 아니다. 무리가 먼저 존재했고, 거기에서 가족이라는 짝을 짓는 사회를 가능케 하는 구조가 만들어진 것이다. 그것은 인간의 남녀 체격에 비교적 큰 차이가 있는 점으로도 확인할 수 있다. 뒤에 얘기하겠지만, 집단생활을 하는 영장류에서는 일반적으로 암수의 체격 차가 크고, 짝 생

활을 하는 것은 체격 차가 없는 종으로 한정돼 있기 때문이다. 짝이
아닌 집단생활에서 어떻게 짝(한 쌍)에게만 성행위를 할 수 있도록 한
정하는 가족이 만들어졌을까. 아마도 그 과정에서 근친상간 금지가
커다란 역할을 했을 것이다. 영장류의 성 경쟁과 사회 구조 그리고
근친상간을 회피하는 구조를 비교하면서 그것을 생각해 보자.

짝 생활의
진화

짝 생활이 가져다준 이익

단독 생활을 하는 야행성 영장류에서 보이는 현저한 경향은 수컷이 암컷보다 큰 영토를 갖고, 그 속에 여러 암컷들의 영토를 포함하고 있다는 것이다. 새처럼 먼저 수컷이 영토를 만들어 암컷을 불러들이는 것이 아니라, 영장류는 암컷의 분산이 선행되고 거기에 대응해 수컷이 넓은 영토를 만드는 것으로 생각된다. 그러면 여기서 어떻게 짝을 짓는 생활이 형성되었을까.

수컷 한 마리와 암컷 한 마리가 짝을 이뤄 살아가는 영장류는 야행성이나 주행성을 불문하고 암수의 체격 차가 없다는 공통점이 있다. 단독 생활을 하는 종은 수컷도 암컷도 서로 동성들끼리 각자 영토를 만들어 공간적으로 서로 떨어짐으로써 성을 둘러싼 다툼을 방지한다. 짝을 짓는 생활은 마찬가지로 동성들끼리 거리를 두면서 이성 간에 영토를 일치시킴으로써 성립된 것으로 보인다.

만일 암수의 영토 일치가 짝을 짓는 생활의 시작이라면 거기서 얼을 수 있는 이익은 수컷과 암컷이 각기 다를 것이다. 영장류에서는 번식과 관련된 부담이 암수 간에 큰 차이가 있기 때문이다. 포유류로서는 긴 임신 기간과 수유 기간이 필요한 영장류의 암컷에게 수컷이 들어오는 것은 영토 방어나 육아에 대한 협력이라는 두 가지 이점이 있다. 사실 조류에서는 이 두 가지 역할을 수컷이 수행한다. 한편 수컷은 각자 확실하게 번식 상대를 얻어 암컷이 다른 수컷과 교미하는 걸 막을 수 있다면 분명히 자신의 새끼를 만들 수 있다는 이점이 있다. 그러나 여러 마리의 암컷과 교미를 해서 새끼를 남기기는 어렵다.

긴팔원숭이의 짝 생활

긴팔원숭이는 짝 생활의 좋은 예다. 11종으로 나뉘지만, 모두 짝을 짓고 영토를 만들어 생활한다. 예전에는 이 긴팔원숭이들이 같은 상대와 장기간에 걸쳐 정숙한 짝 생활을 하는 것으로 생각했다. 그런데 최근 조사에 따르면, 긴팔원숭이들이 반드시 암수가 협력해서 영토를 지키는 건 아니라는 사실을 알게 됐다. 어떤 종이든 짝은 분명히 듀엣(수컷과 암컷이 호응하면서 함께 노래하는, 어떤 정해진 음성 패턴)을 노래하며 영토 선언을 한다. 그러나 영토의 침입자를 짝이 협력해서 쫓아내는 경우는 많지 않다. 수컷 침입자는 수컷이, 암컷 침입자는 암컷이 공격하며, 이성 간에 쫓아내는 확실한 경우는 발견되지 않았다. 또한 수컷이 발정한 암컷을 보호하면서 다른 수컷이 접근하지 못하게 하는 행동도 찾아볼 수 없었다. 듀엣도 독점적인 배우자 관계를 다른 수컷이나 암컷에게 선언하는 음성은 아닌 듯하다.

그리고 긴팔원숭이의 수컷도 암컷도 짝짓는 상대만이 아니라 인접한 영토의 이성과 때때로 교미를 하는 게 확인됐다. 디엔에이(DNA) 조사를 통해 부자 관계 판정을 해 보니 짝을 지은 상대가 아닌 다른 수컷의 새끼를 암컷이 낳은 예가 있었다. 실은 긴팔원숭이는 짝을 지어 살아간다고 해도 언제나 암수가 함께 있는 것은 아니다. 오히려 시선이 닿지 않을 만큼 떨어져 있는 경우가 종종 있다. 그럴 때 짝 이외의 상대와 교미가 이뤄지는 것이다. 긴팔원숭이 암컷은 발정해도 외형적 변화가 거의 드러나지 않는다. 암컷은 약 1개월의 발정 주기를 갖고 있으며, 배란일을 포함해 2, 3일 정도만 수컷과 교미를 한다. 암컷의 행동에 변화가 일어나지 않으면 수컷은 발정 사실을 알아채지 못하고 배란일을 확인할 수도 없을 것이다. 수컷이 암컷을 독점하려 해도 암컷이 짝 외의 상대를 선택해 버리면 그것은 불가능에 가깝다.

그렇다면 왜 수컷은 짝 관계를 해소하고 더 넓은 범위를 돌아다니며 복수의 암컷과 교미 관계를 맺으려 하지 않을까. 그것은 좁은 범위의 영토에서 많은 암컷들과 함께 번식하는 길을 수컷이 택하기 때문이라는 설이 있다. 넓은 영토를 단독으로 지키는 건 노력이 필요하고, 많은 동료들로부터 침범당할 위험이 있다. 그것보다는 암컷과 짝을 지어 영토를 갖는 게 영토의 공유자를 한 마리로 한정할 수 있어 유리하다. 이런 사정은 암컷에게도 마찬가지다. 게다가 이웃 영토와의 경계 지역에서 짝 외의 상대와 교미할 기회도 있다. 수마트라 섬의 케탐베Ketambe에서는 수컷과 짝을 짓고 있던 시아망긴팔원숭이 암컷이 인접한 영토의 수컷 세 마리와 교미하는 것이 관찰됐다. 타이의 카오야이에서는 관찰된 흰손긴팔원숭이의 교미 중 약 10%가 짝 외의 상대와 이뤄졌다. 그리고 암컷과 교미를 한 짝 외의 수컷 8마리 가운데 6마리가 각각 자신의 짝을 갖고 있었다. 즉 긴팔원숭이는 사회적으로는 짝을 지어 생활하지만, 번식 상으로는 수컷 한 마리에 암컷 여러 마리(단일 수컷-복수 암컷), 또는 수컷 여러 마리에 암컷 한 마리(복수 수컷-단일 암컷) 식의 관계를 맺고 있는 것이다. 평생 짝을 이루고 살아가는 것으로 여겨져 온 긴팔원숭이도 비교적 단기간에 짝 관계를 해소하고 다른 상대와 새로 짝을 짓는 경우가 있는 것 같다.

짝 생활과 육아의 관계

그러면 수컷의 육아 참여로 암컷이 얻는 이점은 어떨까. 유감스럽게도 긴팔원숭이 수컷은 새끼 키우기에 별로 적극적이지 않다. 새나 늑대의 짝처럼 암수가 공동으로 새끼 키우기를 하는 모습은 영장류에서는 매우 보기 드물다. 영장류의 짝짓기형 사회가 수컷의 육아 참여에 의해 형성됐다는 건 사실이 아닌 것 같다.

다만 영장류 중에도 수컷이 열심히 육아를 하는 종이 있다. 남아메리카에 사는 소형 타마린이나 마모셋원숭이의 수컷은 갓 태어난 신생아를 수컷이 거둬서 보살핀다.(그림 3-1) 또 양수투성이가 된 새끼 몸을 핥아 깨끗이 한 뒤 자신의 등에 태우고 다닌다. 극단적인 경우

그림 3-1 흰입술타마린(신세계 원숭이)의 새끼 키우기. 젖을 뗄 때까지 수컷이 새끼를 보살핀다.

엄마가 새끼를 안는 것은 젖을 먹일 때뿐일 경우도 있다. 흥미롭게도 이들 종은 성체의 체중이 1kg 이하로 작고 암수의 체격 차가 거의 없다. 그리고 쌍둥이나 세쌍둥이를 낳는 경우가 많다. 이런 특징은 단독 생활을 하는 야행성 원원류와 같다. 쥐여우원숭이, 난쟁이여우원숭이, 갈색큰갈라고 등은 역시 여러 마리의 새끼들을 낳는다. 하지만 타마린이나 마모셋원숭이는 주행성이고 단독이 아니라 무리를 짓는다. 그것도 짝, 단일 수컷-복수 암컷, 복수 수컷-단일 암컷, 복수 수컷-복수 암컷 등 다양한 유형이 있다. 이들 다양한 구성은 어떻게 이뤄진 걸까.

타마린이나 마모셋원숭이의 신생아는 어미의 체중에 비해 무겁다. 영장류의 신생아는 보통 어미의 10분의 1 이하의 체중을 갖고 태어난다. 그러나 이들 종의 신생아 체중은 어미의 20%에 가깝다. 이런 무거운 새끼가 두세 마리나 태어나면 어미만으로는 감당할 수 없다. 게다가 타마린이나 마모셋원숭이의 먹이는 수액이나 곤충이 중심이다. 산후 피폐해진 몸으로 무거운 아기를 안고서는 재빠르게 돌아다니는 벌레를 잡을 수 없다. 수컷의 육아 참여는 많은 새끼를 낳아 길러내기 위해 꼭 필요한 일이다. 단독 생활을 하는 원원류가 새끼를 여러 마리 가질 수 있는 것은 둥지나 동굴 속에서 안전하게 아기를 키울 수 있기 때문이다. 주행성의 타마린이나 마모셋원숭이도 둥지를 만들거나 동굴 속에 몸을 숨기지만 새끼를 둥지에 남겨 두지 않고 항상 한 몸처럼 데리고 다닌다. 낮에 움직이면 포식자의 공격에 노출되기 쉽다. 그 때문에 성장이 빠른 새끼를 여러 마리 낳아서 육아 기간을 단축하며, 그 기간에는 어미 외의 다른 손을 빌려 공동 보육을 하는 쪽으로 진화한 것으로 보인다. 육아에 참여하는 건 수컷 어버이에 한정되지 않고 연상의 형(오빠)이나 누나(언니)일 경우도 많다.

실은 이들 종의 무리는 다양한 구성을 하고 있는데, 번식하는 개체는 한정된 경우가 많다. 여러 암컷들이 있더라도 교미를 하는 암컷은 한 마리뿐으로, 다른 암컷의 번식은 억제된다. 따라서 번식하는 개체만을 고려하면 무리는 짝을 짓든지 복수의 수컷에 암컷 한 마리(복수 수컷-단일 암컷)의 구성이 된다. 그러나 짝을 짓는 구성은 오래가지 않으며, 수컷도 암컷 곁에 오래 머무는 경우는 없다. 타마린이나 마모셋원숭이 무리의 활동 영역은 영토로 돼 있고, 방어 행동을 나타낼 때도 있다. 경계 부근의 나무에 냄새로 영역 표시를 하는 것은 암컷이 많아, 영토는 암컷 간의 강한 반발성에 의해 유지되는 것으로 보인다. 영장류에서는 단독 생활을 하던 수컷이 육아에 참여할 경우 수컷과 암컷의 체격이 비슷하지만, 안정된 짝을 이루는 경우는 없는 것으로 생각된다.

암컷이
수컷의 공존을 좌우하다

수컷이 단수인 무리와 복수인 무리의 차이

이제까지 살펴본 것처럼 짝을 짓거나 타마린과 같은 복수 수컷-단일 암컷의 사회를 제외하면, 다른 무리 생활을 하는 영장류의 종은 암컷보다 수컷 몸집이 크다. 즉 수컷이 여러 마리의 암컷과 살아가는 사회에서는 수컷 사이에 암컷을 둘러싼 경쟁이 심해져, 몸집이 더 큰 수컷이 번식에 유리하게 되는 성 선택이 작동한 것으로 추측할 수 있다.

앞서 얘기한 리처드 랭엄의 설에 따르면, 암컷들이 군거성을 발달시키고 또한 영토를 갖는 경우는 무리 내의 먹이 활동 경쟁을 완화하기 위해 한 마리의 수컷을, 거꾸로 영토를 갖지 않을 경우는 무리들 사이의 경쟁에서 이기기 위해 복수의 수컷들을 받아들인다. 전자는 단일 수컷-복수 암컷의 무리, 후자는 복수 수컷-복수 암컷의 무리가 된다고 보는 것이다. 그러나 실제로 조사해 보니 영토를 갖는 것은 단독 생활이나 짝 생활을 하는 종에 국한돼 있고 단일 수컷-복수 암컷 구성을 보이는 종의 활동 영역은 이웃 무리들과 중복돼 있었다. 복수 수컷–복수 암컷의 무리 구성을 보이는 종에도 분명한 영토를 지닌 종은 없었다. 리처드 랭엄의 예상과 달리 주행성 영장류의 무리 생활에서는 암컷들이 모여서 영토를 만드는 것도, 거기에 수컷이 방어자로 가담하는 경우도 없으리라 생각할 수 있다.

하지만 영토를 갖지 않는 것이 무리들 간의 평화로운 관계를 의미하는 것은 아니다. 오히려 그 반대다. 영토는 개체 간, 무리 간에 서로 지역 점유를 인정해 줌으로써 공존하는 방법이다. 따라서 '영토'라는 걸 인지하지 못하는 종에서는 먹이나 장소를 둘러싼 경쟁이 격화될 것으로 생각된다. 예컨대 복수 수컷–복수 암컷 무리로 살아가는 일본원숭이는 이웃하는 무리들 간에 활동 영역을 중복시킨다. 가고시마 현의 야쿠시마屋久島에서는 복수의 작은 무리들이 빽빽하게 활동 영역을 중복시키면서 분포하고, 무리들 간에는 적대적 관계를 유지한다. 무리가 큰 쪽이 우위를 차지해, 가을의 과일 수확이 좋지 않을 때는 큰 무리 쪽이 작은 무리보다 그다음 해 봄의 출산율이 더 높아진다는 사실이 확인돼 있다. 이것은 리처드 랭엄의 설과도 합치하는 결과다. 다만 무리들 사이의 접촉에서 적극적으로 적대적 교섭에 나서는 것은 암컷이 아니라 수컷이며, 이는 랭엄의 예상과 달랐다. 일본원숭이 암컷은 무리들 간의 관계에서 우위를 차지하기 위해 수컷을 고용하고 있는지도 모른다.

영장류 수컷은 암컷들이 모이는 상황에서는 영토를 만들어 공간적으로 서로 떨어져 공존하려고 하진 않는다. 그러면 단일 수컷-복수 암컷(수컷 한 마리에 여러 암컷)의 무리와 복수 수컷-복수 암컷(복수의 암수)의 무리가 만들어지는 이유는 무엇일까?

단일 수컷-복수 암컷 무리를 만드는 사회는, 무리에 가담할 수 없는 수컷이 생겨나기 때문에 수컷들 사이의 경쟁이 심하고, 암컷들의 선택이 더 강력하게 작용한다고 볼 수 있다. 확실히 단일 수컷-복수 암컷 무리의 수컷은 암컷보다 훨씬 몸집이 크고 수컷에게서만 볼수 있는 특징을 지닌 종이 많다. 베네수엘라붉은짖는원숭이는 라우드 콜loud call, 볏맹거베이원숭이는 후프 고블whoop-gobble(신호 전달에 사용되는 기이한 소리. 좁은 주파수 범위의 저음으로, 멀리까지 전달된다-역주)이라 불리는 커다란 고함 소리가 수컷들에게만 발달해 있다. 망토개코원숭이는 머리에서 어깨까지 더부룩한 긴 털의 망토가, 고릴라는 등에서 허리까지 눈처럼 흰 털이 수컷에게만 자라난다.

그러나 성적 이형性的二型(형태나 소리 등에 나타나는 암수 간의 차이)이 발달한 것은 단일 수컷-복수 암컷 종만이 아니다. 복수 수컷-복수 암컷 무리를 짓는 종에서도 암컷보다 훨씬 큰 수컷이 있고, 암컷에는 없는 특징도 있다. 예컨대 아누비스개코원숭이나 필리핀원숭이의 수컷은 암컷의 두 배에 가까운 몸집을 갖고 있다. 녹색원숭이 수컷은 고환이 푸른 색깔을 띠고, 맨드릴원숭이 수컷도 얼굴과 엉덩이가 붉은색이나 보라색을 띠고 있다. 성적 이형이 뚜렷한 것이 반드시 무리에 가담하는 수컷의 수와 대응하는 것은 아니다.

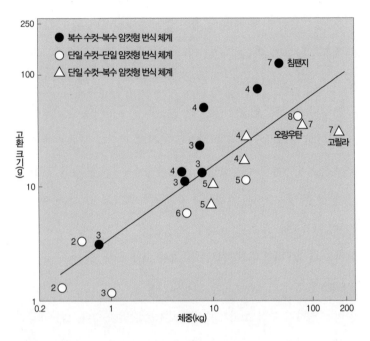

그림 3-2 고환 크기와 체중의 상관관계(하코트Harcourt 등, 1981). 숫자는 1이 늘보로 리스과, 2는 마모셋원숭이과, 3은 꼬리감는원숭이과, 4는 꼬리감는원숭이 아과亞科, 5는 콜로부스 아과, 6은 긴팔원숭이과, 7은 오랑우탄과, 8은 사람과(낡은 분류법 때문에 오랑우탄과 고릴라, 침팬지가 오랑우탄과로, 사람만이 사람과로 분류돼 있다)를 나타낸다.

하지만 실은 단일 수컷–복수 암컷과 복수 수컷–복수 암컷이라는 구성의 차이는 수컷 간에 암컷을 둘러싼 경쟁의 차이를 짙게 반영한 다는 증거가 있다. 바로 고환의 크기다. 고환은 정자를 만드는 기관 으로, 그 크기는 정자의 수에 대응한다. 영장류의 종별로 수컷의 체 중과 고환 무게의 비율을 비교해 보면 복수 수컷–복수 암컷 종 쪽이 단일 수컷–복수 암컷 종보다 분명히 더 크다.(그림 3-2) 예컨대 단일 수컷-복수 암컷 무리를 이루는 고릴라 수컷의 고환은 체중의 0.02% 밖에 되지 않지만, 복수 수컷-복수 암컷 무리의 침팬지는 0.27%로 그 열 배 이상 큰 고환을 갖고 있다.

한 번 사정으로 방출되는 정자의 양은 고릴라가 51만 개, 침팬지는 603만 개로 거의 고환 크기와 비례한다. 이것은, 고릴라 수컷은 다른 수컷들을 배제하고 독점적으로 암컷과 교미하기 때문에 적은 정자로도 충분하지만, 침팬지 수컷은 여러 수컷들이 같은 암컷과 교미를 하기 때문에 기운 좋은 정자를 많이 방출해서 정자들끼리 경쟁시킬 필요가 있는 데서 온 결과다. 즉 단일 수컷-복수 암컷 무리는 수컷들이 배우자 관계의 독점을 서로 인정하고, 복수 수컷-복수 암컷 무리는 수컷들이 그것을 인정하지 않고 정자 차원에서 경쟁하는 사회라는 것이다. 영장류 사회에서는 여러 수컷들이 하나의 무리에서 공존하면 배우자 관계의 독점을 서로 인정하기 어려울 것으로 보인다.

출산 기간인가 암컷의 수인가

암컷 쪽에도 확실한 차이가 있다. 마크 리들리Mark Ridley는 단일 수컷-복수 암컷 무리를 구성하는 영장류 12종, 복수 수컷-복수 암컷 무리를 구성하는 영장류 22종을 대상으로 확실히 정해진 출산 기간이 있는지 여부를 조사해 보았다. 1년 중 2개월 이내에 75% 이상의 출산이 집중돼 있는(출산기가 있는) 종은 18종이고 모두 복수 수컷-복수 암컷 구성을 하고 있었다. 단일 수컷-복수 암컷 종은 모두 2개월 이상의 기간에 암컷이 분산 출산했고, 복수 수컷-복수 암컷 종도 이런 출산기가 애매한 종이 4종 있었다. 출산기가 집중된다는 것은 발정해서 임신하는 시기가 집중돼 있다는 걸 말해 준다. 즉 암컷들이 일제히 어느 시기에 발정하고 교미를 하는데, 그렇게 되면 한 마리의 수컷이 각각의 암컷들과 독점적으로 교미를 하는 게 불가능하다. 설사 한 마리의 암컷과 독점적으로 교미할 수 있다고 해도 여러 마리의 암컷들이 동시에 발정을 하면 다른 수컷들이 교미하는 걸 막을 수 없을 것이다.

1년의 어느 시기에 출산기가 집중되는 이유는 먹이 환경이 계절적으로 변화하기 때문이다. 열대우림에서도 건기가 길어지면 수분 스트레스를 완화하기 위해 나무들은 잎을 떨어뜨린다. 과일이나 곤충도 줄어 양질의 먹이가 부족해진다. 우기가 되면 나무들은 일제히 싹을 틔워 무리는 단백질이 풍부한 새 잎을 먹을 수 있게 된다. 젖먹이기를 해야 하는 영장류로서는 이 시기에 출산기를 맞춰 새끼를 키우는 게 계절에 따라 변화하는 환경 속에서 적응 가능성을 높이는 방법일 것이다. 사실 가장 고위도 지방에 사는 일본원숭이는 나무들이 싹을 내는 봄에 출산하고, 가을에 암컷들이 일제히 발정을 한다. 물론 복수 수컷-복수 암컷 구조다. 이를 통해서 마크 리들리는 먹이 환경이 계절적으로 변하는 것이 암컷의 출산기를 형성하는 원인이며, 발정기를 동기화(같은 시기에 일제히 발정)시켜 여러 수컷들의 참여를 촉진함으로써 복수 수컷-복수 암컷 구성의 무리를 탄생시킨 것이 아닐까 생각했다.

그림 3-3 위는 파타스원숭이. 아래는 탄탈루스원숭이. 모두 구세계 원숭이들이다.

그러나 이것은 그렇게 단순하지 않다. 남아메리카 열대우림에서 사는 양털원숭이는 출산은 어느 시기에 집중돼 있지만 교미는 일 년 내내 하는 걸 볼 수 있다. 출산기가 집중돼 있다고 해서 암컷의 발정도 반드시 동기화하는 것은 아닌 것이다. 양털원숭이는 복수 수컷-

복수 암컷 구성인데, 암컷은 발정을 동기화하지 않고 한 마리씩 날을 바꿔 번갈아 발정을 한다. 우위를 차지한 수컷이 발정한 암컷을 독점할 수 있는 상황에서도 여러 수컷들이 공존할 수 있는 것이다. 또 마크 리들리의 기준에 따르면 파타스원숭이는 출산기가 따로 없는 걸로 돼 있으나, 만일 출산이 계절적으로 집중되는 기간이라는 정의를 3개월로 연장하면 특정한 출산기가 있는 셈이 된다.(그림 3-3) 카메룬의 칼라말루에Kalamaloue에서 조사를 한 나카가와 나오후미中川尚史는 같은 장소에서 살아가는 긴꼬리원숭잇과의 파타스원숭이와 탄탈루스원숭이는 정반대의 시기에 출산한다는 사실을 밝혀냈다. 파타스원숭이는 건기에, 탄탈루스원숭이는 우기에 출산한다. 이것은 나뭇진과 콩, 곤충류를 잘 먹는 파타스원숭이와 과일, 씨앗, 잎이 주식인 탄탈루스원숭이가 각기 영양가 높은 먹이를 얻을 수 있는 시기가 다르기 때문이라고 한다.

개코원숭이류나 침팬지는 출산기도 발정기도 따로 없다. 그런데 같은 개코원숭이류에서도 망토개코원숭이는 단일 수컷-복수 암컷 무리를, 아누비스개코원숭이나 노란개코원숭이는 복수 수컷-복수 암컷 무리를 만든다. 망토개코원숭이와 아누비스개코원숭이는 분포 지역이 겹치고 같은 환경 조건 속에서 살아감에도 불구하고 사회 구성이 전혀 다르다. 침팬지도 발정하는 시기가 정해져 있지 않은데, 복수 수컷-복수 암컷 무리로 난교적 교미를 한다. 거기에 맞추듯 수컷의 고환도 크다. 이런 예들은 마크 리들리의 설로는 설명할 수 없다.

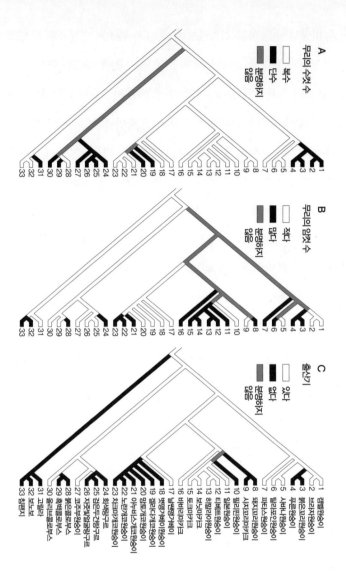

그림 3-4 무리의 수컷 수(A)는 출산기의 유무(C)보다는 무리 내의 암컷 수(B)에
더 잘 대응한다(미타니 등, 1996).

존 미타니 등은 마크 리들리보다 더 많은 49종의 영장류를 대상으로 출산기와 무리에 포함된 암컷의 수 어느 쪽이 무리의 구성과 더 상관관계가 깊은지 검증해 봤다. 그 결과 출산 계절과는 상관이 없고 암컷 수와 강한 상관관계가 있다는 걸 확인했다. 즉 무리에 포함된 수컷의 수는 정확히 암컷의 수에 대응해 증감했다. 암컷의 군거성과 공간적 분포가 수컷이 모여드는 방식을 좌우하는 것이다. 미타니 연구진은 각각의 계통별로 특징의 발현 유무를 비교해 수컷 한 마리의 무리가 적어도 4가지 계통으로 수컷이 여러 마리인 무리에서 독립적으로 진화했을 가능성을 보여 주었으며, 암컷의 수가 적은 것이 그 원인이라는 점을 지적했다.(그림 3-4) 즉 암컷 수가 많으면 한 마리의 수컷으로 감당할 수가 없어서 복수의 수컷들이 공존하게 되는 것이다. 이 설은 암컷의 군거 양식이 무리에 공존하는 수컷의 수에 결정적 영향을 끼친다는 걸 보여 준다.

성피의 유무로 나뉘는 것

영장류 암컷의 몸에는 수컷과의 교미 관계를 결정하는 중요한 성적 특징이 있다. 그것은 성피性皮, sexual skin라는 존재다.(그림 3-5) 성피는 음부 주위에 발달해서 발정하면 피부가 부풀어 오른다(종창腫脹). 그 형태는 종에 따라 각기 다른데, 붉은색이나 분홍색, 자주색 등 눈에 띄는 색깔로 변화한다.

구대륙에 살고 있는 진원류(구세계 원숭이)에서만 진화한 특징으로,

그림 3-5 성피가 부풀어 오른 침팬지.

원원류나 신세계 원숭이에는 없는 특징이다. 적어도 3가지 계통(긴꼬리원숭이 아과, 콜로부스 아과, 사람과)으로 독립적으로 진화한 것으로 생각되며, 마카크 원숭이류 중에서도 돼지꼬리마카크는 성피가 있지만 보닛마카크에겐 없다. 개코원숭이류(긴꼬리원숭이 아과)에는 모든 종에 성피가 있다. 콜로부스과에서는 붉은콜로부스 원숭이에는 있고 흑백 콜로부스 원숭이에겐 없다. 사람과에서는 침팬지속에만 있고 오랑우탄이나 사람에게는 없다. 고릴라 암컷은 성피가 약간만 부풀어 오른다.(그림 3-6)

종에 따른 성피의 유무와 무리 구성 사이에는 높은 상관관계가 있다는 사실이 밝혀졌다. 성피가 부풀어 오르는 종은 복수 수컷─복수 암컷으로, 부풀어 오르지 않는 종은 단일 수컷─복수 암컷으로 구성되는 경우가 많은 것이다.

성피의 유무는 발정기의 유무보다 무리 구성과 더 높은 상관관계를

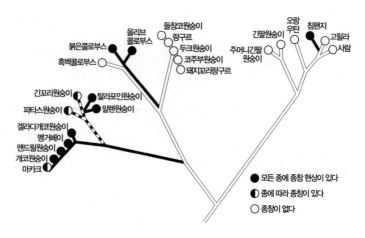

붉은콜로부스
흑백콜로부스
올리브콜로부스
들창코원숭이
랑구르
두크원숭이
코주부원숭이
돼지꼬리랑구르
주머니긴팔원숭이
긴팔원숭이
오랑우탄
침팬지
고릴라
사람

긴꼬리원숭이
파타스원숭이
탈라포인원숭이
일렌원숭이
겔라다개코원숭이
맹거베이
맨드릴원숭이
개코원숭이
마카크

● 모든 종에 종창 현상이 있다
◐ 종에 따라 종창이 있다
○ 종창이 없다

그림 3-6 성피 종창의 진화 계통수. 각기 세 가지 계통으로 종창이 나타난다(딕슨, 1983).

보인다. 마크 리들리의 설에 반하는 파타스원숭이도 무리 구성과 암 컷의 성피 유무는 일치한다. 그리고 망토개코원숭이처럼 얼핏 보기에 단일 수컷-복수 암컷 구성을 하는 종도 교미 관계를 감안하면 모순은 해소된다. 망토개코원숭이는 단일 수컷-복수 암컷 무리가 몇 개 모여 밴드band라는 집합을, 나아가 밴드들이 모여 트루프troop라는 큰 집합을 만든다. 따라서 망토개코원숭이 사회의 최소 단위는 단일 수컷-복수 암컷이지만 암컷은 많은 수컷들과 교미할 기회를 가질 수 있다. 형태상으로는 단일 수컷-복수 암컷으로 보이지만 번식 구조는 복수 수컷-복수 암컷이라는 얘기다.

성피와 무리 구성의 높은 상관관계는 영장류의 무리 구성이 수컷들 간의 경쟁만이 아니라 암컷의 교미 양식 변화에 의해 두 가지로 분화했다는 걸 암시한다. 암컷이 성피를 부풀리는 종은 성피가 없는 종에 비해 오래 발정하는 경향이 있다. 성피가 없는 종은 암컷이 배란일을 포함해 2, 3일밖에 발정하지 않기 때문에 교미가 곧 임신으로 직결될 가능성이 높다.

그러나 성피를 부풀리는 암컷은 배란일에서 멀리 떨어진 날에도 발정 징후를 보인다. 수컷의 정자는 질 속에서 기껏해야 72시간밖에 활력이 유지되지 않기 때문에 배란일로부터 4일 이상 멀어지면 수정시킬 수 없게 된다. 그럼에도 개코원숭이류도 침팬지도 매 주기마다 2주간 가까이나 성피를 부풀린다. 이것은 명백히 암컷이 수컷 한 마리와 독점적 교미 관계를 맺는 것이 아니라 많은 수컷들과 교미를 해서 태어나는 새끼와의 부성을 애매하게 하려는 전략으로 생각된다.

수컷들이 서로 경쟁하면서 암컷과 교미하는 권리를 독점하려는 데에 비해, 암컷은 성피를 부풀려 많은 수컷들을 유혹해 장기간에 걸쳐 교미함으로써 어느 수컷에게도 번식 성공의 가능성이 있음을 보여준다. 이러한 암컷의 행동을 통해 복수의 수컷들이 공존하면서 정자 경쟁이 심해져 고환 크기가 커지게 됐다고 생각할 수 있다.

인간 집단의 성 수수께끼

영장류의 무리 구성 진화를 생각할 때 환경의 계절성도 암컷의 번식 전략도 모두 중요하다고 할 수 있다. 일본원숭이나 히말라야원숭이처럼 계절 번식을 하는 종에서는 암컷이 성피를 부풀리지 않아도 여러 수컷들이 난교적 교미를 하게 되기 때문이다. 한편 연중 내내 교미를 하는 복수 수컷 무리는 암컷의 현저한 발정 징후와 긴 발정에 의해 형성되고 유지될 가능성이 높은 것으로 보인다.

이런 영장류의 특징에 비춰 보면 인간은 어떠할까. 이에 대해서는 뒤에 얘기하겠지만, 사실 인간은 매우 불가사의한 특징들을 아울러 지니고 있다. 먼저 인간 남성의 고환은 고릴라보다 크고 침팬지보다는 작다. 정자의 밀도도 딱 그 중간이다. 이 특징은 정자 경쟁이 있다고도 할 수 있고 없다고도 할 수 있는 정도다. 인간 여성에게는 성피가 없고 발정 징후는 분명하지 않다. 하지만 성행위가 배란기로 한정되는 건 아니다. 성행위 빈도나 출산 시기에 계절에 따른 편중이 있다고 할 수도 없다. 복수의 남녀가 일상적으로 얼굴을 마주치는 인간 사회는 결코 침팬지와 같은 난교를 허용하는 사회가 아니다. 그러나 그렇다고 해서 고릴라처럼 수컷이 배우자 관계의 독점을 확립하고 있는 사회도 아니다. 아마도 거기에 가족을 만든 인간의 불가사의한 성 특징이 감춰져 있을 것이다.

모계와
부계

'혈연이 없는 암컷 사회'라는 수수께끼

그러면 왜 암컷들은 수컷과 함께 살아가는 길을 택한 것일까. 포유류 중에는 평소 암컷들끼리만 생활하는 종이 많이 있다. 일본원숭이나 얼룩말 등의 유제류有蹄類는 혈연관계가 있는 암컷들이 무리 지어 살고 때때로 수컷이 짝짓기를 하러 찾아온다. 코끼리도 암컷이 집단을 이루는데, 암컷 중 한 마리가 우두머리가 돼 이동하고 외적에 대한 방어 체제를 갖춘다. 영장류가 단독 생활에서 무리 생활로 옮겨 갈 때 짝이라는 형태 외에 암컷 집단이라는 선택도 할 수 있었다. 하지만 영장류 암컷은 암컷끼리 살아가는 길을 선택하지 않았다. 그 이유는 무엇일까?

하나는, 포식자로부터의 위험을 영장류 암컷들은 수컷의 방어력을 통해 줄이려 했기 때문인 것으로 보인다. 주행성으로 큰 집단을 이룬 영장류의 수컷이 암컷보다 몸집이 큰 것은 포식자에 맞서 싸우는 역할을 떠맡았다는 걸 암시한다. 실제로 수컷은 암컷보다 포식자에게

민감하게 반응하며 경계음을 내거나 포식자를 공격하는 경우가 많다. 앞서 얘기한 존 미타니 연구진이 조사한 영장류 중에 암컷의 수가 적은데 여러 수컷들이 가담하여 복수 수컷 무리를 만드는 종이 있다. 그 이유의 하나는 포식자를 발견하는 효율성이나 방어 능력을 높이기 위한 것이라고 한다.

하지만 영장류 암컷의 군거성은 유제류와는 다르다. 유제류는 혈연관계가 있는 암컷들이 모여 암컷 집단을 만든다. 이것은 사춘기가 된 딸이 어미 슬하를 떠나지 않음으로써 성립된다. 그런데 영장류에는 혈연관계가 없는 암컷들이 모여 무리를 만드는 종이 있다. 실은 이것이 영장류 사회의 진화를 생각할 때 부닥치게 되는 어려운 문제였다.

일본원숭이의 혈연관계

1950년대에 세계에서 가장 먼저 일본원숭이의 사회 구조가 밝혀졌을 때 일본의 영장류학자는 무리가 폐쇄적 구조를 갖고 있다고 생각했다. 복수 수컷-복수 암컷 구성의 일본원숭이 무리는 우위를 차지한 수컷과 암컷으로 구성된 중심부와 서열이 낮은 수컷과 어린 수컷들로 이뤄진 주변부로 나뉜다. 암컷은 평생 중심부에 남지만 수컷은 사춘기가 되면 일단 주변부로 옮겨 가 거기에서 수컷들끼리의 서열 경쟁에서 이겨 중심부로 복귀한다. 이때 무리에서 쫓겨나 외톨이가 돼 단독 생활을 하는 수컷도 있다. 이들 수컷은 '무리에서 탈

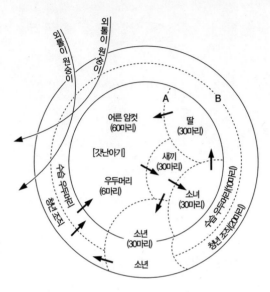

그림 3-7 이제까지 인식돼 온 일본원숭이의 사회 구조(이타니, 1954). 암컷과 우위의 수컷으로 이뤄진 중심부(A)와 서열이 낮은 수컷과 어린 수컷들로 구성된 주변부(B)로 나뉜 폐쇄 구조로 파악된다.

락한 원숭이'로 불렸다. 수컷의 경우 무리에서 탈락하지 않고 중심부로 복귀해 서열을 높여 가는 것이 일반적인 삶의 방식으로 여겨졌다.(그림 3-7)

그런데 최고 우위를 차지한 수컷이라도 갑자기 무리에서 떠난다는 사실이 밝혀졌다.(그림 3-8) 이윽고 무리에서 탈락했다고 생각되던 수컷이 다른 무리로 옮겨 가 거기서 잠시 지낸 뒤 다시 다른 무리로 옮겨 간다는 사실도 알게 됐다. 어느 무리에서도 수컷은 사춘기를 맞이하면 태어나 자란 무리를 떠나 단독 생활을 하거나 다른 무리를 전전하며 옮겨 다니는 생활을 되풀이한다. 하나의 무리에 머무는 기간은

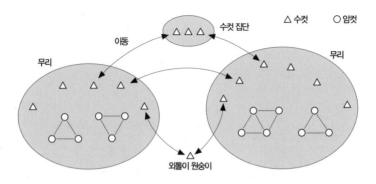

그림 3-8 새로 알게 된 일본원숭이 무리의 구조. 무리 구조와 수컷의 이동을 보여 준다.

기껏해야 2년에서 5년 정도다. 이는 일본원숭이 수컷에게 무리는 일시적으로 몸을 맡기는 그릇일 뿐이며, 거기서 최고 우위를 차지하는 것이 수컷에게 주어진 삶의 방식이 아니라는 걸 암시한다.

혈연관계에 있는 암컷이 모여 가계 집단을 만들고 가계 내, 가계 사이에서 암컷은 확실한 서열 차례에 따라 공존한다. 그 암컷들을 핵으로 해서 구성된 무리에 복수의 수컷들이 연합하여 무리를 출입하면서 서열을 다시 짠다. 일본원숭이의 이런 모습은, 사회생태학적 시각으로 보면 전제적이고 혈연 편중적인 사회 유형과 일치한다.

침팬지의 사회성을 파헤치다

일본의 영장류학자가 그다음에 도전한 장기 연구는 침팬지였다. 1960년에 일본보다 한 발 앞서 장기 연구를 시작한 제인 구달은 탄자니아의 곰베에서 혼란스러운 침팬지의 움직임에 눈이 팔린 나머지 침팬지는 어미와 새끼(모자) 외에 안정된 집합을 만들지 않는다는 결론에 도달했다. 그러나 같은 탄자니아의 카사카티에서 스즈키 아키라鈴木晃와 함께 침팬지의 행렬을 목격한 이타니 준이치로는 수컷 무리, 자식을 가진 암컷, 자식이 없는 암컷이라는 구조화된 집단 체계를 거기에서 확인했다. 그때 이타니 준이치로 연구진은 침팬지가 복수의 수컷과 암컷들로 이뤄진 무리를 만든다는 것을 확신했다. 그리고 곰베에서 약 100km 남쪽에 있는 마할레Mahale에서 침팬지를 먹이로 길들이기에 성공한 니시다 도시사다西田利貞는 가와나카 겐지川中健二 등과 두 집단의 개체 출입을 극명하게 기록해서 실제로 복수 수컷-복수 암컷 무리가 있다는 사실을 처음으로 밝혀냈다. 그러나 그 통시적 구조는 일본원숭이와는 정반대였다. 같은 복수 수컷-복수 암컷 구성이면서도 침팬지는 암컷만이 무리를 드나드는 부계父系의 특징을 갖고 있었다.

왜 암컷이 부모 슬하를 떠나 혈연관계가 없는 암컷들 속에 들어가는지 이타니 준이치로 등은 그것을 해석하느라 골머리를 앓았다. 출산, 육아 부담을 지는 암컷에게는 태어났을 때부터 안면이 있는 동료들과 평생을 함께 살아가는 모계 쪽이 유리할 것이다. 새 무리로 옮겨 가면 안면이 없는 암컷, 수컷들과 새로 사회관계를 쌓아야 한다. 자신과 잘 맞는 동료를 찾고 같은 편이 되어 줄 것 같은 동료와 신중하게 동맹 관계를 만들어야 한다. 침팬지는 일본원숭이에 비해 임신과 수유 기간이 훨씬 길다. 왜 그토록 부담이 큰 시기를 굳이 새 무리에서 보내려는 선택을 하는 것일까.

곰베에서 침팬지를 조사한 리처드 랭엄은 침팬지 사회가 암컷의 단독성이 강한 사회 구조를 갖고 있다고 봤다. 야행성의 원원류처럼 암컷이 단독으로 영토를 지닌 생활형에서 유래하는데, 젖을 뗀 새끼들이 어미 곁에 머물게 된 모계 집합이라는 것이다. 침팬지 암컷들이 영토를 갖지 않는 것은 대형이면서 식물에 포함된 2차 대사 물질을 소화하는 능력이 떨어져 완전히 무르익은 과일밖에 먹을 수 없는 한계 때문이다. 넓은 범위를 돌아다니기 때문에 활동 영역을 영토로 삼아 방어할 수가 없다. 따라서 암컷들의 관계는 적대적이지도 협력적이지도 않으며, 너무 자주 마주치지 않도록 단독으로 먹이 활동을 하는 걸 선호한다. 암컷의 이런 단독 생활 경향은 마찬가지로 익은 과일을 좋아하는 오랑우탄, 거미원숭이, 양털거미원숭이의 암컷들에서도 찾아볼 수 있다고 한다. 이들 대형 유인원, 중형의 신세계 원숭이는 긴꼬리원숭잇과의 원숭이처럼 볼주머니를 갖고 있지 않아 먹이활동 장소에서 바로 먹이를 소화해야 하기 때문에, 집단의 크기가 커지면 분명 먹이 활동 경쟁을 고조시키기 십상이다.

무리를 옮겨 다니는 고릴라 암컷

그러나 리처드 랭엄의 설은 암컷의 단독 지향은 설명해 주지만 암컷이 옮겨 다니는(이적) 부계 사회를 설명해 주지는 못한다. 실은 침팬지에 이어 고릴라도 암컷이 태어나 자란 집단을 떠나는 게 일반적이라는 사실이 밝혀졌다.

1960년대 말에 르완다, 우간다, 자이르(지금의 콩고민주공화국)의 국경 지대에 솟아 있는 비룽가 화산군에서 마운틴고릴라에 대한 조사를 시작한 다이앤 포시Dian Fossey(1932~1985)는 사람에 길들이기(먹이를 사용하지 않고 접근을 거듭하면서 야생 동물을 인간 관찰자에 익숙해지도록 길들이는 것)를 해서 모든 개체들을 식별하게 된 몇 개의 무리에서 암컷이 집단을 나가고, 다른 집단에서 다른 암컷이 들어온다는 사실을 보고했다.

침팬지와 달리 고릴라 암컷은 단독으로 생활하는 것은 아니며, 항상 정해진 무리에서 이동하기 때문에 소속된 무리가 바뀌면 금방 알아볼 수 있다. 암컷의 이적은 무리들끼리, 또는 무리와 단독 생활을 하는 수컷이 마주칠 때 일어나는데, 그때 암컷은 전광석화처럼 다른 수컷한테로 달려간다. 수컷들끼리 다툼이 일어나는 경우도 있으나 오래 계속되지는 않으며, 헤어지면 암컷의 소속은 분명해진다. 다른 무리로 이적한 암컷은 그때까지와는 전혀 다른 동료들과 얼굴을 맞대며 생활하게 된다.(그림 3-9)

리처드 랭엄은 이 고릴라 사회의 특징을 침팬지와는 다른 이유를 토대로 설명하려 했다. 고릴라는 나뭇잎과 풀을 주식으로 하는데, 과일을 먹는 영장류처럼 암컷이 연합해서 고품질의 먹이 자원을 방어할 필요는 없다. 같은 식성을 보이는 짖는원숭이, 망토개코원숭이, 붉은콜로부스 원숭이도 암컷이 무리 사이를 옮겨 다니는 성질을 갖고 있다. 이런 종에서 암컷이 모이는 이유는 먹이가 아니라 수컷이

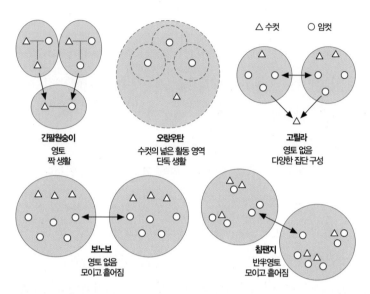

그림 3-9 유인원의 사회 구조.

다. 포식자로부터의 위험을 피할 수 있는 능력, 좋은 먹이 자원을 방어할 수 있는 능력, 같은 종의 다른 동료들의 공격을 막아 내는 능력을 지닌 수컷을 찾아 암컷이 옮겨 다닌다는 것이다. 바턴R. A. Barton 등은 개코원숭이류의 종들 사이에 보이는 사회 구조의 변이를 먹이와 포식자로부터의 위험이라는 이유로 설명할 수 있음을 보여 주었다.(그림 3-10)

  그러나 흑백콜로부스, 루뚱속 은색랑구르Silvery Lutung, 회색랑구르(모두 콜로부스 아과) 등 모계 사회를 만드는 잎식·초식 영장류는 많다. 망토개코원숭이와 비슷한 중층적 사회를 만드는 겔라다개코원숭이는 초식이고 또 모계이다. 이들 사회는 리처드 랭엄의 생각으로는 설

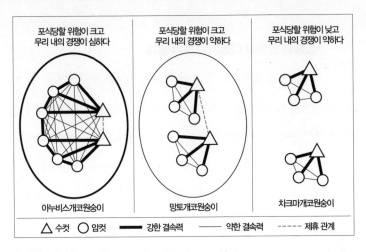

명할 수 없다. 또 최근 마운틴고릴라만이 아니라 저지대 열대우림에
사는 서부저지대고릴라나 동부저지대고릴라의 생태가 보고돼 있다.
초식인 마운틴고릴라와 달리 그들은 침팬지와 마찬가지로 무르익은
과일을 즐겨 먹는다. 계절에 따라서는 같은 장소에서 살아가는 침팬
지보다 많은 종류의 과일을 먹고 산다. 그럼에도 고릴라는 어디에서
나 암컷이 옮겨 다니는 사회에서 살아간다. 이 동질성은 먹이로는 설
명할 수 없다. 영장류 암컷의 집합성이나 사회 교섭 유형, 그것이 일
어나는 빈도 등은 리처드 랭엄이 얘기하듯 먹이가 큰 영향을 끼친다.
하지만 암컷이 집단 사이를 이동하거나 수컷과 결합하는 행동을 먹
이의 차이로 해석할 수는 없다. 거기에는 먹이의 영향을 받지 않는
사회성이 작동하고 있는 것이다.

고릴라 암컷의 다툼과 수컷의 중재

고릴라 암컷이 무리를 옮겨 다니는 것(이적)을 목격하면서, 이는 상당히 뿌리 깊은 특징이라고 느낀 적이 있다. 중앙아프리카의 비룽가 화산군에서 그룹 피넛, 그룹 5, 그룹 난키라 이름 붙인 세 무리를 관찰할 때였다. 어느 날 그룹 난키에 낯선 암컷이 들어왔다. 고릴라 무리는 영토를 갖고 있지 않기 때문에 여러 무리들의 활동 영역이 겹친다. 그런 무리의 하나를 관찰하게 됐고, 그때 암컷이 그룹 난키로 옮겨 온 것이다. 움시치라는 이름을 붙인 암컷은 새끼를 낳은 적 없는 젊은 암컷이었다. 아직 인간에 길들여지지 않아 나를 보면 무서워 핵심 수컷(무리의 중심이 돼 우두머리 역할을 하는 수컷)인 난키 뒤로 몸을 숨겼다. 이 무리에는 다른 암컷 6마리가 있었는데, 이들 선참 암컷들로부터 움시치는 곧잘 "깍깍" 하는 질책의 소리를 들었다. 그러나 그때마다 난키가 "우훔" 하는 소리를 내며 암컷들 사이에 끼어들어 싸움을 중재했다.

그룹 5에는 에피라는 중년의 암컷과 이미 성숙한 파크, 타크 등 두 딸이 있었다. 하지만 이들 세 암컷이 혈연관계에 있다는 건 그들의 행동만 봐서는 거의 식별할 수 없었다. 서로 떨어져 있는 경우가 많았고 소리를 내어 소통하는 모습도 볼 수 없었다. 핵심 수컷 베토벤 곁에 함께 있기도 했지만 암컷들 사이에서 털 고르기 등의 친밀한 행동을 하는 경우는 거의 없었다. 타크는 에피의 아기를 곧잘 어르곤

했지만 마찬가지로 이복 언니인 판치의 아기를 달래 주러 가기도 했다. 파크가 다른 암컷과 다툴 때 에피도 타크도 가세하지 않았다. 파크의 세 살 난 아이 캔트비가 먹이를 놓고 다른 아이와 싸웠을 때 파크는 싸움을 말리러 끼어들었지만 캔트비 편을 들어줄 정도로 적극적으로 가담하진 않았다. 만약 일본원숭이였다면 아이들 싸움에 쌍방 어른이 개입해 어른들 싸움으로 발전했을 것이다.

고릴라 암컷들 사이의 관계는 정말 담백해서 서로 너무 깊이 관여하지 않으려 하는 것으로 보였다. 에피, 파크, 타크는 어버이와 자식, 자매 관계지만 그것은 태어났을 때의 기록이 남아 있지 않으면 도저히 판별할 수 없다. 이처럼 암컷들이 혈연관계에 크게 구애 받지 않고 서로 사귀기 때문에 고릴라 암컷은 부모 슬하를 떠나 낯선 동료들한테로 옮겨 가 탈 없이 지낼 수 있다.

혈연관계가 없는 암컷들 사이에서 벌어지는 다툼을 말리는 것은 고릴라 사회에선 수컷의 역할이다. 그러나 다른 암컷이나 아이들도 싸움을 말리는 일에 끼어들었다. 수컷이 없으면 암컷들이 공존할 수 없다고 볼 수는 없다. 잎을 먹거나 초식인 경우 먹이를 둘러싼 경쟁이 심하지 않기 때문에 암컷이 연합할 동기가 부족하고, 수컷이 복수의 암컷들을 놓고 짜는 번식 전략이 사회 형태에 강하게 반영된다는 리처드 랭엄의 시각으로는 포착할 수 없는 사회관계가 거기에 감춰져 있다는 느낌이 든다.

그것은 나중에 얘기하겠지만, 고릴라는 동료들 사이에서 벌어지는 문제를 서열 관계 속에 넣어 해결하려 하지 않기 때문이다. 일본원숭이는 서로의 서열이나 혈연관계에 따라 가세해 줄 상대를 정하고 그 관계가 손상되지 않는 방향으로 문제를 해결하려 한다. 그러나 고릴라는 상호 관계와 무관하게 그 상황에 따라 싸움을 막으려 한다. 나아가 싸움이 벌어질 것 같은 상황을 이용해 상대와 관계를 맺으려 한다. 이런 경향은 과일을 먹는 침팬지와 매우 닮은 특징이다. 식성이 아니라 계통 관계가 가까운 유인원에서 공통적으로 발견되는 행동 경향이다.

고릴라와 마찬가지로 침팬지도 암컷이 옮겨 다니는 부계 사회를 만든다. 먹이를 둘러싼 경쟁이 많고 적음에 따라 이러한 행동 경향이 만들어지는 것이 아니라 사회 유래가 다른 점이 이런 행동을 초래한다고 봐야 하는 게 아닌가 하는 생각을 나는 갖고 있다.

영장류의 모계와 부계

앞서 얘기했듯이 이타니 준이치로는 영장류의 모계와 부계를 계통의 차이로 해석하려 했다.(그림 3-11) 암컷이 태어나 자란 무리를 나가는 특질은 혈연관계를 지닌 암컷들이 결속한 모계 사회에서는 형성되지 않는다. 원래 딸이 어미 슬하를 떠나는 특질을 지닌 짝 사회가 이 두 가지 사회의 원형임이 분명하다. 집단생활을 하는 영장류 사회는 계승성이 없는 무리에서 계승성이 있는 무리를 탄생시켰다. 계승성이 없는 무리에서는 수컷도 암컷도 무리를 나가 버리지만 계

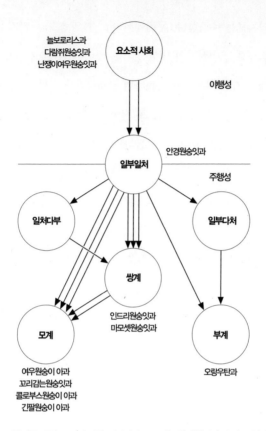

그림 3-11 영장류 사회 구조의 진화도(이타니, 1972). 쌍계雙系란 수컷도 암컷도 무리를 드나드는 구조를 말한다. 근친상간 회피를 위해 어느 쪽의 성이 무리를 나가는 구조는 결국 부계 사회 또는 모계 사회로 수렴돼 간다.

승성이 있는 무리에는 어느 한쪽의 성이 평생 거기에 머무른다. 그것이 모계와 부계로 수렴돼 온 결과를 일본원숭이와 침팬지 사회에서 발견할 수 있다.

이렇게 수렴된 원인이 근친상간을 피하려는 경향이 아닐까 하고 이타니 준이치로는 추측한다. 무리에서 어느 쪽의 성도 나가지 않게 되면 필연적으로 근친상간이 벌어진다. 수컷이든 암컷이든 어느 쪽 성이 무리에 장기간 머무르지 않는다면 근친상간을 피할 수 있다. 영장류 사회는 그것을 보증하는 쪽으로 진화했다고 추측한 것이다.

나아가 이타니 준이치로는 사람과科인 유인원은 모두 짝형(단일 수컷-단일 암컷) 사회에서 유래한다고 생각했다. 단독 생활을 하는 오랑우탄도, 단일 수컷-복수 암컷 무리를 만드는 고릴라도, 복수 수컷-복수 암컷 무리를 만드는 침팬지도 딸이 어미 슬하를 떠난다는 공통된 특질을 갖고 있기 때문이다. 그중에서 수컷도 어미 슬하를 떠나는 고릴라나 오랑우탄과 달리 침팬지 사회에서만 수컷이 태어나 자란 무리에 계속 머문다는 특징이 있기 때문에 '계승성이 있는 부계 사회'라고 부른다.

딸과 아들의
행방

근친상간 회피가 영장류 사회 구조를 움직이다

이타니 준이치로는 영장류의 사회 구조를 움직이는 회전축은 근친상간 회피 기구라고 생각했다. 그것은 구체적으로 도대체 어떤 현상이며, 어떻게 사회 구조를 움직이는 걸까?

어버이와 자식 간의 근친상간 회피에 대해서는 이 장의 처음에 언급했지만, 실은 영장류의 현장 연구가 진행됨에 따라 인간 이외의 영장류에서도 어버이와 자식 외의 근친 간 교미를 피한다는 사실이 밝혀졌다. 각지에서 일본원숭이를 먹이로 길들이면서 개체 식별이 이뤄져 혈연관계가 분명하게 드러나자 어미와 아들 이외의 근친들도 교미를 회피한다는 사실이 밝혀졌다.

교토 부의 아라시야마嵐山에서 일본원숭이의 짝짓기 행동을 조사한 다카하타 유키오高畑由紀夫는 종형제들에 해당하는 사촌까지의 근친 사이에서는 교미를 회피하는 경향이 있다고 보고했다. 또한 혈연관계가 없더라도 언제나 가까이 있으면서 친하게 지내는 암수는 교미를 피한다는 사실을 발견했다. 아라시야마에서는 서열이 높은 수컷 주위에 언제나 눈에 띄는 암컷이 있었다. 이들 암컷은 이전에 이 수컷과 짝짓기를 하고 교미기가 끝난 뒤에도 수컷과 친밀한 관계를 지속했다. 서열이 높은 수컷 곁에 있으면 먹을 때 다른 암컷보다 우선적으로 먹이를 얻을 수 있으므로 암컷이 수컷을 뒤따르기 시작한 것으로 보인다. 그런데 이들 추수追隨 관계에 있는 수컷과 암컷은 점차서로 교미를 피하게 된다. 교미를 통해 암수 간에 친밀한 관계가 만들어지고 이윽고 그 친밀함이 교미를 저해하게 된다. 이를 통해 다카하타 유키오는 친밀성은 성과 길항 작용을 한다고 생각했다. 근친 사이의 교미 회피도 혈연을 인지하기 때문이라기보다는 친밀한 관계를 만든 것이 그 원인이라는 얘기다.

나가노 현의 지고쿠다니地獄谷에서 일본원숭이의 성 행동을 조사한 에노모토 도모오榎本知郎도 서로 털 고르기를 잘 해 주는 암수는 짝짓기를 피하는 경향이 있다고 지적했다. 교미기에 들어가면 발정한 암컷을 향한 수컷의 공격 행동이 증가하는데, 털 고르기와 반대로 서로 공격을 가한 암수 사이에는 교미를 하는 사실이 확인됐다. 일본원숭이 사회에서 털 고르기는 가까운 혈연관계를 비롯하여 친밀한 개체들 사이에서 흔히 벌어지는 행동이다. 에노모토 도모오는 교미기 초기에 일어나는 수컷의 공격은 통상적 관계를 해소하고 교미 관계를 이루려는 수컷의 성 행동 중 하나로 보고 있다.

DNA가 보여 주는 원숭이들의 혈연

그 뒤 히말라야원숭이나 바바리마카크 등에서도 다카하타 유키오와 에노모토 도모오의 발견을 뒷받침하는 보고들이 잇따랐다. 아무래도 영장류는 근친끼리 짝짓기를 피하는 경향을 공통적으로 갖고 있는 듯하다. 그런데 원숭이들은 어떻게 근친자들을 알아보는 것일까. 개구리, 메추라기, 쥐 등은 냄새나 깃털 색깔로 근친자를 식별하는 능력을 태어날 때부터 갖고 있다. 원숭이들도 같은 능력을 갖고 있는 걸까. 그렇지 않으면 다카하타 유키오가 얘기하듯이 생후에 형성되는 친밀한 관계가 짝짓기를 피하게 하는 효과를 발휘하는 것일까.

그것을 해명하는 데 큰 역할을 한 것은 DNA(디옥시리보핵산, 유전 정보 저장 물질)를 이용한 혈연 해석이다. 이노우에 미호井上美穗 등은 개방적 우리에서 사육되는 일본원숭이 무리의 모든 개체들에서 혈액을 채취해 PCR법(Polymerase Chain Reaction, 폴리머라제 연쇄 반응을 이용해 특정 DNA 영역을 단기간에 10만 배 이상 증폭시키는 방법)으로 혈연관계를 조사하면서 교미기에 아침부터 저녁까지 모든 성 행동을 관찰했다. 그 결과 모계적인 혈연 사이에서는 교미가 이뤄지지 않았으나 부계적인 혈연 사이, 즉 아버지와 딸, 삼촌과 조카딸 사이에는 혈연관계가 없는 암수와 마찬가지로 교미가 이뤄졌다. 그리고 태어난 새끼의 부자 관계를 알아본 결과 아버지와 딸 사이에서 태어난 새끼도 있었다. 일본원숭이는 부계적 혈연을 거의 인지하지 못했던 것이다.(그림 3-12)

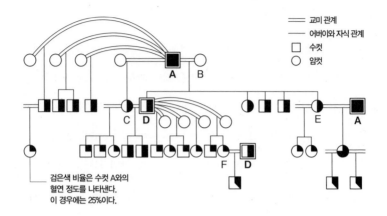

그림 3-12 일본원숭이의 혈연관계. 수컷 A, D 등이 딸인 E, F와도 짝짓기를 해서 새끼를 낳았다(이노우에 등, 1990).

바바리마카크에 대해서도 같은 조사가 이뤄졌다. 독일 영장류학자 유타 쿠에스터Jutta Kuester 등은 역시 개방적 우리에서 사육되는 바바리마카크 원숭이의 혈연관계를 조사하면서 짝짓기 행동을 관찰했다. 그 결과 일본원숭이와 마찬가지로 사촌에 해당하는 모계 혈연 사이에서는 교미를 피했으나 부계의 혈연 사이에서는 전혀 피하지 않았다.

또 일본원숭이와 달리 바바리마카크 원숭이는 갓 태어난 새끼를 수컷이 열심히 돌봐 주는 행동으로 잘 알려져 있다. 쿠에스터 등은 이런 돌보기를 해 준 수컷과 새끼 암컷의 관계를 오랜 기간 추적한 끝에 암컷이 사춘기를 맞아 발정을 하더라도 자신을 돌봐준 수컷과는 짝짓기를 하지 않는다는 사실을 보고했다. 다만 별로 열심히 돌보기를 하지 않은 수컷과는 교미를 했기 때문에, 돌보기를 한 모든 수컷과 짝짓기를 하지 않는다고 할 수는 없다. 활동을 하는 낮 시간대의 6% 이상을 들여 친밀하게 돌보기를 하면서 그것을 6개월 이상 계속할 경우, 수컷과 돌보기를 한 새끼 암컷 사이에 교미를 피하는 현상이 일어난다고 한다. 다카하타 유키오가 일본원숭이에서 발견한 수컷과 암컷의 추수 관계에 따른 친밀감과는 약간 다르지만 바바리마카크 원숭이들에서도 돌보기를 통한 암수의 친밀한 관계가 짝짓기를 피하게 만드는 결과를 낳았다고 생각할 수 있다. 영장류에서는 혈연관계 인지보다는 친밀한 관계 형성이 교미를 피하게 만든다고 할 수 있다.

그러면 이런 교미 회피 경향은 과연 근친상간 회피에 영향을 줄까. 모계적인 일본원숭이나 바바리마카크 무리에서는 태어날 때부터 어미를 비롯한 모계적인 혈연 개체가 새끼와 친밀하게 접촉한다. 따라서 수컷 새끼가 사춘기를 맞더라도 혈연이 가까운 암컷과는 짝짓기를 피할 수 있을 것이다. 그러면 암컷 새끼는 어떠할까. 수컷이 하나의 무리에 장기간 체류하지 않는 경향 덕에 근친의 수컷과 짝짓기를 피할 수 있다. 암컷 새끼가 성숙기를 맞이했을 때 그 아비도 연상의 근친 수컷도 그 무리에는 이미 없기 때문이다. 이타니 준이치로가 예측했듯이, 어느 한쪽의 성만이 무리를 돌아다니는 특징 때문에 교미 회피를 하지 않더라도 부계의 근친자 사이에서는 짝짓기가 이뤄질 수 없게 돼 있는 것이다.

그러나 모계 사회가 아니라 침팬지 등의 부계 사회에서는 어떻게 될까. 부계 사회에서는 수컷이 태어나 자란 집단에 남고 암컷이 다른 무리로 옮겨 간다. 수컷 새끼가 성숙기에 들어가기 전에 어미나 자매들은 무리를 떠나는 경우가 많고, 설사 남아 있다 하더라도 모자 간에는 육아를 통해 친밀한 관계가 형성되기 때문에 근친상간은 일어나지 않을 것이다. 하지만 딸의 경우는 다르다. 딸은 어미처럼 아비를 인지하지 못한다. 부계 사회에서는 암컷 새끼가 성숙기에 접어들 때 아비를 비롯한 부계의 근친 수컷들이 그 암컷이 태어난 무리 집단을 나가지 않고 머물러 있다. 만일 딸이 성숙기가 시작된 시점에서 딸과 아비 사이에 돌보기를 통한 친밀한 관계가 형성돼 있지 않다면 아비와 딸 사이에 짝짓기가 이뤄질 위험이 있다.

침팬지와 보노보의 교미 회피

침팬지나 보노보 등의 부계 사회에서는 암컷은 새끼를 낳기 전에 태어나 자란 집단을 떠나는 것으로 알려져 있다. 왜 떠나는 건지 그 확실한 이유는 알려지지 않았다. 드물게 이탈하지 않고 남는 암컷이 있지만 이런 경우에는 근친 수컷과의 사이에 근친상간이 일어날 가능성이 높다. 또 모계 사회의 수컷과 달리 부계 사회의 암컷은 그렇게 빈번하게 무리를 옮겨 다니지 않는다. 한번 새끼를 출산하면 몇 년간이나 그 무리에 계속 남아 있는 암컷이 많다. 그럴 경우 자식이 성숙기가 되더라도 어미가 그 무리에 남아 있게 된다. 침팬지에서는 이런 자식과 어미 사이에 짝짓기가 이뤄지는 경우가 있다. 어미가 같은 형제자매 사이에 짝짓기가 이뤄진 예도 있다. 짝짓기를 하자고 작업을 거는 쪽은 대개 수컷인데, 암컷이 이를 피하는 경향이 강하다고 한다.

고릴라도 암컷이 무리 사이를 이동하는 비모계 사회를 만든다. 수컷도 태어나 자란 무리를 이탈하기 때문에 완전한 부계 사회라고 할 순 없으나 암컷보다는 수컷이 남는 경향이 있다. 그러나 일단 무리를 떠난 수컷은 두 번 다시 그 무리에 돌아갈 수 없으며, 다른 무리에 들어갈 수도 없다. 이것이 모계 사회의 수컷과 대조적인 부분이다.

고릴라의 여행

비룽가 화산군에서 무리를 막 떠난 타이거라는 젊은 수컷 고릴라를 2년간 추적하여 조사한 적이 있다. 그는 먼저 어미 집단의 활동 영역 가장자리에 작은 활동 영역을 구축했다. 매일 조금씩 이동하면서 마음 내키는 대로 샐러리나 엉겅퀴를 따 먹고 아무렇게나 드러누워 쉬었다. 때때로 어미 집단과 마주쳤지만 별로 다가가려 하지 않았고, 다른 무리가 다가오면 그 뒤를 몰래 따라다녔다. 마주친 무리의 수컷이 그것을 알아채고는 가슴을 두드리며 경고를 보냈다. 처음에는 타이거가 겁을 먹은 듯 가슴도 두드리지 않고 자기 영역으로 재빨리 돌아가는 경우가 많았다. 그러나 점점 타이거 자신도 가슴을 두드리며 응수하고 며칠 동안 다른 무리를 따라다니는 경우가 많아졌다. 암컷이 타이거 쪽으로 다가오면 타이거의 가슴 두드리기도 한층 더 힘이 들어가는 듯한 느낌을 주었다.

유감스럽게도 나는 타이거가 암컷과 자신의 무리를 만드는 것까지 관찰할 수는 없었지만 그의 뒤를 추적하면서 외톨이 고릴라가 어떻게 제 구실을 하게 되는지 대강 알 수 있었다. 사춘기가 된 수컷은 처음에는 미련을 버리지 못했지만 이윽고 결연히 어미 슬하를 떠난다. 그 계기가 되는 것이 다른 무리와의 만남, 특히 처음 만나는 암컷의 매력임이 분명하다.

수컷과 달리 암컷의 이적은 갑자기, 그리고 깔끔하게 뒤끝 없이 이뤄진다. 암컷은 이적할 듯한 기색을 미리 보이지 않으며 무리 사이를 왔다 갔다 헤매고 다니지도 않는다. 수컷처럼 단독으로 생활하는 경우는 없기 때문에 순식간에 무리의 소속이 바뀌고 지금까지와는 전혀 다른 동료들과 동거하게 된다. 또 이적하는 것은 아직 출산한 적이 없는 젊은 암컷일 경우가 많다. 사회 경험도 별로 없는 젊은 암컷이 어미 슬하를 떠나 새로운 환경 속으로 뛰어 들어가는 용기에 나는 감탄할 수밖에 없었다. 어떻게 이런 일이 가능한 것일까.

거기에는 역시 강한 성적 동기가 작동하고 있다고 나는 생각한다. 젊은 암컷 고릴라의 이적은 연인 간택 여행의 시작인 것이다. 암컷의 무리 이탈을 재촉하는 조건은 어미가 속한 무리의 성·연령 구성과 아비의 육아다. 암컷 고릴라가 사춘기가 됐을 때 아비나 형제에 해당하는 수컷이 무리에 있는 경우가 많다. 수컷 고릴라는 젖을 떼는 시기(이유기)부터 사춘기에 이르기까지 열심히 육아를 한다.

비룽가 화산군의 마운틴고릴라나 중앙아프리카공화국의 바이호크에 사는 서부저지대고릴라의 몸털과 똥에서 DNA를 추출해 부자 판정을 한 결과, 단일 수컷-복수 암컷 무리의 경우는 무리의 핵심 수컷이 모든 새끼들의 아비라는 사실이 밝혀졌다. 따라서 육아를 하는 수컷은 새끼의 아비일 가능성이 높다. 그리고 딸이 자라 사춘기가 되면 바바리마카크 원숭이와 마찬가지로 돌보기를 한 어버이 수컷과 짝짓기를 회피하는 것으로 알려져 있다. 또 돌보기를 한 수컷이 아니더라도 태어났을 때 이미 나이 차가 많은 수컷과는 짝짓기를 피한다는 보고가 있다. 그리하여 고릴라 암컷은 발정기를 맞았을 때 아비 이외의 성숙한 수컷이 없으면 무리 바깥의 짝짓기 상대를 구해 무리를 떠나간다. 즉 수컷의 육아를 통한 딸과의 교미 회피는 딸의 분산을 촉진하는 효과를 갖고 있는 것이다.

하지만 딸과 나이 차가 많지 않은 수컷 형제가 무리에 남아 있을 경우 딸이 이적하지 않고 자신이 태어난 무리에서 출산하는 경우가 있다. 앞서 얘기한 마운틴고릴라의 파크가 그런 예에 해당한다. 에피의 딸 파크는 에피가 오랫동안 부부로 살아온 핵심 수컷 베토벤과의 사이에서 태어난 새끼인 것으로 보인다. 파크가 사춘기에 접어들었을 때 그룹 5에는 등의 털이 희어지기 시작한 이카루스라는 젊은 수컷이 있었다. 이카루스도 베토벤의 자식인데 파크와는 어미가 다른 이복형제다. 베토벤은 파크가 성숙기에 들어서도 교미를 하지 않고 이카루스와 짝짓기하는 것을 묵인했다. 그 때문에 파크는 무리를 떠나지 않고 임신하여 새끼를 낳았다.(그림 3-13)

그림 3-13 어미 고릴라 파크와 아들 캔트비. 아비는 이카루스다.

　최근 비룽가의 마운틴고릴라에서는 젊은 수컷이나 암컷이 어미 슬하를 떠나지 않고 짝짓기를 해서 새끼를 낳는 사례가 늘고 있다. 무리가 크고 많은 암컷들이 동거하는 경우에 이런 일이 일어난다. 이탈전에 나이 차가 크지 않은 이복 형제자매가 공존할 기회가 늘기 때문이다. 고릴라는 육아를 매개로 한 어미와 아들, 아비와 딸, 같은 배(어미)에서 난 형제자매 사이에서는 근친상간을 피하지만 그 외의 근친간에는 짝짓기가 일상적으로 이뤄지는데, 그것이 수컷의 독립이나 암컷의 이적을 가로막는 게 아닐까 생각한다.

근친상간 터부가 가져다준 공존

　암컷이 어미 슬하를 떠나는 유인원 사회에서는 암컷이 하나의 무리에 머무는 경향이 강하기 때문에 일본원숭이와 같은 모계 사회에 비해 근친상간이 일어날 가능성이 높아진다. 초기의 인류 사회가 만일 유인원과 같은 부계적 성격을 갖고 있었다면 역시 근친상간이 일어날 가능성이 높았을 게 틀림없다. 그것을 인류는 터부라는 규범으로 삼아 사회를 만들었을 것으로 생각된다.

왜 그런 규범이 필요했을까. 그것은 근친상간 회피를 통해 어버이와 자식, 형제자매가 성적 경쟁을 완화함으로써 공존할 수 있기 때문이다. 그 맹아적인 예를 고릴라 아비와 아들의 공존에서 볼 수 있다. 베토벤과 이카루스, 성숙한 두 수컷이 하나의 무리에서 공존할 수 있는 것은 경쟁 상대가 성행위를 피하는 암컷과 교미 관계를 맺을 수 있기 때문이다. 그것이 배우자 관계의 독점을 원칙으로 하는 고릴라 사회에서 수컷들이 공존하는 길을 마련해 주었다. 근친상간을 피하는 행위는, 생물학적으로는 열성 호모 유전자의 조합(열성 유전을 하는 동일한 유전자를 부모 양쪽으로부터 물려받아 그 유전형질이 발현되는 것)으로 생존 능력이 떨어지는 새끼를 임신하는 걸 피하는 효과가 있다.

그러나 인간 사회의 근친상간 금지는 생존 능력이 떨어지는 아이가 생기는 걸 막기 위해서라기보다는 오히려 성적 경쟁을 완화시키기 위한 구조로 작용하지 않았을까 생각한다. 앞서 얘기했듯이, 인간의 가족에서는 부부 사이로만 성행위가 한정되고 다른 이성 간에는 금지된다. 그렇게 함으로써 어버이와 자식, 형제자매는 성을 둘러싼 갈등을 격화시키지 않고 공존할 수 있다. 어머니와 아들, 아버지와 딸,

형제자매는 이성이지만 서로 성행위를 하는 사이는 아니다. 그 때문에 가족의 일원이 다른 가족의 일원과 성적으로 결합하더라도 가족의 유대는 끊어지지 않고 가족 사이에 성적 갈등이 일어나지도 않는다. 또 바로 그 때문에 가족들은 연합할 수 있는 것이다.

아마도 유아기의 돌보기를 매개로 암수 간의 성적 관심을 억제하는 영장류의 보편적 경향은 인간 사회에서는 근친상간을 방지할 뿐만 아니라 비非성적 친화 관계를 형성하는 쪽으로 발달해 왔음이 분명하다. 그리고 그것은 이성 간에도 동성 간에도 가족의 틀을 넘어서 공존을 촉진하는 쪽으로 작동해 왔으리라고 생각할 수 있다.

그렇다면 왜 인간은 먹이나 성을 둘러싼 갈등을 억제하여 공존해야 했을까? 그것을 인간 이외의 영장류가 보여 주는 갈등 및 해결 방법과 비교하면서 생각해 보자.

제4장

원숭이는
어떻게
갈등을 해결하는가

서열이란
무엇인가

직선적 서열을 정하는 일본원숭이 수컷

교토의 아라시야마에 있는 원숭이 공원(멍키 파크)에는 먹이를 줄 시간이 되면 일본원숭이들이 먹이를 주는 장소에 모여든다. 밀이나 콩(대두)이 뿌려지면 일순간 원숭이들이 먹이를 노려 돌진하면서 큰 소동이 벌어진다. 하지만 점차 우위를 차지한 원숭이가 먹이 덩이를 점거하고 이윽고 각자 흩어져 조용히 먹기 시작한다. 대단한 일이지 않은가. 원숭이들이 서열 차례에 따라 장소의 우선권을 서로 인정함으로써 다툼이 벌어지지 않도록 하고 있는 것이다. 일본원숭이들에게는 서열이 공존을 위한 규범이라는 것을 잘 알 수 있다.

서열이란 일종의 파워 시스템power system, 즉 권력 체계이다. 두 마리가 같은 먹이를 먹으려 할 때 본래대로라면 두 마리가 싸워서 이긴 쪽이 그 먹이를 차지한다. 그러나 늘 그런 싸움을 한다면 서로가 체력을 소모하고 다칠 위험도 있다. 그래서 두 마리 사이에 어느 쪽이 강한지를 인정하는 절차를 미리 거친 뒤 서열이 높은 원숭이만 먹이에 손을 댈 수 있는 규칙을 만든 것이다. 따라서 서열이 높은 원숭이는 서열이 낮은 원숭이에 대해 늘 우위성을 과시하며 서열이 낮은 원숭이는 그것을 인정한다는 태도를 보여 주어야 한다.

서열이 높은 원숭이는 어깨 털을 부풀리고 꼬리를 꼿꼿이 세운 채 으스대며 성큼성큼 걷는다.(그림 4-1) 하지만 이것은 수컷의 행동이며, 암컷은 그렇게까지 우위성을 과시하진 않는다. 약간 고개를 숙이고 상대를 쏘아보거나 단지 시선을 고정할 뿐이다. 이와 반대로, 상대는 얼굴을 들어 잇몸을 드러내며 웃는 듯한 얼굴을 하거나 상대의 시선을 피해 옆으로 얼굴을 돌린다. 이것이 서열이 낮은 원숭이의 표정이나 태도다. 서열이 낮은 원숭이가 양자 관계를 납득하는 표시를 하지 않으면, 상대는 계속 쏘아보면서 소리를 지르며 공격한다.

수컷들 사이에는 직선적인 서열 차례가 있다. 서열이 높은 수컷은

그림 4-1 털을 부풀리고 꼬리를 세운 채 으스대며 걸어가는 서열이 높은 일본원숭이.

민감하게 아래 서열 수컷의 움직임에 신경을 쓰면서 늘 자신이 우위임을 보여 주려 한다. 서열이 높은 수컷이 서열이 낮은 수컷을 공격하면 공격당한 원숭이는 그다음 아래 서열의 원숭이를 공격한다. 그렇게 하면 공격당한 쪽이 공격하는 쪽으로 처지가 바뀐다. 그 결과 수컷들끼리의 다툼은 항상 서열이 높은 쪽에서 낮은 쪽으로 파급돼 간다. 그 때문에 서열이 낮은 원숭이는 가까이에서 다툼이 벌어지면 결국 자신에게 창끝이 돌아오기 때문에 항상 주변을 둘러보면서 긴장하게 된다. 우위의 수컷이 자기보다 훨씬 서열이 낮은 수컷을 굳이 공격하지 않아도 직선적 서열은 유지된다.

수컷들만 무리를 드나드는 일본원숭이 사회에서는 무리에 머무는 기간이 길수록 수컷의 서열이 높아진다. 무리에 막 들어온 신입에겐 가장 낮은 서열이 주어진다. 이는 무리 내 수컷들 간의 공격이 높은 쪽에서 낮은 쪽으로 파급돼 최하위 수컷에게 집중되는 식으로 유지된다. 갓 들어온 수컷이 반역을 하면 무리 내 수컷들 전체로부터 공격을 받게 된다.

일본원숭이 암컷의 가계 서열

암컷들 사이의 서열은 더욱 교묘한 체계에 의해 유지된다. 무리에서 공존하는 암컷들은 몇 개의 가계家系로 나뉘어 소속돼 있으며, 각각의 가계에는 가장 서열이 높은 가장家長 암컷이 있다. 암컷들의 서열은 이들 가장에 해당하는 암컷들 간의 서열 관계로 결정된다.

가장인 암컷들도 그 어머니, 할머니, 증조할머니로 더듬어 올라가면 가까운 혈연관계에 있던 암컷들이다. 그것이 서로 다른 가계들로 나뉜 것은 딸이 어미의 바로 밑 서열이 되는 규칙에 따른 결과다.

딸의 수가 늘면 가계는 점점 커지고 자매나 사촌들로 가까이 위치한 암컷들 서열 사이에 많은 딸들이 끼어들어 점차 사이가 벌어지게 되는 것이다. 이것을 가계 서열이라고 한다. 가계 서열은 어미가 딸의 편을 들어 자기보다 아래 서열의 암컷 위에 자기 딸을 앉힘으로써 유지된다. 자신의 가계 암컷이 다른 가계의 암컷으로부터 공격을 당하면 자기 가계의 암컷을 지원하고 보호하기 때문에, 암컷들 간의 싸움은 종종 가계 사이의 싸움으로 발전한다. 따라서 암컷들 간의 다툼은 많은 금속성 새된 목소리와 고함 소리가 교차하면서 소란스러워지는 경우가 많다. 이는 수컷들 간의 다툼에서는 볼 수 없는 특징이다.

가계 사이의 다툼이 심해지면 분열이 일어나 각각의 가계 암컷들은 하나로 뭉쳐 다른 무리로 갈라져 나간다. 이처럼 암컷들은 어미로부터 서열을 계승해 자신이 속하는 가계의 암컷들을 지원하고 보호함으로써 직선적 서열 관계를 유지한다. 모든 암컷들과 서로 서열을 확인할 필요는 없다.

무리 속의 서열을 어떻게 읽을까

한 무리에서 공존하는 일본원숭이는 적어도 수컷들 간의 서열 관계, 암컷들 가계 간의 서열 관계, 어느 암컷이 어느 가계에 속하는지는 기억하고 있다. 작은 무리라면 동료들 간의 서열 관계까지 숙지하고 있을 것이다. 그러나 마주치는 개체들 모두와 서열 관계를 서로 확인할 필요는 없다. 요는 자신과의 관계에서 문제가 생길 듯한 상대와의 관계를 늘 확인해 두는 것이다.

하지만 역시 무리의 크기가 커지면 서열이 애매해지는 것 같다. 1000마리에 이르는 다카사키야마의 일본원숭이 집단에서 암컷들 사이의 서열 관계를 조사한 모리 아키오森明雄는 몇몇 암컷들 간의 서열 관계에서 가계 서열에 반하는 사례들을 보고하고 있다. 그 정도로 규모가 커지면 일본원숭이들도 모든 동료의 얼굴과 가계를 기억하기는 어려울 것이다.

원숭이들은 동료들을 얼굴이나 모습만이 아니라 소리로도 식별한다. 남아메리카 열대우림에 사는 다람쥐원숭이나 거미원숭이는 들려온 목소리의 상대에 맞춰 스스로 대응을 바꾸는 것으로 알려져 있으며, 야쿠시마의 일본원숭이는 가장인 암컷의 소리에 같은 가계의 암컷들이 특이하게 응답한다. 이런 동료의 목소리는 아기 때부터 이미 식별하고 있는 듯하다.

도로시 체니Dorothy Cheney와 로버트 세이퍼스Robert Seyfarth는 케냐의 사바나에 사는 녹색원숭이 무리에서 새끼 소리를 녹음해 다시 들려주는 플레이백playback, 즉 녹음 재생 실험을 했다. 모습이 보이지 않는 덤불 속에서 새끼의 목소리를 들려주면 원숭이들은 일제히 새끼의 어미 쪽으로 시선을 향했다고 한다. 이것은 녹색원숭이들이 새끼의 목소리도 그 어미도 인지하고 있다는 걸 암시한다. 무리 속에서 살아가는 원숭이들에게 공존하는 동료의 얼굴이나 목소리를 식별하고 동료들끼리의 관계를 숙지하는 것은 살아가는 데에 중요한 일인 것이다.

다만 서열은 어디까지나 무리 속에서 원숭이들이 서로 공존하기 위한 양해 사항이다. 무리 바깥에서도 통용되는 것은 아니다. 실은 가장 낮은 서열로 가입한 수컷의 서열이 점차 올라갈 수 있는 것은 최고위의 수컷이 차차 무리를 떠나고 새로 다른 수컷이 들어오기 때문이다. 무리를 이탈한 수컷은 이전에 있던 무리 속에서 아무리 우월한 지위에 있었다 할지라도 다른 무리에 들어갈 때는 최하위 서열이 된다. 하지만 작은 무리일 경우에는 외부에서 들어온 수컷이 무리를 장악해 최상위 수컷이 되기도 한다.

50마리 미만의 무리들만 서로 이웃하고 있는 야쿠시마에서는 무리에 들어오는 수컷의 약 절반이 최상위 수컷이 돼 그 무리를 장악했다. 대조적으로 70마리의 무리를 짓고 있는 긴카잔金華山에서는 이런 유의 무리 장악은 10% 이하이고, 일본 전국 각지에서 먹이로 길들여진 100마리 이상의 무리에서는 아직 그런 사례가 보고된 적이 없다. 무리의 수컷 수에 따라 권력 체계인 직선적 서열 관계의 강도가 다른

데, 아마도 야쿠시마의 무리처럼 두세 마리의 수컷으로는 바깥에서 들어오는 수컷의 침입을 막을 수 없을 것이다.

일본원숭이 수컷에게 무리는 평생 몸을 맡길 만큼 매력적인 존재가 아니다. 있기 거북해지면 다른 무리로 떠나면 되고, 무리 생활이 싫으면 단독으로 살아가면 된다. 무리 속 자신의 사회적 지위를 다른 수컷과 작당해서 사수하는 일은 없다. 부계 사회에서 살아가는 침팬지 수컷들과는 다른 것이다.

소유를 둘러싼
다툼

'선행자 우선 원칙'의 혼란

    일본원숭이들이 언제나 서로 서열에 신경 쓰면서 긴장된 교제 관계를 맺는 것은 아니다. 드러누워 한가롭게 빈둥거리거나 마음에 드는 동료와 서로 털 고르기를 하는 모습을 보면 도무지 상하 관계를 의식하는 것 같지 않아 보인다. 원숭이들 사이에 뭔가 갈등 원인이 있을 때 강하게 서열을 의식하는 듯한 태도나 행동이 나타난다.

  나무 위에서 생활하는 수상성樹上性으로, 곤충이나 잎을 먹는 영장류는 먹이를 둘러싸고 별로 갈등을 일으키지 않는다. 곤충은 수가 적고 분산되어 움직이기 때문에 점유하기 어렵다. 거꾸로 잎은 대량으로 균일하게 분포하기 때문에 점유한다는 게 의미가 없다. 잎은 과일에 비해 섬유질이 많고 소화에 시간과 품이 들어 별로 매력적인 먹이라고 할 수 없다. 게다가 나무 위는 몸의 크기에 따라 점유할 수 있는 공간이 다르다. 아무리 강하더라도 몸집이 큰 원숭이는 가지 끝까지 갈 수가 없다. 몸집이 작은 원숭이가 재빨리 가지 끝을 돌아다니며 먼저 익은 과일을 따 먹어 버린다.

이 때문에 서열 관계가 효과적으로 발휘되는 것은 과일을 먹는 지상성地上性 영장류 쪽이다. 그리고 서열이 높은 원숭이는 매력적인 과일이 열리는 장소를 점유하는 형태를 취한다. 움직이지 않는 먹이가 경쟁 대상이 될 경우 우위의 원숭이는 그 장소에 진을 치고 소유권을 주장한다. 그가 그 장소를 떠나면 곧바로 다음 서열의 원숭이가 그 장소를 점유한다. 먹이 그 자체가 아니라 먹이가 있는 장소가 소유를 다투는 대상이 되는 것이다.

한스 쿠머Hans Kummer는 에티오피아의 고원에서 망토개코원숭이 무리를 관찰했는데, 한번 손에 넣은 먹이를 다른 원숭이가 빼앗는 일이 절대 일어나지 않는다는 사실에 주목했다. 아무리 서열이 낮은 원숭이일지라도 일단 손에 쥐거나 입에 물면 우위의 원숭이로부터 공격당하거나 빼앗기는 일은 일어나지 않는다. 이 규칙은 다른 영장류에서도 일반적으로 통용되는 듯한데, '선행 보유자 우선 원칙'이라고 불린다.(그림 4-2)

하지만 먹이가 움직이는 경우에는 이 원칙이 통용되지 않는 경우가 있다. 교토대학교에서는 아라시야마에서 먹이로 길들여진 일본원숭이를 대상으로 매년 학생 실습을 하고 있다.(그림 4-3) 여기에서는 관람객이 앞뒤 생각 없이 원숭이에게 먹이를 주면 문제가 발생하기 때문에 관람객 휴게실 창에 철망을 쳐 놓고 거기서만 철망 너머의 원숭이들에게 먹이를 줄 수 있도록 해 놓았다. 이렇게 하면 원숭이의 행

그림 4-2 볼이 미어지게 과일을 입에 넣고 있는 일본원숭이. 빼앗기지 않으려고 볼주머니에 가득 밀어 넣고 있다.

동에 대해 잘 모르는 관람객일지라도 먹이 경쟁에 휘말리는 일이 없다. 이런 상황에서는 우위의 원숭이가 장소를 점유한다 해도 거기에 반드시 먹이가 주어지는 건 아니다.

관람객은 귀여운 새끼 원숭이들에게 먹이를 주고 싶어 하는 경우가 많다. 새끼 원숭이들도 철망에 떼 지어 몰려들어 관람객에게 손을 내민다. 그것을 우위의 수컷 원숭이가 내쫓지만 아무래도 모든 새끼 원숭이들을 다 내쫓을 수는 없다. 그 와중에 새끼 원숭이가 먹이를 받아 잽싸게 도망쳐 버리면 원님이 행차한 뒤 나팔 부는 꼴이 돼 버린다.

그런데 학생들이 기묘한 사실을 눈치챘다. 먹이를 입에 넣은 새끼

그림 4-3 아라시야마의 일본원숭이를 관찰하는 교토대학교 학생 실습팀.

원숭이를 붙잡아 그 입에 손을 집어넣어 먹이를 억지로 끄집어내는 원숭이가 나타난 것이다. 앞서 얘기했듯이 일본원숭이에겐 볼주머니라는, 일시적으로 먹이를 저장해 둘 수 있는 주머니가 있다. 새끼 원숭이가 애써 볼주머니에 넣어 둔 그 먹이를 강탈한 것이다. 그 서툰 짓을 한 원숭이는 하필 그 새끼 원숭이의 어미였다.

생각건대, 일본원숭이에게 식물성 먹이가 움직인다는 경험은 새로운 것이리라. 하물며 먹이를 지닌 관람객의 선호에 따라 그것을 손에 넣는 개체가 결정되는 사태는 그때까지 경험해 본 적이 없었을 것이다. 식물이 과일이나 잎을 먹는 원숭이 개체를 결정하는 일 따위는 있을 수 없기 때문이다. 그 때문에 일본원숭이의 서열 관계는 사람이 주는 먹이를 둘러싼 갈등을 해결하는 데는 소용이 없다.

그런 사태에 대처하기 위해 새로 등장한 것이 강탈이다. 이것은 '선행 보유자 우선 원칙'을 완전히 무시한 행동으로, 사람이 주는 먹이에 대해서만 나타나는 현상이다. 어미가 새끼한테 그런 짓을 하는 것은, 역시 그것이 아직 일반적 행동으로 정착하기에는 문제가 있기 때문일 것이다. 강탈은 먹이로 길들인 역사가 긴 다카사키야마의 무리에서도 최근에야 관찰되고 있는데, 그 또한 암컷이 자기 새끼한테 하는 짓이라고 한다. 그런데 다카사키야마에서는 상습적으로 강탈하는 원숭이도 있어서, 자기 새끼뿐만 아니라 다른 새끼들도 붙잡아서 입에서 먹이를 억지로 꺼내 간다고 한다. 사람들이 먹이를 계속 줄 경우, 장차 강탈이 일본원숭이의 먹이 활동 전략으로 정착될지도 모르는 일이다.

서열 의식이 강한 원숭이와 약한 원숭이

일본원숭이는 먹이가 있는 장소를 서열이 높은 원숭이가 점유하는 규칙을 양해해서 공존하고 있으나, 이 규칙이 다른 영장류에서도 통용되는 것은 아니다. 같은 마카크 원숭이류 중에서도 말레이 반도부터 인도에 걸쳐 넓게 펼쳐진 열대우림에서 살고 있는 짧은꼬리마카크나 보닛마카크는 서열 관계를 별로 드러내지 않는다.

한편 히말라야원숭이는 일본원숭이와 마찬가지로 엄격한 서열 관계를 나타낸다. 개방적 우리에서 사육되고 있는 짧은꼬리마카크는 서열이 낮은 원숭이라도 금방 장소를 넘겨주진 않는다고 한다. 그 때문에 짧은꼬리마카크 무리가 히말라야원숭이 무리보다 한 마리당 공격 빈도가 두 배나 높다. 그러나 다툰 뒤에 짧은꼬리마카크는 사이좋게 공존하며 먹이를 먹는다. 히말라야원숭이의 경우 친화적 접근은 대부분 서열이 높은 원숭이 쪽에서 시도하는 데 비해 짧은꼬리마카크는 서열이 높은 원숭이와 낮은 원숭이가 각기 절반 정도로 비슷하다고 한다. 보닛마카크 원숭이도 마찬가지로 서열 구분이 명확하지 않다. 먹이가 있는 장소를 서열이 높은 원숭이가 점유하는 규칙은 있으나, 곧바로 그 권리를 행사하지 않는 것은 무엇 때문일까.

화해의
방법

원숭이가 화해하는 방법

짧은꼬리마카크와 히말라야원숭이가 갖는 사회성의 차이는 친화적 교섭에서 뚜렷이 찾아볼 수 있다. 양쪽 모두 여러 마리의 암수들로 이뤄진 복수 수컷–복수 암컷 구성의 무리를 만든다. 하지만 짧은꼬리마카크 원숭이가 서로 껴안거나 입을 맞추고 털 고르기를 하며 늘 친화적 교섭을 하는 데 여념이 없는 데 비해 히말라야원숭이는 혈연관계에 있지 않으면 그런 행동을 하지 않는다. 또 짧은꼬리마카크는 서열이 낮은 원숭이가 높은 원숭이의 시선을 피하지 않는다. 히말라야원숭이나 일본원숭이라면 금방 서열이 높은 원숭이로부터 공격당할지 모를 상황에서도, 짧은꼬리마카크는 겁을 먹지 않고 서열이 높은 원숭이의 얼굴을 마주 쳐다본다. 따라서 짧은꼬리마카크 원숭이에서는 서로 얼굴을 마주 보는 듯한 교섭을 하는 경우를 많이 볼 수 있다.

두 종의 원숭이가 가장 다른 점은 화해 방법이다. 일본원숭이나 히말라야원숭이 등 엄격한 서열 관계를 보이는 사회에서는 눈에 띄는 화해 행동이 없다. 공격이 항상 서열이 높은 원숭이로부터 낮은 원숭이 쪽으로 가해지기 때문에 서열이 높은 원숭이가 공격을 멈추면 다툼은 끝난다. 문제의 원인은 서열이 낮은 원숭이가 서열 원칙을 지키지 않은 데에 있기 때문에, 서열이 낮은 원숭이가 규칙을 받아들이기만 하면 서열이 높은 원숭이가 공격을 계속할 필요도, 새삼스럽게 화해할 필요도 없다. 그래도 히말라야원숭이에서는 다툰 뒤 털 고르기 등의 친화적 접촉이 아무 일도 없었던 경우에 비해 두 배 가까이 증가한다. 이런 접촉은 암컷보다 수컷 쪽이 더 많다. 암컷은 수컷에 비해 화해를 할 필요가 많지 않다.

프란스 드 발은 이밖에 히말라야원숭이에게는 암묵의 화해 방법이 있다고 얘기한다. 다툰 당사자들이 다시 만났을 때 서열이 높은 원숭이가 아무 일도 없었던 듯이 상대를 무시하는 것이다. 그러고 보면 이런 화해 방식은 인간에게도 있다. 다툰 뒤 그렇게 서로 으르렁거린 적이 전혀 없었던 듯이 웃는 얼굴로 대하는 것은 인간의 경우도 우위에 있는 쪽이다. 다툼이 있었다는 것 따위는 잊어버리고 지금까지처럼 계속 사귀자는 제안이다. 이것은 규칙에 모반을 일으킨 이에 대한 일종의 '용서'이며, 서열이 낮은 이는 그 제안을 받아들이는 수밖에 없다.

하지만 짧은꼬리마카크는 다툼이 벌어진 뒤 히말라야원숭이의 두 배가 넘는 빈도로 당사자끼리 화해의 접촉을 한다. 특징적인 것은 상대의 엉덩이를 껴안는 행동인데, 서열이 낮은 원숭이가 엉덩이를 내밀면 서열이 높은 원숭이가 그것을 안아 준다. 이때 이빨을 드러내며 입을 빠르게 벌리고 여닫는 티스 채터링teeth chattering이나 입술을 우물우물하는 립 스매킹lip-smacking을 한다. 이 행동은 짝짓기를 할 때에도 볼 수 있는데, 짧은꼬리마카크의 화해 행동은 성적 흥분을 동반한다는 보고도 있다. 다툰 뒤에는 입을 맞추거나 서로 껴안기, 털 고르기를 하는 시간이 평소보다 길어진다. 이것을 프란스 드 발은 '화해'라고 이름 붙였다.

짧은꼬리마카크는 일본원숭이와 마찬가지로 모계의 복수 수컷-복수 암컷 무리를 만든다. 개체 간에는 직선적 서열 차례가 있다. 이빨을 드러내는 얼굴 찡그리기grimace나 티스 채터링 등 열위임을 나타내는 얼굴 표정도 발달해 있다. 그러나 공격이 늘 우위의 원숭이로부터 열위의 원숭이 쪽으로 향하는 경우도, 공격당한 원숭이가 자기보다 서열이 낮은 원숭이를 향해 공격하는 경우도 별로 없다. 먹이를 둘러싸고 갈등이 생기면 원숭이들은 적대적 태도를 취하며 서로 공격한다. 하지만 그것이 서열이 높은 원숭이의 권리를 침해하여 책망을 당하는 것은 아니기 때문에 서열이 낮은 원숭이가 자기 잘못을 인정한다고 해서 해결되는 게 아니다. 더는 계속 다툴 수 없다는 것을 쌍방이 납득했기 때문에 명시적 화해가 필요한 것이다.

화해에 적극적인 침팬지

프란스 드 발이 처음 화해 행동을 발견한 것은 침팬지한테서다. 네덜란드 아넴Arnhem 동물원에서 침팬지를 관찰할 때 다툰 뒤 2분 이내에 곧잘 친화적 접촉이 이뤄진다는 것을 알아냈다.

침팬지는 화해에 매우 적극적이다. 공격을 한 쪽도 공격을 당한 쪽도 어느 쪽이 먼저랄 것 없이 다가가서 입을 맞추고, 손을 잡고, 껴안고, 털 고르기를 해 준다. 이는 침팬지의 다툼이 서열 관계를 인정하는 것만으로 끝나지 않는다는 걸 의미한다. 침팬지는 부계의 복수 수컷-복수 암컷 무리를 이루고 살아가기 때문에 하나의 무리에서 공존하는 암컷은 혈연관계가 희박하다. 그 때문에 일본원숭이처럼 혈연관계에 있는 암컷들이 힘을 합쳐 싸우는 일은 없다.

또 침팬지는 서로 서열 관계를 명확히 하고 사귀는 경우가 많지만 서열은 개체 간의 관계만으로 결정되는 것은 아니다. 특히 수컷들은 몇 마리가 동맹을 맺어 다른 수컷보다 우위를 차지하는 경우가 많다. 가장 높은 서열의 수컷이 지위를 유지하기 위해 5위, 7위 등 아래 서열의 수컷들과 동맹을 맺고 2위 이하 수컷들이 강고한 동맹을 맺을 수 없도록 하는 것이 중요하다. 따라서 서열이 높은 수컷은 늘 우위성을 과시하면서 자신의 지위를 인정하지 않는 수컷을 공격하고 벌을 주지만, 서열이 낮은 수컷들의 비위를 맞추는 것도 잊지 않는다. 평생 자신이 태어난 무리에서 살아가는 수컷들에게는 다른 수컷들의 협력을 어떻게 얻어 자신의 지위를 확보할지가 최우선 과제가 된

그림 4-4 침팬지 수컷들. 정성스레 털 고르기를 하고 있다.

다.(그림 4-4)

한편 암컷은 다른 무리로 옮겨 가는 선택도 할 수 있지만, 부담이 되는 임신과 육아를 안전하게 수행하기 위해서는 다른 암컷이나 수컷의 협력이 필요하다. 서열 관계를 확인할 뿐만 아니라 다툼을 통해 어떤 동료와 친하게 지낼지를 알아내는 게 중요하다. 그래서 다툼이 일어날 경우 정성껏 화해를 하고 관계 유지 또는 새로운 관계 맺기를 시도하는 것이다.

침팬지는 다툼의 당사자만이 아니라 제3자가 당사자와 친화적 교섭을 하는 경우가 흔히 있다. 이런 제3자의 위로 행동은 유인원 이외의 원숭이한테서는 찾아볼 수 없다. 다툼이나 갈등을 오히려 친밀한 관계를 만드는 계기로 활용하려는 유인원의 사회적 지성知性의 하나로 생각할 수 있다.

침팬지는 관계 파탄을 늘 두려워하고 그것을 회복하려는 강한 경향을 갖고 있다. 또 침팬지나 고릴라에서는 일본원숭이처럼 서열이 높은 원숭이에게 공격을 받으면 자기보다 낮은 서열에 있는 원숭이를 공격함으로써 그것을 서열이 낮은 이에게 전가하는 행동은 찾아볼 수 없다. 발생한 갈등은 반드시 그 당사자들 사이에서 종결되고 다른 원숭이들에게 파급되는 일이 없다.

인간들 사이에는 공격당한 사람이 다른 사람에게 마구 화풀이를 하거나 자기보다 약한 이에게 공격의 화살을 돌리는 일이 흔히 일어난다. 하지만 그것은 어떤 사회에서도 부당한 행위, 부끄러워해야 할 행위로 간주된다. 이런 마음의 작용은 어쩌면 법률이나 관습 이전에 유인원과의 공통 조상으로부터 물려받은 오랜 사회성을 보여 주는지도 모른다.

'따끈따끈'으로 긴장을 누그러뜨리는 보노보들

침팬지의 별종인 보노보에서는 색다른 화해 행동을 볼 수 있다. 암컷들이 얼굴을 마주하고 부풀어 오른 성피를 좌우로 문지른다. 이 행동을 처음 관찰했던 가노 다카요시加納隆至와 구로다 스에히사黒田末寿는 '따끈따끈'이라는 이름을 붙였다. 따끈하게 달아오른 성피를 서로 문질러 더욱 따끈따끈해지는 것처럼 느껴졌기 때문일 것이다. 성피가 부풀어 오르지 않아도 따끈따끈해지는 경우가 있다. 암컷들 외에는 '따끈따끈'이라고 하진 않지만, 수컷들은 마주 보며 발기한 성기를 서로 갖다 대거나 그 반대로 엉덩이를 맞춘다. 암수끼리는 짝짓기를 한다. 앞서 애기했듯이 짧은꼬리마카크도 화해할 때 성적 흥분을 동반하는 행동이 나타나는데, 보노보의 경우는 그게 더욱 분명하고 종류도 많다.

짧은꼬리마카크는 서열이 높은 쪽이 낮은 쪽의 엉덩이를 껴안으면서 마주 보는 자세를 취하진 않지만, 보노보는 얼굴과 얼굴을 마주 본다. 성 행동을 할 때 특유의 소리를 내는데, 암수 사이에서는 실제로 성기가 삽입돼 사정에 이르는 경우도 있다. 보노보 쪽이 분명 대등한 성 행동을 한다고 할 수 있다.

침팬지에 비해 보노보는 암컷들 사이에 이런 친화적 교섭이 많다. 털 고르기도 침팬지는 수컷들 사이에서 가장 많이 이뤄지지만 보노보는 암컷들 사이에서 더 많이 이뤄진다. 이는 보노보 암컷들이 늘 결속이 잘되는 무리를 이루고 있기 때문이다. 침팬지와 마찬가지로 보노보 무리도 부계인데, 한 무리에서 공존하는 암컷들은 혈연관계가 희박하다. 하지만 분산해서 살아가는 경우가 많은 침팬지 암컷들에 비해 뭉쳐서 살아가는 보노보 암컷은 언제나 다른 암컷과의 공존 관계를 파탄시키지 않도록 신경을 쓴다. 그것이 '따끈따끈'으로 표현되는 것으로 여겨진다.

'따끈따끈'은 다툼 뒤의 화해만이 아니라 다툼이 벌어질 것 같은 긴박한 상황에도 나타난다. 먹이를 둘러싸고 암컷들이 대립하면서 긴장이 넘칠 때면 한 암컷이 드러누워 다리를 벌리고 '따끈따끈'을 유도한다. 상대는 배를 맞대고 얼굴을 마주 보는 자세로 상대를 덮쳐누르면서 성기를 서로 비빈다. 이것은 수컷에 대해서는 교미로 유혹하는 행동이 된다. 보노보는 사회적 긴장이 높아지면 성 행동으로 그것을 해소하려 한다. '따끈따끈'은 무리에 갓 들어온 신입 암컷과 오랫동안 그 무리에 머물고 있는 선참 암컷 사이에서 흔히 볼 수 있다고 한다. 이적한 암컷은 새 무리에서 먼저 서열이 높은 선참 암컷과 갈등을 경험하고 그것을 극복하기 위해 성을 활용하는 것이다.

고릴라가 마주 바라보는 이유

마찬가지로, 암컷이 이적하는 사회 중에서도 고릴라의 경우는 침팬지나 보노보만큼 분명하게 화해 행동을 하진 않는다. 고릴라는 일본원숭이 이상으로 결속력이 좋은 무리를 만들어 살아가는데, 수컷도 암컷도 성숙하면 서열을 별로 드러내지 않게 된다. 애초에 고릴라에겐 서열을 드러내는 표정이나 태도가 없다. 이빨을 드러내거나 엉덩이를 내밀지도 않는다. 굳이 얘기하자면, 공격당할 경우 웅크리는 자세를 취하는데, 이것도 자신이 다치지 않으려는 자세를 취하는 것으로 해석할 수 있다. 공격당하면 비명을 지르지만 반격하는 경우도 많고, 위협 받더라도 상대의 시선을 피하지 않는다.

성장기의 수컷은 나이가 많은 쪽이 우위에 있지만 다 자라 등이 희어진 수컷들은 누가 우위인지 눈으로 확실히 판단할 수 없다. 먹이나 자는 곳을 놓고 서로 접근했을 때 어느 한쪽의 수컷이 일방적으로 그 장소를 차지하진 않는다. 암컷은 먼저 이적해 온 선참이 신입보다 우

그림 4-5 고릴라의 화해. 세 마리가 얼굴을 가까이 맞대고 있다.

위에 있지만, 서열이 낮은 암컷일지라도 별로 거리낌 없이 대등하게 사귀는 수가 많다. 딸이나 아들이 어미의 서열을 계승하지도 않는다. 새끼들이 다툴 때 어미가 개입하지만 자기 새끼 편을 들지는 않는다.

고릴라의 화해는 상대와 가만히 서로 얼굴을 마주 보는 행동으로 이뤄진다.(그림 4-5) 다툼이 벌어질 경우 그 다툼의 약 3분의 1 정도에서 이런 식으로 서로 얼굴을 들여다보는 행동이 관찰된다.

다툼의 당사자만이 아니라 제3자와의 사이에서도 얼굴 들여다보기 행동을 찾아볼 수 있다. 이는 침팬지의 화해와 매우 비슷하다. 하지만 침팬지가 서로 껴안거나 털 고르기를 하는 데 비해 고릴라들 사이에는 신체 접촉이 일어나진 않는다. 다만 말없이 얼굴을 가까이 갖다대고 서로 들여다보기를 할 뿐이다. 서로 바싹 가까이 다가가되 직접 접촉하지는 않는다는 것이 고릴라의 사교 방식이다. 또 하나, 고릴라에게 특징적인 점은 다툼이 일어나면 제3자가 중재한다는 것이다. 새끼들이나 암컷들이 싸우면 등이 흰 어른 수컷이 커다란 몸을 사이에 끼워 넣어 벽을 만든다. 그리고 어른 수컷들끼리의 싸움에는 암컷이나 새끼가 개입해 중재를 한다. 이는 유인원 이외의 원숭이에서는 좀체 볼 수 없는 일이다.

중재와 개입은 어떻게 다른가

다툼의 '중재'와 '개입'은 그 의미가 다르다. 중재는 어느 쪽에도 편들지 않고 싸움 자체를 막는 개입 방법을 가리킨다.

일본원숭이들도 싸움을 막으려 하지만 어느 한쪽을 편드는 경우가 많다. 이를 중재라고 할 수는 없다. 개입이다. 암컷은 혈연관계가 가까운 편을 들고, 수컷은 대체로 서열이 높은 쪽에 가세한다. 서열을 명확히 드러내며 사귀는 일본원숭이 사회에서는 승자에 가세하는 것이 싸움을 끝내고 해결을 앞당기는 방법이다. 다툼은 서열이 낮은 원숭이가 서열 규칙을 위반한 것이 그 원인이기 때문에 서열이 낮은 원숭이가 졌다고 인정하면 계속 다툴 의미가 없어진다. 서열이 낮은 원숭이 쪽에 가세할 경우 서열이 높은 원숭이로부터 한층 더 강력한 반격을 받게 된다는 걸 각오해야 한다. 그것을 할 수 있는 건 무리 중에서 가장 서열이 높은 원숭이뿐이다.

단일 수컷-복수 암컷 무리가 여러 개 모여 밴드를 구성하는 망토

그림 4-6 고릴라의 중재. 대립하는 두 마리 사이에 끼어들어 달랜다.

개코원숭이 사회에서는 다툼에 개입한 제3자가 싸움에 진 패자敗者 편을 든다. 이런 개입은 수컷들에서 많이 볼 수 있다. 암컷이 무리를 옮겨 다니는 망토개코원숭이 사회에서는 암컷들 사이에 혈연적 유대가 없어 늘 갈등이 발생한다. 암컷들 간의 다툼에서 수컷이 승자 편을 들면 패자는 그 무리에 계속 남아 있을 이점이 없어져 다른 무리로 옮겨 가버릴 것이다. 망토개코원숭이 수컷은 떨어져 나갈 것 같은 암컷을 뒤쫓아 가 머리를 깨물어 도로 데리고 온다. 항상 암컷들 사이의 대등한 관계를 유지하는 데 신경을 쓰는 것이다. 각각의 무리를 구성하는 수컷들 사이에 다툼이 벌어질 때도 다른 수컷들이 모두 패자를 응원한다. 싸움을 통해 승자를 만들지 않고, 수컷들 간에 대등한 관계를 유지하는 것이 평화롭게 공존할 수 있는 길이기 때문이다.

고릴라의 경우도 새끼나 암컷들 싸움에는 어른 수컷이 개입해 공격당한 쪽 편을 들어 준다. 이는 명백히 중재다. 그리고 어른 수컷들의 싸움에는 암컷이나 새끼가 말리려 개입한다. 이럴 경우 말리려고 하는 고릴라는 수컷의 등이나 허리를 한 손으로 가볍게 만지면서 얼굴을 갖다 대고 마주 들여다본다. 그러면 대개의 경우 수컷들은 서로 떨어져 흥분을 가라앉힌다. 이것도 중재다.(그림 4-6)

얽힌 삼각관계를 고릴라는 어떻게 수습할까

비룽가에서 마운틴고릴라 수컷 집단(피닛 그룹)을 관찰할 때 어른 수컷들의 충돌을 젊은 수컷들이 막는 걸 목격한 적이 있다. 이 집단에는 등이 흰 성숙한 수컷 실버 백이 두 마리, 아직 어른이 되지 않은 미성숙한 수컷이 네 마리 있었다. 실버 백은 손위가 피닛, 손아래쪽이 비투미라 했는데, 혈연관계는 없었다.

보통 혈연관계가 없는 수컷들이 집단을 이루고 살아가는 경우는 드물다. 이 집단은 밀렵자의 손에 핵심 수컷이 살해당한 무리가 산산이 흩어진 뒤 남은 미성숙 수컷들 무리에 단독 생활을 하던 피닛이 들어오면서 만들어졌다. 그 뒤 다른 무리에서도 젊은 수컷들이 들어왔다. 아직 단독 생활을 하기 어려운 젊은 수컷들은 어찌 됐든, 피닛과 비투미는 도무지 한 집단에서 공존하긴 어려울 것이라 생각했다. 아니나 다를까 두 수컷은 서로 대립하며 가슴을 두드리는 경우가 많아졌고, 나는 언제 수컷들이 충돌할지 조바심 속에 지켜보고 있었다.

그 무렵 수컷 집단에서는 동성애적homosexual 행동이 빈번했고, 피닛과 비투미는 서로 다른 젊은 수컷을 상대로 삼고 있었다. 그런데 비투미가 구애하기 시작한 파티라는 수컷(실은 처음에는 암컷이라 생각했기 때문에 파티라는 이름을 붙였다)이 그걸 싫어해 피넛 뒤에 숨었고, 그때부터 싸움이 표면화했다. 피넛은 파티에게 흥미를 보이지 않았고 동성애적 행동도 하지 않았다. 그럼에도 파티가 피넛 곁에 있으려고 했기 때문에 비투미는 용기를 내서 피넛을 물리쳐야만 했던 것이다.

피넛은 싸움을 피하고 싶은 듯 비투미가 다가와 가슴을 두드리며 도전해도 무시하는 경우가 많았다. 하지만 비투미가 너무도 집요하게 가슴을 두드렸기 때문에 더는 참을 수 없었던 듯 피넛도 가슴을 두드리기 시작했다. 그래도 처음에는 가슴을 두드리면서도 서로 다른 방향으로 돌진했고 충돌은 없었다. 가슴을 두드리는 것은 자기주장일 뿐, 싸우는 것은 아니기 때문이다.

한데 어느 날 피넛이 가슴을 두드리려고 일어섰을 때 갑자기 비투미가 정면으로 달려들었다. 두 마리는 선 채로 한데 엉켜 굵은 팔로 상대의 머리를 껴안고 가악가악 소리가 날 정도로 머리와 어깨를 몇 번이나 깨물었다.

바로 그때, 가악 하는 비명이 들리는가 싶더니 가장 어린 수컷 타이타스가 피넛에게 덤벼들었다. 가만히 보니 파티도 다른 두 마리의 수컷도 차례차례 비투미와 피넛의 등 쪽으로 달려들어 필사적으로 등의 털을 잡아당겼다. 홀연 수컷 여섯 마리가 붙었다 떨어졌다 하면서 한 덩어리가 돼 경사면을 굴렀는데, 내가 쫓아가 보니 이미 피넛과 비투미는 서로 떨어져 숨을 몰아쉬고 있었다. 둘 사이에는 젊은 수컷들이 있었는데, 두 마리의 충돌을 막으려는 듯 웅크리고 있었다. 나는 그 광경을 보고 젊은 수컷들이 피넛과 비투미의 싸움을 멋지게 뜯어말렸다는 걸 알았다.

두 실버 백은 얼굴과 어깨에서 약간의 피가 배어나는 정도로 크게 다치지는 않았다. 한 번 충돌로 만족했는지, 피넛과 비투미는 두 번 다시 맞붙지 않았다. 그 뒤에도 비투미는 파티에게 구애를 계속했으나 웬일인지 끈질기게 달라붙지는 않았으며, 파티가 피넛 근처로 가는 일도 없었다. 피넛과 비투미는 서열을 가리지 않고 공존하는 데 성공한 것이다. 그것은 젊은 수컷들이 두 실버 백의 공존을 바란다는 뜻을 표명했기 때문이라고 나는 생각한다.

약자의 중재

피넛과 비투미가 충돌한 것은 일본원숭이처럼 서로 서열을 분명히 가리고 싶어서가 아니었다. 각기 그들 실버 백의 주장을 주변이 알아들었는지 확인하고 싶었기 때문이다. 멋지게 충돌을 막을 수 있었던 것은, 피넛도 비투미도 제3자의 중재를 통해 서로 떨어져 있기를 바랐기 때문일 것이다. 서열 관계를 분명히 하지 않는 어른 고릴라 수컷들이 충돌하면 양쪽 모두 다치는 격렬한 싸움으로 발전할 가능성이 있다. 싸움이 번질 경우 승자를 정하지 않고 쌍방이 체면을 유지한 채 떼어 놓기 위해서는 제3자의 중재가 필요한 것이다. 암컷과 새끼 들도 그것을 잘 알기 때문에 수컷의 싸움을 말리려 들 수 있을 것이다. 그들로서도 수컷이 서로 싸우는 것은 다른 무리나 외적으로부터 무리를 지킬 방어 능력을 약화시키기 때문에 불리해진다. 바로 그 때문에 어느 쪽도 편들지 않고 싸움을 막으려 하는 것일 터이다.

이처럼 약자의 중재는 침팬지에서도 그 예를 찾아볼 수 있다. 프란스 드 발은 아넴동물원에서 세력 다툼을 벌이던 수컷들이 마마라는 암컷의 중재로 균형을 유지하는 모습을 묘사했다. 마마는 수컷의 공격을 받은 암컷들을 위로하고, 낙담한 수컷에게 용기를 주면서 난폭하게 군 수컷을 비난했다. 그것은 마치 참견하기 좋아하는 인간 세상의 아주머니를 보는 듯했다. 흥미롭게도, 사람도 침팬지도 고릴라도 화해할 때 상대를 말없이 마주 바라본다. 흡사 상대의 의도를 헤아리려는 듯 상대의 얼굴을 바라보는데, 그런 뒤에야 친화적 행동을 보이는 것이다. 보노보에서도 그와 같은 마주 바라보기 예를 찾아볼 수 있다.

그리고 이처럼 상대의 얼굴을 마주 들여다보는 행동은 먹이를 앞에 놓고 갈등이 높아 가는 상황에서도 나타난다. 이것은 유인원들에게 의외의 행동을 불러일으켰다.

먹이를 분배하는
유인원

고릴라들의 식탁

고릴라의 먹이 활동 풍경을 관찰하면서 내가 기묘하게 느낀 것은 고릴라들이 먹이를 함께 먹는다는 사실이다. 일본원숭이는 서열이 낮은 원숭이는 서열이 높은 원숭이 앞에서 먹이에 손대지 않기 때문에 여러 원숭이들이 마주 보고 함께 먹이를 먹는 적이 없다. 먹이를 주는 곳에서는 한곳에 뿌려 놓은 먹이에 원숭이들이 떼 지어 몰려들어 서로 몸을 부딪히며 먹을 때가 있지만, 이런 경우에도 원숭이들은 될 수 있는 한 가까이에 있는 원숭이의 눈을 보지 않으려 한다. 앞서 얘기했듯이, 일본원숭이 사회에서는 똑바로 바라보는 건 위협하는 것이 되므로 서열이 높은 원숭이와 눈이 마주칠 경우 공격당할지도 모르기 때문이다. 바로 인간 사회에서 얘기하는 '노려본다'는 걸 두려워하기 때문이다. 이 때문에 가까이서 먹이를 먹더라도 서로 등을 돌리고 있는 경우가 많다.

하지만 고릴라들은 얼굴을 마주 보고 시선을 교환하면서 먹이를 먹는다. 나는 고릴라들에게 시선이 항상 위협을 뜻하는 것은 아니라는 사실을 깨달았다. 그러나 고릴라에게도 먹이는 동료 간에 경쟁을 하게 만드는 대상이다. 서열이 높은 고릴라가 매력적인 먹이 자원을 독점하는 일도 있다. 다만 그럴 경우 고릴라는 상대로부터 2, 3m 거리를 두고 일단 멈춰 서서 가만히 상대의 얼굴을 주시한다. 상대가 물러나지 않으면 입을 삐죽 내밀고 카악카악 하며 기침하는 듯한 소리를 낸다. 어쩐지 매우 예의 바르게 상대가 자리를 비켜 주도록 공작을 벌이는 것 같다.

작은 고릴라가 큰 고릴라를 물리치다

그런 가운데 나는 재미있는 사실을 알게 됐다. 몸집이 큰 고릴라가 다가와도 몸집이 작은 고릴라가 자리를 비키지 않을 때가 있다는 사실이다. 상대가 물러서지 않으면 큰 몸집의 고릴라는 다시 다가가 얼굴을 똑바로 쳐다본다. 그러면 '우훔' 하는 소리를 내며 마지못해 자리를 비키는데, 그럼에도 계속 먹이를 먹는 고릴라도 있다. 끝내는 손으로 밀쳐야 자리를 비켜 주는 고릴라도 있다. 이럴 경우 자리를 비켜 준 고릴라는 여전히 근처에서 손에 든 먹이를 계속 먹고 있기 때문에 뒤따라 온 고릴라와 마주 보고 먹이를 먹는 광경이 조성된다. 그래서 고릴라가 얼굴을 마주하고 식사하는 모습이 빈번하게 관찰됐던 것이다.

더욱이 고릴라의 경우에는 일본원숭이와는 정반대되는 일이 벌어졌다. 몸집이 작은 낮은 서열의 고릴라가 서열이 높은 고릴라에 다가가 자리를 비켜 달라고 요구하는 일이 벌어진 것이다.

앞서 얘기한 마운틴고릴라의 수컷 집단에서 어느 날 실버 백인 피넛이 아프리카삼나무Hagenia 앞에 진을 치고 나무껍질을 벗겨 먹고 있었다. 마치 비스킷을 먹듯이 조금씩 접어서 입에 넣고는 사각사각 씹어 먹었다. 눈을 지그시 감고 삼키는 걸 보고 있자니 정말 맛난 음식을 먹고 있는 것 같았다.

잠시 뒤 가장 젊은 수컷 타이타스가 다가왔다. 타이타스는 피넛한테서 3m 정도 떨어진 곳에 멈춰 서서 가만히 응시했다. 피넛은 타이타스가 온 것을 알았겠지만 타이타스를 쳐다보지도 않았다. 오직 삼나무 껍질 벗기는 일에만 전념하고 있는 듯 보였다. 그러자 타이타스는 피넛에 닿을락 말락 한 거리까지 다가가 가만히 피넛의 얼굴을 들여다보고는 이어서 피넛이 손에 들고 있는 삼나무 껍질을 응시했다. 그래도 피넛은 아무런 반응도 보이지 않았다. 변함없이 삼나무 껍질을 벗겨 입으로 가져갔다. 타이타스는 몇 번이나 피넛의 얼굴을 들여다보다가 나무껍질 쪽으로 시선을 옮기곤 했다. 드디어 피넛이 체념한 듯 다시 한 번 나무껍질을 벗긴 뒤 그것을 들고 2m 정도 이동하면서 자리를 비켜 주었다. 그 즉시 타이타스가 삼나무에 손을 뻗쳐 피넛이 껍질을 벗기던 곳에서 새로 껍질을 벗겨 먹기 시작했다. 타이타스는 마치 '내가 해치웠어' 하는 표정을 짓고 있는 듯했다.

하지만 타이타스는 왜 그렇게 집요하게 피넛에게 자리를 비키라고

그림 4-7 고릴라의 응시. 위 그림은 낮은 서열의 고릴라(타이타스, 왼쪽)가 서열이 높은 고릴라(피넛, 오른쪽)에게 아프리카삼나무 껍질을 나눠 주길 요구하는 모습. 아래 사진은 서열이 높은 고릴라(시리, 왼쪽)가 낮은 서열의 고릴라(타이타스, 오른쪽)에게 분배를 요구하는 모습.

다그쳤을까. 아프리카삼나무는 그 근처에도 얼마든지 있었다. 나무에 따라 맛이 다른지는 몰라도 다른 나무에서 껍질을 벗겨 먹어서는 안 된다는 법은 없을 것이다. 게다가 피넛이 먹고 있는 나무 반대편 쪽으로 가서 먹는 선택지도 있다. 그런데도 왜 굳이 피넛이 먹고 있는 자리를 차지하려 한 것일까. 나는 그게 궁금했다.

또 다른 시기에 이번에는 마찬가지로 타이타스가 아프리카삼나무 껍질을 먹고 있는데, 타이타스보다 세 살 위인 젊은 수컷 시리가 다가왔다. 시리는 역시 3m 정도 거리에 멈춰 타이타스 쪽을 가만히 들여다보다가 더욱 바싹 다가와 타이타스의 얼굴과 나무껍질을 똑바로 바라보았다.(그림 4-7) 그러나 놀랍게도 타이타스는 자리를 비켜 주지 않았다. 타이타스는 아무렇지도 않은 듯한 얼굴을 한 채 계속 먹었고, 시리는 속이 끓는 듯 그 자리를 떠나 가슴을 탕탕 두드렸다. 분명히 시리는 불만이 있었고, 자기주장을 했다.

도대체 고릴라 사회에서 먹이 활동 장소의 점유권은 어떻게 받아들여지는 것일까. 나는 영문을 알 수 없었다. 일본원숭이의 서열 사회 규칙을 적용하여 해석하면, 고릴라의 먹이 활동 장면에서는 가장 젊고 몸도 작은 타이타스가 가장 서열이 높은 꼴이 돼 버린다.

조사해 보니 서열이 낮은 고릴라가 다가갈 경우에는 높은 서열의 고릴라가 다가갈 때에 비해 상대를 응시하는 시간이 더 길었다. 상대가 물러서지 않는 경우도 있었다. 그러나 높은 서열의 고릴라가 응시하는 것보다 낮은 서열의 고릴라가 응시하는 쪽이 상대방을 물러나

게 하는 비율이 높았다. 먹이 활동 장소에서 물러난 고릴라는 그 근처에서 먹이를 계속 먹는 경우가 많았다. 그 결과 여러 고릴라들이 시선을 교환하면서 식사를 하게 되는 것이다. 일본원숭이에서는 이런 일이 절대 일어나지 않는다. 상대에게 다가가서 먹이 활동 장소를 넘기라고 요구하는 것은 반드시 서열이 높은 원숭이이기 때문이다.

왜 애써 점유한 먹이 활동 장소를 서열이 높은 고릴라가 넘겨주는 것일까. 그것은 가까이에서 같은 먹이를 함께 먹는다는 행위가 식욕을 채우는 것 이상의 의미를 갖고 있기 때문이라고 생각한다. 즉 동조同調와 공존의 바람이다. 단지 가까이 있는 것을 허용할 뿐만 아니라 서로 경쟁하는 먹이를 앞에 두고 공존하는 데 큰 의미가 있는 것이다. 상대를 똑바로 바라보거나 상대의 얼굴을 들여다보는 행위는 그런 양해를 상대방과 함께 확인하는 작업일 것이다. 고릴라는 먹이를 앞에 두고 동료와 갈등을 느낄 때 일본원숭이처럼 서로 서열 관계에 따른 점유권을 확인하는 것으로 문제를 해소하는 것이 아니라 그것을 허용과 공존을 위한 담보로 이용하는 것이다.

동료에게 먹이를 구걸하는 침팬지

침팬지나 보노보 사회에서는 먹이 활동 장소가 아니라 먹이 그 자체를 상대에게 넘겨주는 행동을 찾아볼 수 있다. 자주 주는 먹이는, 침팬지는 고기, 보노보는 사탕수수나 과일 등 당분이 풍부한 식물이다.

뒤에 얘기하겠지만, 침팬지의 경우 사냥하는 것은 오로지 수컷이며, 고기를 나눠 주는 것도 수컷이다. 암컷은 자기 새끼에게 식물성 먹이를 주는 경우는 있지만 고기를 주는 경우는 거의 없다. 고기의 분배에는 2단계가 있다. 사냥으로 붉은콜로부스 원숭이나 다이커(체중이 20kg 정도 되는 영양의 일종)를 잡으면 포획물이 있는 곳으로 다른 침팬지들이 몰려들어 고기를 찢어 간다. 많은 침팬지들이 가능한 한 서로 큰 덩이를 가져가려고 하기 때문에 큰 소동이 벌어진다. 포획물 소유자가 서열이 높은 수컷이나 암컷이어도 이런 소동은 일어나는 듯하다. 포획물이 찢겨지고 몇몇 침팬지가 그것을 나눠 갖게 되면 이번에는 고기를 손에 넣지 못한 침팬지들이 고기를 가진 침팬지들에게 나눠 달라고 조른다.(그림 4-8)

이 과정은 조용히 진행되지만 분배 요구는 집요해서 고기를 받을

그림 4-8 육식을 하는 침팬지. 고기를 갖고 있는 가장 서열이 높은 수컷 주변에 모두 모여 분배를 요구한다.

때까지 좀체 소유자 곁을 떠나지 않는다. 분배를 구걸하는 침팬지는 고기를 가진 침팬지 가까이 다가가서 침팬지의 얼굴과 고기를 번갈아 똑바로 바라본다. 때로는 고기를 가진 침팬지 입 쪽으로 손을 뻗쳐서 고기 조각을 얻으려 한다. 고기를 가진 침팬지는 상대의 시선을 피하면서 요구를 무시한 채 계속 먹지만, 입에서 상대의 손으로 고기 조각이 떨어지는 경우가 있다. 또는 상대 앞에 고기를 떨어뜨려 집어 가게 한다. 큰 고기를 손에 넣는 것은 가장 서열이 높은 수컷일 경우가 많고, 분배하는 빈도도 이 수컷이 가장 높다.

탄자니아의 마할레에서 분배 행동을 관찰한 니시다 도시사다와 다카하타 유키오는 가장 서열이 높은 수컷이 동맹 관계를 맺은 수컷이나 발정한 암컷, 또는 어미로 보이는 늙은 암컷에게 자주 고기를 나눠 주는 사실을 보고했다. 수컷은 서열이 최고위가 되면 바로 그때부터 분배 행동이 늘어나는 듯하다. 니시다에 따르면, 가장 서열이 높은 수컷은 자신의 지위를 노리는 제2위의 수컷에겐 결코 먹이를 나눠 주지 않고 동맹 관계에 있는 아래 서열의 수컷에게만 배분을 허용한다고 한다. 먹이는 수컷들 사이의 정치나 구애의 도구로 이용되고 있을 가능성이 있다.

보노보의 먹이 구걸은 자기 현시인가

보노보에서도 침팬지와 마찬가지의 분배를 관찰할 수 있는데, 나눈 먹이가 식물이기 때문에 고기와 같은 큰 소동이나 쟁탈전은 벌어지지 않는다. 먹이를 나눠 주는 것은 수컷일 경우가 많지만 암컷이 다른 암컷에게 나눠 주는 경우도 적지 않다. 침팬지와 다른 것은, 수컷이 다른 수컷에게 분배해 달라고 요구하지 않는다는 점이다. 이는 침팬지 수컷처럼 동맹을 맺어 서열 차례를 다투지 않는 보노보 수컷은 먹이를 정치 도구로 삼을 필요가 없기 때문인 것으로 생각된다.

보노보 사회에서 먹이를 분배해 달라고 조르는 것은 대개 암컷이나 새끼 들이다. 역시 먹이를 가진 보노보에게 다가가서 그 얼굴을 똑바로 바라보다가 더 바싹 다가가 들여다보거나 손을 뻗치거나 한다. 다만 보노보의 경우 털 고르기나 교미로 유혹해서 분배를 요구하기도 한다. 먹이를 가진 수컷에게 다가가 몇 번이나 털 고르기를 해 주면서 조르거나, 부풀어 오른 성피를 보여 준다. 먹이를 가진 이가 암컷일 경우에도 성피를 보여 주면서 '따끈따끈'으로 유혹한다.

콩고민주공화국의 왐바Wamba 숲에서 보노보의 분배 행동을 연구한 구로다 스에히사는 교미를 한 수컷은 반드시 먹이를 암컷에게 주며, '따끈따끈'을 한 암컷도 80% 이상의 확률로 먹이를 건네준다고 보고했다. 보노보 암컷은 성을 이용해 먹이 분배를 요구하며, 높은 확률로 먹이를 획득한다는 것이다.

그러나 보노보의 이런 분배 요구는 먹이에 대한 욕구 때문에만 이뤄지는 것은 아니다. 사탕수수 분배가 사방에 사탕수수가 있는 사탕수수밭 속에서 이뤄지는 경우가 있고, 스스로 따 먹을 수 있는데도 굳이 동료가 가진 과일을 나눠 달라고 조르는 경우도 있다. 구로다 스에히사는 분배 요구가 보노보에겐 자기 존재를 나타내는 행위라고 한다. "다른 누구도 아닌 바로 당신한테서 받고 싶은 나"를 상대에게 제시한다는 것이다. 먹이 분배는 분배를 조르는 쪽이 '선행 보유자 우선 원칙'에 따르지 않고 상대가 가진 먹이에 대해 식욕을 표시하는 행위를 통해 이뤄진다. 먹이를 강탈하지 않고 소유자에게 주체적인 분배 결단을 요구하는 부분에서 인간의 간주관성間主觀性(상호주관성)과 통하는 마음의 작동을 볼 수 있다고 구로다 스에히사는 생각한다. 다른 개체의 욕구를 자신의 욕구와 같은 차원에서 느끼고 먹이의 일부를 줌으로써 교섭을 지속할 수 있다는 점을 깨닫고 있다는 것이다.

침팬지의 분배는 보노보에 비해 소유자의 자기 현시가 강한 행동이라고 할 수 있을지도 모르겠다. 마할레에서 서열이 가장 높은 수컷의 고기 분배를 관찰한 호사카 가즈히코保坂和彦 등은 수컷이 사냥에서 잡은 포획물을 굳이 동료들이 있는 곳으로 가져와서 먹는 사실을 지적한다. 자신이 먹어 버리면 그만일 고기를, 굳이 다른 침팬지가 있는 곳까지 가져와서 모두가 나눠 달라고 요구하는 가운데 먹기를 좋아하는 것이다.

이는 사냥이나 고기 획득이 식욕을 충족시키는 것만이 아니라 분배를 전제로 하여 이뤄지는 것임을 암시한다. 같은 분배라도 보노보의 경우는 분배를 조르는 암컷의 자기 현시가, 침팬지의 경우는 분배하는 수컷의 자기 현시가 크게 반영되는 듯하다.

유인원 이외의 원숭이들의 분배

먹이를 분배하는 것은 유인원들에게만 한정된 행위는 아니다. 남아메리카에 살고 있는 타마린이나 마모셋원숭이, 동남아시아의 열대우림에 사는 긴팔원숭이에서도 먹이를 분배하는 행동이 관찰된다. 앞서 얘기한 대로 이런 종들은 짝을 지어 살거나 수컷이 열심히 육아에 참여하는 작은 무리를 이루고 살아간다. 먹이 분배도 대부분 어미가 새끼들에게 주는 형태로 이뤄진다. 성숙한 동성 간, 이성 간에 이뤄지는 침팬지나 보노보의 분배와는 조금 다른 것 같다.

구로다 스에히사는 보노보의 경우 새끼나 서열이 낮은 개체들은 분배 요구를 받아도 이에 응하지 않는 경우가 많아, 분배가 사회적으로 성숙한 증거라고 지적한다. 어버이와 자식 간의 분배는 늑대 등 짝을 지어 생활하는 동물들에서 널리 관찰되고 있어 혈연관계에 편중된 행동으로 설명할 수도 있다. 또 흡혈박쥐처럼 동료들로부터 피를 나눠 받는 것이 생존에 꼭 필요한 동물도 있다. 침팬지가 고기를 좋아하는 기호성은 꽤 높은 편으로 생각되는데, 하이에나나 몽구스처럼 육식 전문 포유류도 아니고 생존상 고기가 없어서는 안 되는 경우도 아니다. 침팬지나 보노보는 어버이와 자식이 아닌 어른들 사이에서,

살아가는 데 반드시 중요한 것으로 보이지도 않는 먹이를 굳이 분배하고 있는 것이다.

침팬지와 보노보의 분배와 유사한 것으로는 꼬리감는원숭이의 분배가 유일할 것이다. 꼬리감는원숭이는 남아메리카 열대우림에서 복수 수컷-복수 암컷 무리를 이루고 살아간다. 단단한 야자열매를 대나무 마디에 내려쳐서 깨거나 견과류를 돌로 깨서 먹는다. 사냥도 하는데, 하나구마(고양이목 흰코너구릿과속. 이 중에서 가장 널리 알려진 건 붉은코너구리로, 일반적으로 이 붉은코너구리*Nausa nasua*를 하나구마라고 부른다-역주) 새끼를 잡아서 동료들과 나눠 먹은 사실이 보고돼 있다.

침팬지가 육식을 하는 경우와 마찬가지로 고기를 가진 원숭이가 손에 들고 있는 고기를 다른 꼬리감는원숭이가 찢어 가는 경우가 많은 듯하나, 나눠 달라고 조른 끝에 고기를 가져가도 좋다는 허락을 받는 경우도 있었다. 프란스 드 발은 꼬리감는원숭이들을 철망으로 둘러싼 우리에 한 마리씩 넣고는 시간을 달리해서 그들 중 어느 한 마리에게 차례로 먹이를 주었다. 그랬더니 먹이를 받은 꼬리감는원숭이들은 철망 너머로 먹이를 던져 주거나 손으로 건네주었다. 명백히 먹이를 분배한 것이다.

먹이를 나눠 주는 전략

프란스 드 발은 분배의 심리를 조사하기 위해 침팬지 사육 무리에 한 마리가 다 먹을 수 없는 양의 잎이 달린 나뭇가지를 여러 개

묶어서 줘 보았다. 그러자 먼저 침팬지들은 고함을 지르며 서로 껴안거나 입맞춤을 하며 큰 소동을 일으켰다. 수컷의 과시 행동이나 서열이 낮은 침팬지가 높은 침팬지에게 보여 주는 인사나 팬트 그런트 pant-grunt라고 불리는 복종적인 발성도 눈에 띄게 증가했다.

이는 그들 사이에 서열 관계를 제거한 함께 먹기共食(여러 동료들이 같은 먹이를 함께 먹는 것)를 하기 전의 축전과 같은 것이라고 프란스 드 발은 보고 있다. 그렇게 해서 긴장을 풀고 모두 평화롭게 맛있는 잎을 볼이 미어지게 먹는 것이다. 하지만 이 잎을 먹는 행위가 아무 원칙도 없이 이뤄지는 건 아니다. 잎이 달린 가지를 혼자 독점하고는 높은 곳으로 올라가 버리는 개체도 있다. 그러면 나눠 달라고 조르는 개체들이 나온다. 잎이 누구한테서 누구에게로 건네졌는지를 조사해 보니, 개체들 간에 호혜성互酬性, reciprocity이 있다는 사실이 확인됐다. 즉 어떤 그룹에서 한쪽이 자주 잎을 주면 상대도 그 답례를 했다. 그중에는 먹이 분배와 털 고르기를 교환하는 경우도 있었다. 그날 털 고르기를 해 준 상대로부터 잎을 받는 경우가 많았다.

이런 사례들은 침팬지나 보노보가 먹이를 사회적 수단으로 활용하여 서로의 관계를 조정하고 있음을 암시한다. 그들은 서열 차례와 상관없이 먹이를 좋아하는 상대에게 분배하고 좋아하지 않는 상대에겐 분배하지 않는 선택을 할 수 있는 것이다. 친밀한 관계를 이어가고 싶은 상대에게는 분배해 달라고 조르고 상대가 그것을 허용함으로써 그런 관계를 확인할 수 있다. 그리고 내심 관계를 유지하고 싶은 생각을 갖고 있는 걸 알게 된 상대에게 분배해 달라고 졸라 그것을 드러내게 할 수도 있다.

이런 교섭은 먹이를 앞에 놓고 서열 차례에 맞춰 본능을 억제할 수밖에 없는 일본원숭이나 히말라야원숭이에 비해 훨씬 더 다양한 관계를 형성할 수 있는 원천이 되는 것으로 보인다. 유인원들에게 상대를 똑바로 바라보는 것이 상대에 대한 위협으로 직결되지 않는 것은 먹이를 매개로 한 복잡한 흥정이나 교환이 있기 때문이 아닐까.

짝짓기 상대는
나눌 수 없다

이성을 둘러싼 다툼에 해결책은 있는가

유성생식을 하는 동물에게는 먹이 외에 동료와 큰 갈등을 경험하게 만드는 대상이 있다. 바로 짝짓기 상대를 둘러싼 갈등이다. 그러나 먹이와 달리 짝짓기 상대는 나눌 수가 없다. 애초에 상대를 소유하는 게 불가능하다. 소유할 수 없으니 분배할 수도 없다. 그러면 이 갈등을 영장류는 어떻게 해결하고 있을까.

인간 이외의 영장류는 이성을 둘러싼 갈등을 4가지 방법으로 해결하려 해 왔다. ① 각자의 영토로 거리를 유지한다. ② 수컷이 단독으로 암컷을 차지한다. ③ 서열 차례에 따라 이성에 대한 접근권을 인정한다. ④ 난교를 허용한다. 이 4가지다. 물론 중간형도 있다. 단독생활을 하는 종은 교미기에만 암수가 함께 있는데, 수컷의 영토 속에 여러 암컷들의 영토가 들어 있는 종은 ②에 가깝다. 짝을 이루고 사는 긴팔원숭이는 각각의 수컷들이 암컷을 한 마리씩 차지한 채 서로 거리를 두고 산다. 단일 수컷–복수 암컷 무리를 짓는 흑백콜로부스

원숭이는 복수의 암컷들을 서로 차지하고 있다고 볼 수도 있다.

파타스원숭이는 단일 수컷-복수 암컷 무리가 각기 독자의 활동 영역을 갖고 있지만, 망토개코원숭이나 고릴라는 각 무리들의 활동 영역이 크게 겹친다. 특히 상위의 밴드나 트루프 집단을 이루는 망토개코원숭이나 겔라다개코원숭이는 암컷을 차지한 수컷들이 일상적으로 얼굴을 마주친다.

일본원숭이나 히말라야원숭이는 엄격한 서열 아래서 우위의 수컷이 우선적으로 발정한 암컷에게 접근할 수 있으므로 ③이지만, 발정기에 암컷이 일제히 발정하기 때문에 가장 높은 서열의 수컷이라도 발정한 암컷들을 모두 독점하는 건 불가능하기 때문에 ④의 요소도 있다.

또 긴팔원숭이처럼 사회형은 서로 짝을 짓는 것이지만 수컷도 암컷도 이웃 영토의 이성과 교미를 해서 새끼를 남기는 경우도 있다. 타마린이나 마모셋원숭이처럼 복수 수컷-복수 암컷 무리에서도 서열이 낮은 암컷들의 발정이 억제되면 번식상으로는 복수 수컷-단일 암컷 형태가 되는 경우도 있다. 사회 구조와 짝짓기 양식은 반드시 일치하진 않는다.

찰스 다윈은 형질 변이를 일으키는 요인을 자연선택(자연도태)과 성선택(성도태)으로 나눴다. 성선택은 이성을 둘러싼 동성 간의 경쟁과, 바람직한 형질을 이성이 선택함으로써 이뤄진다. 집단생활을 하는 영장류에서는 원원류나 짝을 이루고 사는 종을 빼면 수컷이 암컷보다 몸집이 크고 화려한 몸 색깔과 형태상의 특징을 갖고 있다. 따라서 영장류에서는 암컷보다도 수컷 쪽이 성도태의 영향을 크게 받는 것으로 보인다. 그렇다면 영장류는 어떻게 그 갈등을 해결해 왔을까. 여기서는 집단생활을 하는 영장류를 중심으로 생각해 보기로 하자.

서열이 낮은 수컷이 짝짓기를 더 많이 한다?

예전에는 일본원숭이의 경우 서열이 높은 수컷이 발정한 암컷과 가장 우선적으로 짝짓기를 할 수 있는 것으로 생각했다. 일본원숭이 암컷은 배란 전에 2주일 정도 발정을 한다. 수컷은 암컷이 배란하는 날을 알고 있어서 차례차례 발정의 정점에 있는 암컷과 배우자 관계(암수가 서로 지속적으로 함께 있으려고 하는 관계)를 맺고 배란으로 이어질 것으로 보이는 기간에 독점적으로 교미를 하는 것으로 여겨졌다.(그림 4-9) 따라서 복수의 암컷이 발정을 하더라도 서열이 높은 수컷만 자

그림 4-9 일본원숭이의 짝짓기.

신의 새끼를 남길 수 있는 것으로 봤던 것이다.

하지만 실제로 짝짓기 관계를 조사해 본 결과 서열이 높은 수컷이 그럴 수 있을 만큼 높은 빈도로 교미를 하는 건 아니라는 사실이 밝혀졌다. 먼저 수컷은 암컷의 배란을 간파하지 못하는 것으로 보인다. 그 때문에 배란일로부터 멀어졌는데도 암컷에게 구애를 하고 짝짓기를 하려 한다.

또 암컷은 수컷의 구애를 받더라도 짝짓기를 거부하는 경우가 있다. 분명히 서열이 높은 수컷일수록 암컷 곁으로 쉽게 접근할 수 있고, 서열이 낮은 수컷의 접근을 배제하고 짝짓기를 방해할 수도 있다. 하지만 정작 중요한 암컷이 교미를 거부한다면 서열 높은 수컷도 어떻게 해볼 도리가 없다. 교미기에는 암컷으로부터 짝짓기를 거부당한 채 암컷 허리를 껴안고 함께 걷고 있는 높은 서열의 수컷을 흔히 볼 수 있다. 이럴 경우 수컷이 손을 떼자마자 암컷은 어디론가 종적을 감춘 뒤 다른 수컷과 짝짓기를 한다. 수컷은 먹는 것도 뒷전으로 미룬 채 암컷 뒤를 쫓아다니는 경우가 많다.

야쿠시마 섬 원숭이의 교미 행동을 조사한 마쓰바라 미키松原幹와 데이비드 스프레이그David Sprague는 암컷이 배란일로부터 멀어진 날엔 가장 서열이 높은 수컷과 부부관계를 맺지만, 배란일이 가까워지면 여러 수컷들과 짝짓기를 한다는 조사 결과를 보고했다. 어쩌면 일본원숭이 수컷은 암컷에 대한 접근권을 서열 차례에 따라 결정할 수 있지만, 실제로 교미가 이뤄질지 여부는 암컷의 선택에 달린 것인지도 모른다.

한편 DNA를 이용해 부자 판정을 할 수 있게 되면서 놀라운 사실이 밝혀졌다. 교토대학교 영장류연구소의 일본원숭이 방사군(놓아 기르는 무리)에서 조사해 본 결과 서열이 높은 수컷보다 서열이 낮은 수컷 쪽이 더 많은 자식을 남겼던 것이다. 게다가 암컷은 매년 다른 수컷의 자식을 출산했다. 주변을 울타리로 에워싼 방사군이라 외부에서 수컷이 들어온 적도, 바깥으로 나간 적도 없었다. 짝짓기가 가능한 수컷의 면면은 변하지 않았으니 암컷이 매년 다른 수컷을 선택한 셈이 된다. 수컷들 간의 서열 차례가 매년 계속 바뀌진 않았으므로 이 선택에는 암컷의 의향이 충분히 반영된 것으로 생각된다. 그 뒤 먹이로 길들인 무리인 아라시야마 일본원숭이에서도 서열이 낮은 수컷이 더 많은 자식을 남긴다는 사실이 확인됐다.

먹이로 길들인 아라시야마 일본원숭이 무리에서 부자 판정을 해 본 이노우에 에이지井上英治에 따르면, 서열 차례보다 체류 연수가 짧은 수컷이 새끼를 더 많이 남기는 경향이 있다고 한다. 이는 앞서 얘기한 대로 친화적 교섭을 하는 추수 관계가 체류 기간이 긴 수컷과 암컷 사이에 형성돼, 그들 암수가 교미를 회피하는 경향이 나타나는 것인지도 모른다. 또한 암컷이 새로운 수컷을 적극적으로 교미 상대로 선택했기 때문에 일어난 현상일 수도 있을 것이다.

암컷이 여러 수컷의 새끼를 낳는 이유로는 ① 어떤 수컷의 유전자가 불량일 경우에 대비해 다양한 수컷의 유전자를 비축해 두기 위해,

② 부성父性을 교란시켜 복수의 수컷들이 자신의 새끼로 여기도록 만들기 위해, 이 두 가지를 들 수 있으나 확실한 증거는 없다. ①은 어떤 수컷에 대해 암컷이 짝짓기를 거부하는 경우가 있을 것으로 생각되지만, ②는 오히려 난교적 경향을 부추길 것이다. 모계 사회에서 살아가는 일본원숭이 암컷은 무리를 옮길 수 있는 선택지가 없다. 무리로 들어온 수컷 중에서 짝짓기 상대를 선택할 수밖에 없는 것이다. 따라서 ①과 ②의 복합적 이유 때문이라고 할 수 있을지도 모르겠다.

암컷 침팬지를 둘러싼 수컷들의 동맹

한편 암컷이 무리 사이를 이동하는 침팬지나 보노보 사회에서는, 암컷이 싫다면 스스로 무리를 나가는 선택지가 있다. 이 조건은 단독 생활을 하거나 짝을 지어 생활하는 암컷과 비슷하다. 암컷은 활동 영역을 바꾸거나 함께 살아갈 수컷을 바꿀 수 있기 때문이다.

그렇다면 왜 침팬지 수컷은 단독으로 살아가거나 짝을 이뤄 살지 않을까. 그것은 암컷이 영토를 따로 갖지 않고 비교적 큰 활동 영역을 중복적으로 갖고 있기 때문일 것으로 생각된다. 잘 익은 과일밖에 먹을 수 없는 침팬지는 넓은 범위를 돌아다녀야 하는데, 거기에 수컷이 가담하게 되면 활동 영역이 더욱 넓어져 영토로서 방어할 수 없게 된다. 그래서 수컷이 집단을 형성하고 여러 암컷들의 활동 영역을 자기들 것으로 만들어 짝짓기를 독점하려는 것이다. 침팬지 수컷은 태어나 자란 무리를 나가지 않고 동맹 관계를 맺으며, 이웃 무리의 수컷들과는 강한 적대 관계를 형성한다. 털 고르기 등 침팬지 수컷들 사이에서 가장 흔히 볼 수 있는 친화적 행동은 이런 관계를 반영한다.

그러면 무리 내에서 침팬지 수컷들은 어떻게 암컷을 둘러싼 갈등을 해소할까. 침팬지 수컷들 사이에도 명확한 서열이 있다. 따라서 서열이 높은 수컷일수록 발정한 암컷에 더 쉽게 접근할 권리가 있다. 다만 암컷이 분산돼 있고 발정하면 2주간이나 성피가 부풀어 오르기 때문에 가장 서열이 높은 수컷일지라도 짝짓기 상대를 독점하기는 어려울 것으로 생각된다.

탄자니아의 곰베에서 침팬지의 짝짓기 행동을 연구한 캐롤라인 투틴Caroline Tutin 등은 침팬지에겐 ① 한 쌍의 수컷과 암컷이 부부가 되는 배우자 관계, ② 서열이 높은 수컷이 교미를 독점하는 소유적 교미(수컷이 교미 상대인 암컷을 따라다니며 암컷이 다른 수컷과 교미하는 것을 막는다), ③ 상대를 선택하지 않는 난교 등의 3가지 유형이 있다고 지적한다.

①은 낮은 서열로 보통 암컷에게 접근할 기회가 없는 수컷이 무리에서 벗어나 암컷과 연애 여행을 떠나는 것인데, 암컷의 동의가 필수적이다. ③도 암컷의 의향이 반영되지만 높은 서열의 수컷이 서열이 낮은 수컷의 교미를 허용하지 않으면 실현되지 않는다. 곰베에서 볼 수 있는 유형은 ②의 소유적 교미가 많은데, 암컷이 실제로 임신하는 것은 ①의 배우자 관계가 많은 것으로 추측된다. 배란일이 가까워지면 연애 여행에 나서는 암컷이 많았기 때문이다. 하지만 그 뒤의 곰베나 마할레 지역 조사에서는 높은 서열의 수컷 쪽이 배란일 언저리

에 암컷과 교미하는 경우가 많다는 결과가 나오고 있다.

DNA를 이용한 부자 판정도 무리 내의 서열이 높은 수컷이 많은 자손을 남긴다는 걸 보여 준다. 우선 코트디부아르의 타이Tai나 기니의 보소우Bossou에서 실시한 조사 결과에서는 극소수의 예를 제외한 대다수가 무리의 수컷 자손이었다. 침팬지 수컷은 자신의 활동 영역에 있는 암컷이 인접한 무리의 수컷과 교미해서 임신하는 것을 거의 완벽하게 차단할 수 있다는 것을 보여 준다. 또 곰베에서 태어난 새끼들의 절반은 서열이 높은 상위 세 마리 수컷의 자손이었다. 마할레에서 부자 판정을 한 이노우에 에이지도 10년간 태어난 새끼들의 약 절반이 당시 서열이 가장 높았던 수컷의 자손이라고 보고했다.

침팬지 수컷은 동맹 관계에 있는 서열이 낮은 수컷의 교미를 허용하는 것으로 알려져 있기 때문에 이는 의외의 결과다. 서열이 높은 수컷은 임신할 가능성이 낮은 시기에는 다른 수컷과의 교미를 허용하지만 배란일이 가까운 암컷이 발정한 경우에는 교미를 독점하려는 경향이 있음이 분명하다.

마할레 침팬지의 성 행동을 조사한 마쓰모토 아키코松本晶子는 암컷의 선택도 서열이 높은 수컷의 교미 상대 독점을 초래한다는 점을 지적한다. 마할레 지역의 암컷은 다른 암컷과 같은 시기에 발정하는 것을 피하려는 경향이 있다. 만일 발정 시기가 같아지면 서열이 높은 수컷이 여러 암컷들을 독점할 수 없으므로 각각의 암컷은 다른 수컷과 소유적 교미를 하게 될 것이기 때문이다. 암컷이 발정하면 서열이 높은 수컷 곁에 있으려는 경향이 강해지는 것도 이 수컷의 독점을 조장한다. 일본원숭이와 대조적으로, 침팬지는 서열이 높은 수컷이 암컷과 더 많이 교미해서 더 많은 자손을 남길 가능성이 높은 것이다. 난교적으로 보이지만 침팬지 수컷은 발정한 암컷과의 짝짓기를 독점하려는 경향을 갖고 있으며, 그것을 수컷들 간의 동맹을 통해 달성하고 있는 것으로 보인다.

보노보의 이상한 발정

그러나 보노보 수컷은 동맹을 맺거나 교미를 독점하려고 하지 않는다. 무리들 사이의 관계도 적대적이라고는 할 수 없으며, 다른 무리의 개체들이 뒤섞여 교미를 하는 경우도 있다. 다른 무리의 수컷이 자신의 무리 암컷과 교미하는 것을 보노보 수컷은 허용하는 것이다. 계통적으로 가까워 아버지가 거의 같은 부계의 복수 수컷—복수 암컷 무리를 짓는 침팬지와 보노보 사회에서 왜 이토록 대조적인 성 관계가 발달했을까. 왐바 숲에서 보노보의 성 행동을 조사한 후루이치 다케시古市剛史는 그 차이를 발정 성비性比로 설명했다.

발정 성비란 발정한 암컷 한 마리에 대한 무리의 수컷 수를 말한다. 침팬지 암컷은 같은 시기에 발정하지 않기 때문에 마할레의 경우 발정 성비는 4.2인 데 비해 곰베에서는 12.3이나 된다. 하지만 보노보 암컷은 마찬가지로 같은 기간에 발정하지 않지만 발정 기간이 길어서 왐바에서는 2.8밖에 되지 않는다. 이 때문에 발정한 암컷을 둘러싼 수컷들 사이의 경쟁이 낮고, 수컷끼리 동맹을 맺어 교미 상대를 독점할 필요가 없다는 것이다. 발정 기간이 긴 것은 보노보 암컷은 수유(젖먹이기) 기간 중에도 발정하기 때문이다.

영장류에서는 보통 암컷이 수유하는 동안에는 발정도 임신도 하지 않는다. 이는 모유 생산을 촉진하는 프롤락틴prolactin이라는 호르몬이 발정 호르몬인 에스트로겐estrogen의 상승을 억제하기 때문이다. 유인 원에서도 오랑우탄, 고릴라, 침팬지의 암컷은 수유 기간 중에 발정하는 일이 없다. 유인원은 3~5년의 긴 수유기를 갖고 있기 때문에 무리에 여러 암컷들이 있더라도 발정하는 암컷 수는 적다. 하지만 보노보 암컷은 수유가 시작된 지 약 1년이 지나면 발정을 재개한다. 동시에 발정하는 암컷 수도 늘어 발정 성비가 낮아진다.

이처럼 보노보는 암컷이 거듭 발정하기 때문에 수컷은 교미를 독점할 수 없어 난교 상태가 된다. 암컷과의 교미에는 수컷들 사이의 서열 관계가 반영되지 않으며, 따라서 수컷들끼리의 거래에도 서열 관계를 써먹을 수 없다. 교미를 할지 말지는 수컷과 암컷의 직접적 교섭에 의해 결정된다. 즉 먹이 분배를 조르는 암컷이 마치 거래를 하듯 수컷을 짝짓기로 유혹한다.

수컷들의 공존, 보노보 · 침팬지 · 고릴라

하지만 침팬지도 강한 난교 상태에 들어가는 경우가 있다. 하시모토 지에橋本千絵와 후루이치 다케시가 조사한 우간다의 칼린주 Kalinzu 숲에서는 발정한 암컷이 나타날 때마다 많은 수컷들이 떼 지어 교미를 계속했다. 암컷 한 마리가 5시간 정도의 시간에 수컷 열 마리와 40번의 교미를 했다. 그 과정에서 서열에 따른 듯한 행동은 수컷들 사이에 보이지 않았는데, 높은 서열의 수컷일지라도 서열이 낮은 수컷의 교미에 간섭하지 않았다고 한다. 보노보와 침팬지는 상황에 따라 극단적 난교를 허용하는 성 특징을 공유하고 있는지도 모르겠다.

보노보와 침팬지는 암컷이 발정 기간을 연장해 여러 수컷들과 교미를 함으로써 수컷들 사이의 경쟁을 줄여, 복수의 수컷들이 공존하는 사회를 만들었다. 그러면 수컷이 공존하는 길은 발정한 암컷을 공유하는 것뿐일까.

마찬가지로 부계 사회 경향을 띠는 고릴라 사회에서는 수컷은 교미 상대를 다른 수컷과 공유하는 걸 좋아하지 않는다. 여기에선 다른 방법으로 발정한 암컷을 둘러싼 수컷들의 경쟁을 억제하는 것이다. 단일 수컷-복수 암컷 무리를 지어 살아가는 고릴라는 수컷들이 서로 거리를 두고 암컷과 관계를 맺는 사회라고 볼 수 있다.(그림 4-10) 그러나 고릴라는 영토를 갖지 않기 때문에 많은 무리의 활동 영역이 겹쳐 빈번하게 마주치게 된다. 그 결과 암컷을 두고 서로 다툴 것으로 예

그림 4-10 고릴라의 무리. 수컷 한 마리에 여러 암컷과 새끼 들이 모여 산다.

상되지만, 실제로는 수컷끼리 적대적 교섭을 벌이는 경우는 드물다.

무리들끼리 마주치면 서로 다른 무리의 수컷들이 가슴을 두드리며 과시 행동display을 한다. 하지만 수컷들이 실제로 싸우는 일은 좀처럼 없다. 수컷들은 그렇게 함으로써 서로 암컷 점유권을 확인하는 듯하다. 하지만 이때 암컷이 다른 무리로 옮겨 가려는(이적) 듯한 태도를 보이면 수컷들 사이에 격렬한 충돌이 발생한다. 즉 암컷이 어느 무리에 소속되는지 애매해질 때 수컷들 간의 경쟁이 일거에 고조되는 것이다.

고릴라 수컷들 간의 대등한 공존은 망토개코원숭이나 겔라다개코원숭이 등 단일 수컷-복수 암컷 무리들이 모여 만든 중층 사회와 매우 닮았다. 중층 사회에서도 각각의 단일 수컷-복수 암컷 무리가 영토를 갖고 있지 않기 때문에 무리를 이루는 수컷들이 늘 얼굴을 마주친다. 여기서도 수컷들은 서로의 암컷과 관계를 맺고 그 권리를 침해하지 않도록 하면서 공존한다. 망토개코원숭이 무리는 부계여서 더욱더 고릴라와 닮았다. 하지만 망토개코원숭이 수컷은 떠나려는 암컷을 뒤쫓아 가 머리를 물고 자신의 거처로 도로 데리고 오는 수단을 갖고 있다. 고릴라 수컷에는 이런 암컷을 강제로 끌어다 놓을 수단이 없다. 고릴라 수컷이 떠나려는 암컷을 붙들어 두려면 암컷에 찰싹 달라붙어서 그 암컷을 받아들이려는 수컷을 물리치겠다며 싸움을 거는 수밖에 없다. 그 때문에 격렬한 충돌이 일어난다.

그러나 암컷이 옮겨 가더라도 수컷이 싸움을 하지 않는 경우도 있다. 그것은 암컷이 떠나려는 무리의 수컷이 바로 그 암컷의 아비인 경우다.

고릴라 딸과 아비의 이별

콩고 카후지Kahuzi 산에 사는 동부저지대고릴라 수컷이 새로 자신의 무리를 만드는 걸 본 적이 있다. 그것은 무샤무카 그룹에서 태어난 닌자라는 젊은 실버 백이었다.(그림 4-11) 닌자는 열네 살이 되기까지 자신이 태어난 무리를 떠나지 않았다. 이는 아버지 무샤무카가 늙은 탓일 것으로 생각됐다. 고릴라 수컷은 늙으면 자식들이 다 자란 뒤에도 자신의 무리에 남아 교미를 할 수 있도록 허용한다. 닌자도 열두 살 무렵부터 무리 속에서 교미를 하게 됐다. 상대는 이적하기 전의 젊은 암컷이었는데, 아마도 무샤무카의 딸뻘 되는 암컷이었을 것이다.

　그리고 열네 살이 되자 닌자는 그들 젊은 암컷 5마리를 데리고 무리를 떠나 자신의 무리를 만들었다. 몇 번인가 서브 그룹sub group(소집단)을 만들어 일시적인 별도 행동을 한 뒤 아버지 무샤무카와 완전히 헤어져 살게 됐다. 젊은 수컷이 단독 생활을 하지 않고 자신의 무리를 만든 드문 사례였다. 당시 무샤무카 그룹 가까이에는 마에셰 그룹이 있어서 몇 번이나 적대적 접촉을 되풀이했다. 닌자는 먼저 아버지의 활동 영역 속을 돌아다니다가 서서히 영역을 확대했다. 아버지의 무리와는 적대하지 않고 살 수 있었기 때문이다.

　닌자는 무샤무카와 마에셰를 대할 때 대조적인 차이를 보여 주었다. 무샤무카와는 단지 마주치는 걸 피하려고 이동 방향을 바꾸었을

그림 4-11 카후지 산의 실버 백 고릴라 닌자.

뿐이다. 실제로 마주쳤을 때도 두 실버 백은 어떤 적극적인 태도도 보이지 않았다. 그뿐 아니라 무샤무카 그룹에서 다시 젊은 암컷이 닌자 밑으로·옮겨 갔지만 무샤무카는 암컷의 뒤를 쫓지 않았고 닌자에 대해 적대적 행동을 취하지도 않았다.

하지만 마에셰에 대해서는 일변해서 공격적 태도를 나타냈다. 몇 번이나 가슴을 두드렸고 마에셰도 가슴을 두드리며 응수했다. 마에셰 그룹에서 암컷 두 마리가 이적해 왔을 때는 닌자와 마에셰가 심하게 충돌해 마에셰는 왼쪽 가슴에 깊은 상처를 입었다. 날카로운 송곳니 또는 손발톱에 가슴 살점이 움푹 패었다. 싸운 뒤 마에셰는 얼마 동안 긴 거리를 걸어 다니지 못했다. 이런 상처 때문에 수컷이 죽을 수도 있겠구나 하는 생각이 들었다. 마에셰는 무샤무카와는 다른 무리에서 태어난 게 확실하므로, 닌자와는 혈연관계가 없다. 닌자는 분명 아버지 무샤무카를 타관 출신인 마에셰와는 다른 태도로 대했다. 그리고 그것은 암컷의 이적을 계기로 크게 달라졌다.

DNA가 확인해 준 고릴라의 부자 관계

제3장에서 얘기한 바와 같이, 마운틴고릴라 무리는 아비와 아들이 교미 상대를 둘러싼 경쟁을 심화시키지 않고 공존했다.(그림 4-12) 베토벤과 아들 이카루스는 서로 교미를 피하는 암컷이 있는 덕에 한 무리에서 공존할 수 있었다.

무샤무카와 닌자의 예는 아비와 아들이 다른 무리로 갈라져도 경쟁

그림 4-12 나란히 먹이를 먹는 실버 백 고릴라 아비(베토벤, 오른쪽)와 아들(이카루스, 왼쪽). 무리 속에서 공존하고 있다.

을 고조시키지 않고 공존할 수 있음을 암시한다. 고릴라 암컷은 어릴 적부터 돌봐 준 수컷과는 교미를 피한다. 그 때문에 이런 암컷이 다른 수컷 아래로 이적하더라도 경쟁은 고조되지 않는다. 이적하는 곳이 자신의 아들이라면 더욱 그럴 것이다. 어쩌면 자신의 딸이 아니라 교미 관계를 맺고 있는 암컷이라도 아들한테로 이적하는 경우는 큰 다툼으로 이어지지 않을지도 모른다. 이적해 오는 암컷의 출신을 잘 모르니 이 의문에 답하긴 어렵지만, 최근 유력한 실마리를 얻을 수 있게 됐다.

바로 DNA를 이용한 분석이다. 고릴라 무리는 매일 밤 각각의 개체들이 잠자리를 만들어 잔다. 그 잠자리에 남겨진 털이나 배설물에서 DNA를 추출해 혈연관계를 조사해 보니 가까이에 활동 영역을 갖고 있는 무리의 수컷들은 혈연관계가 가까운 사이였다. 또한 새끼들의 아비는 거의 모두 무리에 있는 핵심 수컷이었다. 이는 ① 수컷 한 마리(단일 수컷)로 구성된 무리에서는 수컷이 모든 암컷들과 독점적 교미 관계를 가지며, ② 수컷은 무리를 떠나더라도 어미 가까이에 활동 영역을 만들어 부계적인 공동체를 형성한다는 것을 암시한다. 고릴라 수컷들은 발정한 암컷을 공유하지 않고 서로 각기 다른 암컷과의 독점적 교미를 인정해 준다. 그것은 무리 내에서도, 무리들 사이에서도, 적어도 부계적인 혈연관계에 있는 수컷들 사이에서는 관철되는 듯하다.

그런데 이런 수컷들의 짝짓기 전략에 고릴라 암컷들은 왜 모반을 하지 않을까. 침팬지에 비하면 고릴라는 과일 외의 식물 섬유를 잘 먹는다. 잎이나 풀은 균일하게 분포돼 있어서 침팬지만큼 흩어져 살지 않더라도 먹이 활동 경쟁이 고조되지 않는다. 하지만 그것은 잘 짜인 무리에서 살아가기 위한 필요조건이긴 하지만 충분조건은 아니다. 고릴라 암컷은 분산해서도 얼마든지 살아갈 수 있다. 고릴라만큼 몸집이 크면 포식자의 표적이 될 위험성도 적을 것이다. 일본원숭이와 같은 모계 사회가 아니므로 고릴라 암컷은 더 자유롭게 이동하고 단독 생활을 하거나 암컷끼리 무리를 만들 수도 있다. 그런데도 왜 그렇게 하지 않는 것일까.

실은 이것은 사회생태학의 난제였다. 먹이 분포나 포식의 위험성만으로는 고릴라의 사회성을 설명할 수 없기 때문이다. 그것을 푸는

열쇠는 의외의 현상 속에 감춰져 있었다. 바로 새끼에 대한 수컷의
폭력이다.

제5장

폭력의
발생사

_ 새끼 살해부터 전쟁까지

새끼 살해와 사회의 변이

병리인가 필연인가

1965년에 스기야마 유키마루가 인도 다르와르에서 발견한 회색랑구르 원숭이 수컷의 새끼 살해는 학계에 큰 충격을 주었다. 그러나 그것이 자연스럽게 저질러진 행동이라고 금방 받아들여지진 못했다. 오랫동안 같은 종의 동료를 살해하는 행위는 병적이며, 적응과는 거리가 좀 먼 것으로 여겨졌다. 종의 존속에 위기를 초래하는 행위가 자연도태에서 살아남을 리 없다고 생각했기 때문이다.

스기야마 유키마루가 관찰한 새끼 살해는 단일 수컷-복수 암컷 무리에서 일어났다. 먼저 무리에 소속되지 않은 수컷들이 무리 속의 수컷을 공격해 쫓아내 버렸다. 그 뒤 무리를 점령한 수컷들 중 한 마리가 다른 수컷들을 쫓아내고 새로운 핵심 수컷이 됐다. 그러자 이 수컷은 돌연 새끼를 가진 암컷을 덮쳐 암컷이 안고 있던 새끼를 물어 죽였다.(그림 5-1)

세 마리였던 어린 새끼는 모두 살해당했고 2주일 뒤 그 어미들은

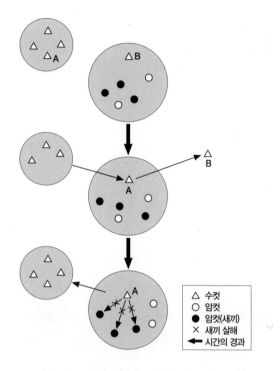

그림 5-1 회색랑구르 원숭이의 새끼 살해 가계도. 무리의 핵심 수컷 B가 다른 수컷 집단에서 온 수컷 A에 의해 쫓겨나고, 새로운 핵심 수컷이 된 A는 그 무리의 새끼를 죽였다.

발정하기 시작했다. 수유가 중단되면서 프롤락틴 억제가 해소돼 에스트로겐 양이 상승하면서 발정을 하게 된 것으로 보인다. 하필 암컷들은 살해자인 수컷과 짝짓기를 하였고, 이윽고 임신한 암컷들은 살해자의 자식을 낳았다.

스기야마 유키마루는 이것이 수컷의 번식 전략이며 포식자가 없는 환경에서 스스로 생식 밀도를 낮추는 효과를 지닌 행동이라고 주장했으나, 인위적 영향에 의한 병적이고 이상한 행동으로 간주됐다. 그런데 그것이 이상한 게 아니라는 인식을 하게 된 것은 다른 영장류나 사자의 경우에도 수컷의 새끼 살해가 보고됐기 때문이다.

스기야마 유키마루의 발견 이후 15년 남짓 세월이 흐른 뒤 세라 허디는 그때까지의 사례를 정리해 이것을 성선택 이론으로 설명할 수 있다고 선언했다. 수컷의 새끼 살해는 수컷이 자신의 자손을 많이 남기려고 경쟁한 결과이며, ① 다른 수컷의 새끼를 배제하고, ② 암컷의 발정을 앞당기며, ③ 자신의 새끼를 확실히 남기려는 번식 전략으로 이해할 수 있다는 것이다.

사회생태학자는 나중에 이 설을 그때까지의 사회생태 모형의 결함을 보완하는 근거로 이용했다. 다양한 영장류 종에서 새끼 살해 보고가 잇따라 나오면서 잎식 영장류 암컷이 왜 잘 짜인 무리를 만들어 늘 수컷과 함께 살아가는지를 설명할 수 있게 됐기 때문이다. 그때까지 잎식 영장류는 포식당할 위험을 피할 수 있다는 이유 외에 모여서 살아갈 만한 강한 동기를 찾기 어렵다는 생각을 하고 있었다.

하지만 수컷이 새끼를 살해할 위험이 있다면 암컷은 단독으로 있든 암컷끼리 모여 있든 무력해진다. 회색랑구르 원숭이 암컷은 공격하는 수컷 손에 새끼가 살해당하지 않도록 저항했지만, 스기야마 유키마루가 관찰한 무리에서는, 결국 모든 새끼들이 죽임을 당했다. 암컷들이 협력하여 새끼들을 지키는 행동은 발견되지 않았다. 따라서 어린 새끼를 살해의 위험으로부터 지켜 내기 위해서는 강력한 수컷의 보호

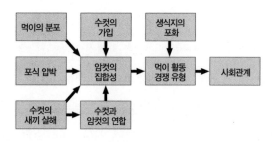

그림 5-2 사회생태학 모형도(스터크 등, 1997). 다양한 요인들이 암컷의 집합성을 이끌어내고 사회관계를 만든다.

가 필요한 것이다. 수컷으로부터 어린 새끼를 지켜 내려면 그 새끼를 출산한 뒤에 대책을 강구해서는 안 된다. 그건 이미 늦다. 수컷이 부성父性을 확신할 수 있을 만큼 장기간에 걸쳐 함께 살 필요가 있다. 그러기 위해 암컷은 수컷을 무리로 끌어들여 장기간에 걸친 유대 관계를 맺는 성질을 발달시킨 것으로 생각된다. 나뭇잎과 풀을 주로 먹는데다 포식자의 위험이 낮은 마운틴고릴라가 왜 잘 짜인 단일 수컷-복수 암컷 무리를 만드는지 이것으로 설명할 수 있다는 것이다.(그림 5-2)

새끼 살해를 낳는 사회

마운틴고릴라의 새끼 살해는 1967년에 다이앤 포시가 비룽가 화산군에서 장기간에 걸친 조사를 시작한 직후부터 관찰됐다. 그로부터 20년간 16건의 새끼 살해 사례가 보고됐다. 300마리가 채 되지 않는 개체군에서, 그것도 사람과 가까워진 고릴라 수는 기껏해야

50마리 정도이기 때문에 그 정도 수치는 매우 높은 빈도로 일어난다는 걸 보여 준다. 살해당한 것은 갓 태어난 신생아부터 세 살 된 어린 새끼까지로, 모두 아직 어미젖을 먹고 있었다. 성이 확인된 희생자는 수컷이 7마리, 암컷 6마리로, 희생자들의 성에 유의미한 차이는 없었다. 살해자가 확인된 13번의 사례 중에서 암컷은 하나뿐이며 나머지는 모두 수컷이었다. 9번의 사례는 무리 바깥의 수컷으로, 희생자와 혈연관계는 없는 것으로 보인다. 살해당할 때의 상황을 알고 있는 13번의 사례 중에서 11차례가 다른 무리와 조우하거나, 또는 단독 수컷과 조우하면서 일어났다.

그리고 그 11번의 사례 중에서 9차례에서 무리 내에 아기를 지킬 수 있는 수컷이 없었다. 핵심 수컷이 병이나 밀렵으로 죽은 직후에 새끼 살해가 일어났다. 살해당한 새끼의 어미는 핵심 수컷이 있는 경우에는 모두 그 무리를 이탈했다. 마치 자신의 새끼를 지켜 줄 수 없었던 수컷을 포기하고 떠나 버린 듯하다. 또 핵심 수컷이 없었던 9번의 사례 중 7차례에서 어미가 살해자 수컷 밑으로 이적했고, 그중에서 3차례는 살해자와 교미를 해서 그 수컷의 자식으로 보이는 새끼를 출산했다.

이런 사례들을 통해 볼 때, 마운틴고릴라도 수컷이 어린 새끼를 살해하고 그 어미의 발정을 앞당겨서 번식 기회를 늘리려 하는 것으로 보인다. 어린 새끼가 있는 무리가 다른 무리나 단독 수컷과 조우한 사례를 분석한 데이비드 왓츠David Watts는 핵심 수컷이 건재한 경우는 새끼 살해가 208회의 조우 중에서 1번이라는 빈도로밖에 일어나지 않는 데 비해, 핵심 수컷이 없는 경우에는 2회에 1번꼴로 일어난 것으로 추측했다. 핵심 수컷의 유무가 어린 새끼의 생사를 가르는 것이다. 핵심 수컷에겐 새끼 살해를 억제하는 역할이 있는 셈이다.

암컷 고릴라가 무리에서 나갈 때

마운틴고릴라의 새끼 살해는 암컷들이 뭉쳐서 늘 수컷과 함께 움직이는 이유를 설명해 주었다. 마운틴고릴라 암컷은 젖을 뗄 무렵(이유기)의 새끼를 놔두고 다른 무리로 이적하는 경우가 있는 것으로 알려졌는데, 이것 또한 암컷이 옮겨 가는 곳에서 새끼가 살해당할까 두려워한 결과라고 추측할 수 있다.

그리고 비룽가에서는 암컷이 단독으로 다른 무리로 이적한다. 암컷들이 함께 이적하는 것은 핵심 수컷이 사망했을 때뿐인데, 그럴 경우에도 암컷들은 각기 다른 무리로 이적하는 경향이 있다. 암컷의 단독 이적은 옮겨 가는 곳에서 수컷의 보호를 확실히 보장 받기 위한 것으로 생각된다. 신입 암컷은 선참 암컷보다 서열이 낮지만 핵심 수컷이 반드시 바짝 붙어 보호해 주기 때문에 해코지당하는 경우가 없다. 만일 두 마리가 함께 이적한다면 핵심 수컷의 보호를 충분히 받을 수 있다는 보장이 없기 때문에 단독 이적을 선호하는 것이리라.

나는 이런 암컷의 행동이 새끼 살해의 유무에 영향을 받는지의 여부를 조사해 보기로 했다. 실은 내가 1978년 이후 조사를 계속해 온

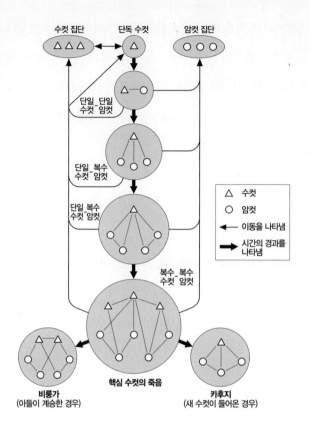

수컷 집단　　단독 수컷　　암컷 집단

△△△ ⟷ △　　○○○

단일 · 단일
수컷 · 암컷

단일 · 복수
수컷 · 암컷

단일 복수
수컷 · 암컷

복수 · 복수
수컷 · 암컷

△ 수컷
○ 암컷
← 이동을 나타냄
⬅ 시간의 경과를
나타냄

핵심 수컷의 죽음

비룽가
(아들이 계승한 경우)

카후지
(새 수컷이 들어온 경우)

그림 5-3 고릴라의 사회 구조 변이. 핵심 수컷이 죽은 뒤 비룽가와 카후지에서는 암컷의 행동이나 그 뒤의 무리 편성에 변화가 나타났다.

카후지 산에서는 고릴라의 새끼 살해 사실이 발견되지 않았다. 여기에는 마운틴고릴라의 아종인 동부저지대고릴라가 살고 있고, 고릴라 투어 때문에 사람들과 가까워진 2~4무리의 고릴라 약 60마리에 대해 1983년부터 개체 식별을 하고 있었다. 거기서 나는 투어 가이드인 존

카헤이크의 도움을 얻어 사람들과 가까워진 무리를 대상으로 암컷과 수컷의 움직임을 조사해 보았다. 그 결과 카후지에서는 암컷이 젖먹이나 어린 새끼를 데리고 이적한 경우가 13차례, 다른 암컷과 함께 이적한 경우가 18차례나 있었다. 그에 비해 암컷이 단독으로 이적한 것은 9차례밖에 없었다.

비룽가와 마찬가지로 카후지에서도 밀렵으로 핵심 수컷이 살해당했다. 그러나 수컷이 죽어도 암컷들은 다른 무리로 이적하려고 하진 않았다.(그림 5-3) 이럴 때 비룽가에서라면 단독 생활을 하는 수컷이 들어오고 새끼 살해가 일어난다. 하지만 카후지에서는 단독 수컷이 접근해도 좀체 들어오지 않았고 새끼 살해도 일어나지 않았다. 앞서 얘기한 마에셰라는 수컷이 밀렵자의 손에 살해당한 뒤 이 무리는 27개월이나 암컷과 새끼들만으로 계속 돌아다녔다.

제4장에 등장한 닌자가 핵심 수컷이 된 무리도 그 닌자가 밀렵으로 죽은 뒤 적어도 반년 이상 암컷과 새끼들만으로 돌아다니기를 계속했다. 이들 두 무리에는 그 뒤 새로운 수컷이 들어가 핵심 수컷이 됐으나 그때도 새끼 살해는 일어나지 않았다. 어쩌면 카후지에서는 새끼 살해가 일어나지 않기 때문에 암컷들이 반드시 수컷과 함께 있을 필요성을 느끼지 못했을 가능성도 있다. 새끼 살해가 없기 때문에 새끼를 데리고 이적할 수 있고, 수컷의 비호를 확립할 필요가 없기 때문에 다른 암컷과 함께 이적해도 문제가 없는 것이다. 카후지의 동부저지대고릴라는 새끼 살해가 일어나는 비룽가의 마운틴고릴라에 비

그림 5-4 아기를 업고 무리를 이적해 온 비비라는 이름의 암컷 고릴라. 카후지에서.

해 암컷이 자유롭게 움직여 무리를 만들 수 있다.(그림 5-4)

하지만 그러면 왜 카후지의 암컷은 단독으로 살아가지 않는 걸까. 새끼 살해가 없다면 애초에 암컷들이 모여 있을 필요가 없지 않을까.

그 이유를 나는 잠자리 만드는 법을 통해 알게 됐다. 카후지의 고릴라는 땅 위에 잠자리를 만들어 자는 경우가 많다. 건기에도 우기에도 약 70~90%의 잠자리가 땅 위에 만들어진다. 그런데 핵심 수컷 마에세를 잃은 무리에서는 이 비율이 30% 이하로 떨어졌다. 암컷과 새끼들이 모두 나무 위에 잠자리를 만들어 잤기 때문이다. 이런 경향은 핵심 수컷이 부재하는 동안 계속되다가 람초프라는 새로운 핵심 수컷이 들어오자 암컷은 곧바로 땅 위에 잠자리를 만들었다. 하지만 새끼들은 3개월이 지나도록 계속 나무 위에 잠자리를 만들었다. 암컷들이 받아들인 새 보호자를 새끼들은 금방 인정하지 않았기 때문인 듯하다.

잠자리의 높이에 차이가 나타난 것은 나무 위의 잠자리가 땅 위의 잠자리보다 포식자로부터 위험을 알아채기 쉽고 공격을 피하기 쉽기 때문이다. 고릴라는 표범을 무서워했다. 어느 때인가 카후지의 고릴라에게 텔레비전 촬영 팀이 표범 봉제완구를 보여 준 적이 있다. 고릴라들은 인형을 보는 순간 재빨리 튀어 달아났다. 수컷은 가슴을 두드리며 흥분했고, 새끼들은 서로 껴안고 벌벌 떨었다. 카후지에서는 50년 전에 표범이 절멸했지만 고릴라들은 만난 적도 없는 표범 모습에 방어적 반응을 나타냈던 것이다.

비룽가나 저지대 열대우림의 콩고에서도 고릴라가 표범의 습격을 받았다는 보고가 있다. 고릴라 암컷들이 모여서 살아가는 것은 표범 등의 천적을 피하기 위해서였던 것이다. 땅 위에 잠자리를 만들어 자기 위해서는 몸집이 큰 수컷의 존재가 꼭 있어야 한다. 수컷의 새끼 살해는 이런 경향을 더욱 조장해 암컷의 단독 이적을 증대시키는 게 아닌가 생각한다.

새끼 살해 유무가 사회 구조를 바꾸다

새끼 살해가 영향을 준 것은 암컷의 집합성과 수컷과의 결합만이 아니다. 비룽가와 카후지를 비교해 보면, 같은 무리에서 공존하는 수컷의 수가 다르다는 걸 알 수 있다. 비룽가에서는 약 절반의 무리에 성숙한 수컷이 여러 마리 있는데, 수컷이 무려 일곱 마리나 있는 무리도 있다. 카후지에서는 수컷이 여러 마리 있는 복수 수컷 무리가 10% 이하로, 많아야 두 마리가 최대치다. 데이비드 왓츠는 비룽가의 암컷이 새끼 살해를 막기 위해 좀 더 방어력이 높은 복수 수컷 무리로 이적하는 것으로 추측한다.

사춘기가 된 수컷에게 만일 단독 생활을 하지 않고 암컷과 짝짓기를 할 기회가 있다면 무리를 나가지 않는 길을 택할 것이다. 아비와 아들은 교미 상대가 겹치지 않도록 하나의 무리에서 공존할 수 있다. 만일 다수의 암컷들이 들어와서 형제 간에도 허용력이 높아져 교미 상대를 중복시키지 않고 공존할 수 있게 되면 두 마리 이상의 수컷들이 공존하는 복수 수컷 무리가 만들어진다. 비룽가에서는 실제로 그런 일이 일어나고 있을 가능성이 있다. 새끼 살해는 암컷에게 복수 수컷 무리를 선택하게 하고, 혈연관계에 있는 수컷들의 공존을 촉진해 부계 사회의 경향을 강화시킨다.

여러 마리 수컷을 포함한 복수 수컷 무리의 비율은 지역에 따라 매우 다르다. 비룽가나 우간다의 브윈디Bwindi에 사는 마운틴고릴라는 모두 전체 개체수의 절반 가까운 무리들이 복수 수컷 무리이다. 하지만 카후지의 동부저지대고릴라, 가봉이나 콩고 각지에 살고 있는 서부저지대고릴라에서는 복수 수컷 무리를 거의 찾아볼 수 없다. 여기에는 새끼 살해가 일어나느냐 않느냐의 차이가 반영돼 있다고 생각한다.

비룽가나 카후지 외에는 아직 장기간에 걸친 조사가 이뤄지지 않았기 때문에 이 가설을 증명하기는 쉽지 않다. 브윈디는 1990년대 중반에 고릴라 투어가 시작돼 여러 고릴라 무리들이 사람들과 가까워졌다. 그러나 여기에서는 새끼 살해가 일어나지 않았다. 아마도 브윈디에서는 그 조금 전에 새끼 살해가 빈번하게 일어났기 때문일 수도 있다. 그 때문에 암컷이 복수 수컷 무리를 선택하게 돼 수컷의 공존이 촉진된 게 아닐까.

실은 비룽가에서는 1990년대 이후에는 새끼 살해가 전혀 보고되지 않았다. 고릴라 투어가 번성하면서 사람들과 가까워진 무리들은 오히려 늘고 있다. 그럼에도 새끼 살해가 없어진 것은 복수 수컷 무리가 늘었기 때문이다. 1981년에 우리가 종합적인 조사를 해서 비룽가 전역의 고릴라 개체 수를 살펴봤을 때 복수 수컷 무리의 비율은 30% 정도였다. 한 무리에서 공존하는 수컷의 수도 두 마리가 최대치였다. 새끼 살해가 빈발했던 1980년대에 비해 1990년대에는 분명히 복수 수컷 무리의 비율과 무리 내에 공존하는 수컷의 수가 늘었다.

동부저지대고릴라나 서부저지대고릴라에서는 새끼 살해가 없든지 일반적이지 않기 때문에 암컷이 복수 수컷 무리를 선택하는 경향은 생기지 않았다. 그러나 앞서 얘기했듯이 혈연관계에 있는 수컷들은 서로 가까이에 활동 영역을 만드는 경향이 있다. 같은 부계 사회에서도 마운틴고릴라는 무리 내에서, 동부저지대고릴라나 서부저지대고릴라는 무리들 사이에서 혈연관계가 있는 수컷들이 교미 상대의 중복을 피하는 공존 체제를 발달시킨 것이 아닐까 생각한다.

'새끼 살해' 발생의 파문

그러나 이런 고찰을 막 정리하려던 참에 나는 의외의 보고를
접하게 됐다. 2003년에 카후지에서 수컷의 새끼 살해가 일어난 것이
다. 살해자는 막 새로 자신의 무리를 만든 열여덟 살 먹은 수컷 치마
누카였다. 열네 살 때 자신이 태어나 자란 무리를 나온 치마누카는
단독 생활을 거쳐 2002년 말에 두 마리의 암컷을 얻었다.

2003년에 역시 열여덟 살 된 수컷 무가르카가 이끄는 무리 옆에 활
동 영역을 만들었고 6월에는 몇 번이나 무가르카와 충돌했다. 그때
무가르카 무리의 열두 마리 암컷 중 두 마리가 치마누카 무리로 옮겨
왔고, 무가르카는 두 어깨에 깊은 상처를 입었다. 10월에는 다시 치
마누카와 무가르카 사이에 격렬한 충돌이 일어나 암컷 아홉 마리가
치마누카 밑으로 이적했다.

그때 암컷 한 마리는 갓 태어난 새끼를 가슴에 안고 있었는데, 치마
누카는 돌연 그 새끼를 빼앗아 얼굴과 가슴을 물어 죽여 버렸다. 주
검은 충돌 현장에 방치됐다. 11월과 12월에는 이때 이적한 암컷 두
마리가 각기 새끼를 낳았다. 그러자 출산 며칠 뒤 치마누카는 새끼
들을 채어 가, 두 마리 모두 물어 죽였다. 어미와 다른 암컷은 새끼를
도로 빼앗으려고 치마누카를 뒤쫓아 갔고, 그중 어미 한 마리는 치마
누카의 오른발을 물어 멈추려고 했다. 그러나 그런 저항도 소용 없이

치마누카는 새끼를 단번에 물어 죽였다고 한다. 고릴라의 임신 기간
은 258일로 길기 때문에 태어난 새끼가 치마누카의 자식이 아닌 것은
분명했다. 치마누카는 이들 암컷이 낳은 새끼들이 자신의 자식이 아
니라는 걸 알았기에 살해로 치달았던 것일까. 하지만 그렇게까지 고
릴라 수컷이 날짜를 계산했을 것으로 생각되진 않는다.

그런데 같은 12월에, 이번에는 2002년에 이적해 온 암컷 한 마리가
출산을 했다. 그러자 치마누카는 이 새끼에 대해서는 공격할 기색을
전혀 보이지 않았다. 아마도 치마누카는 살해한 새끼의 어미들과는
교미를 하지 않았고, 이때 출산한 암컷과는 교미를 했음이 분명하다.
어미와 교미를 했는지의 여부가 새끼 살해의 발현을 좌우하는 것일
까. 하지만 그렇다면 그때까지 있었던, 새끼를 데리고 온 암컷의 이
적을 어떻게 해석해야 좋을까. 많은 암컷들이 새끼를 데리고 이적하
여 새로운 수컷과 교미를 하지 않고 새끼를 키우고 있다.

잇따라 일어난 사건은 매우 인상적이었다. 많은 암컷들이 치마누
카 무리로 이적한 뒤 무가르카 무리에는 루샤샤라는 암컷 한 마리와
루샤샤가 낳은 젖 떼기 직전의 세 살짜리 추바카가 남았다. 아마도
무가르카의 자식일 것이다. 그다음 해 1월, 치마누카와 무가르카는
다시 충돌했고, 이때 루샤샤가 치마누카 밑으로 이적했다. 그러나 추
바카는 무가르카 쪽에 남았다. 카후지에서 아직 수유기에 있던 새끼
를 남겨 두고 암컷이 이적한 것은 처음 있는 일이었다. 루샤샤는 자
신의 무리에 있던 암컷들이 낳은 새끼를 치마누카가 살해한 사실을

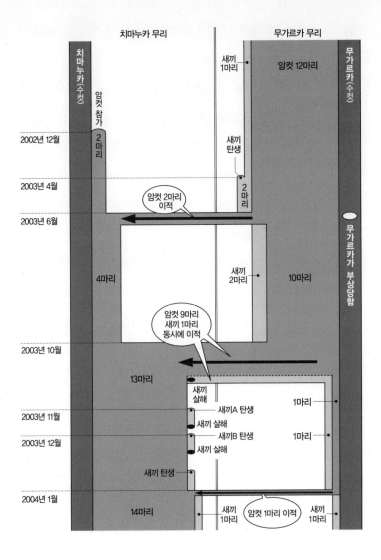

그림 5-5 새로 발생한 새끼 살해 설명도. 암컷의 무리가 이동한 뒤 곧바로 태어난 새끼 A, B에 대해 새끼 살해가 자행됐다.

알고 있었음이 틀림없다. 그래서 자신은 새끼를 남겨 두고 이적하기로 결단했던 게 아닐까.(그림 5-5)

확실히 얘기할 순 없지만, 카후지의 새끼 살해가 급속하게 암컷의 행동을 바꾸었으리라는 점은 예측할 수 있다. 오랜 기간 억제돼 온 새끼 살해 행동이 카후지에서 발현함으로써 비룽가의 마운틴고릴라처럼 암컷이 단독으로 이적하면서 복수 수컷 무리를 선호하게 되고 혈연관계가 있는 수컷들 간의 공존이 촉진돼 가까운 장래에 복수 수컷 무리가 늘어나지 않을까.

왜 카후지에서 새끼 살해가 일어났는지에 대해 나는 이렇게 추측한다. 카후지에서는 1996년과 1998년에 일어난 내전으로 많은 민병들과 게릴라들이 국립공원 안으로 피신했다. 그들은 공원 내에 머물면서 코끼리나 고릴라 등의 대형 포유류를 대규모로 밀렵했다. 2000년까지 고릴라의 개체 수는 절반으로 줄었다. 특히 무리의 핵심 수컷 연배의 수컷들이 총에 맞아 많이 죽었다. 암컷과 새끼들을 지키려고 밀렵자 앞을 가로막고 나섰기 때문이다. 그 결과 그때까지 단독 생활을 하던 젊은 수컷들이 차례차례 암컷을 얻어 무리를 만들게 됐다. 이들 젊은 수컷들은 암컷을 얻으려고 공격적인 자세를 취한 경우가 많다. 혈기 왕성한 젊은 수컷들이 몇 번이나 충돌해 교미 상대를 둘러싸고 싸웠는데, 그것이 새끼 살해로 발전한 것은 아닐까 생각된다.

비룽가에서도 1950년대에 가와이 마사오河合雅雄와 조지 샬러 George Schaller 등이 마운틴고릴라를 조사하러 갔을 무렵에는 새끼 살

254

해 사례가 알려지지 않았다. 조지 샬러는 새끼를 거느린 암컷이 무리로 이적해 온 사실을 보고했다. 그런데 1960년대에 공원이 소멸돼 마운틴고릴라 개체 수가 반감했다. 그 직후부터 고릴라에게 새끼 살해가 빈발했다.

분명히 새끼 살해는 고릴라 수컷의 번식 전략으로 진화해 왔을 가능성이 있다. 그러나 그것이 언제나 행사되는 것은 아니다. 환경이 급격히 변해 수컷들 사이의 관계가 불안정해졌을 때 나타나고, 새끼 살해를 수습하는 쪽으로 암컷의 행동과 무리의 구조가 바뀌는 것으로 생각된다.

교미와 수유의 충돌

그 뒤 수컷의 새끼 살해는 많은 영장류에서 발견되었다. 다만 장기간 연구를 진행했음에도 전혀 그런 현상이 발견되지 않은 종이 있기 때문에 그것을 영장류의 보편적인 행동이라고 할 수는 없다. 그러면 도대체 어떤 특징을 지닌 종에서 발견되는 것일까. 먼저 단독 생활을 하는 종과 짝 생활을 하는 종에서는 발견되지 않는 점으로 미뤄 보면, 수컷이 여러 암컷들과 함께 살아가는 무리 사회가 새끼 살해의 온상이라는 걸 알 수 있다.

이들 무리 사회는 수컷이 영토를 만들어 서로 거리를 두고 살아가는 경우가 없다. 즉 수컷이 적어도 여러 암컷들을 둘러싸고 싸울 기회가 있는 사회에서 새끼 살해가 발생하는 것으로 생각된다. 또 단독 생활을 하는 종과 짝 생활을 하는 종은 암수의 체격 차가 없어서 암컷이 저항할 수 있는 체력을 갖고 있다고 생각할 수도 있으나, 이는 새끼 살해가 발생하지 않는 조건이 되진 못한다. 암컷이 어느 정도 수컷보다 몸집이 크고 암컷이 우위를 차지하는 호랑이꼬리여우원숭이(호랑꼬리리머)도 수컷의 새끼 살해가 보고되고 있기 때문이다. 호랑이꼬리여우원숭이는 복수 수컷-복수 암컷 무리를 만들어 수컷만이 무리를 옮겨 다니는 모계 사회다. 암컷보다 열등한 지위이긴 해도 수컷들이 여러 암컷과 짝짓기를 하기 위해 경쟁을 벌여야 하는 상황이라면 새끼 살해가 일어난다.

새끼 살해가 일어나는 종은 암컷이 무리 바깥의 수컷과 교미를 하지 않는 특징이 있다. 회색랑구르 원숭이도 고릴라도 핵심 수컷이 무리 내의 모든 암컷들과 독점적 교미 관계를 맺고 있으며, 무리에 소속되지 않은 수컷에게는 번식 기회도 없다. 회색랑구르 원숭이 수컷이 핵심 수컷 지위를 누릴 수 있는 기간은 2년 정도이기 때문에 수컷은 핵심 수컷이 되면 가능한 한 빨리 암컷과 번식을 시작하려고 할 것이다. 어린 새끼를 안고 있는 암컷이 있다면 번식이 지체될 것이므로 새끼를 죽여서 암컷의 발정을 앞당기려 할 가능성이 있다.

하지만 고릴라의 경우는 수컷이 무리를 옮겨 다니지 않고, 다른 수컷에게 자신의 무리를 점령당하는 경우도 없다. 그 때문에 암컷의 발정을 앞당길 필요가 없으므로, 자기 무리를 이미 확립한 수컷에게 새끼 살해를 실행할 필요성은 없다. 다만 아직 젊은 수컷들 중에 자신의 무리를 만드는 수단으로 그것을 발동하는 경우가 있는 게 아닐까 생각한다.

발정에 계절성이 없고 암컷이 일제히 발정을 하지 않는다는 점도 새끼 살해가 일어나는 종의 특징이다. 교미기가 따로 있다면 설령 새끼 살해를 하더라도 암컷은 교미기가 될 때까지 발정을 하지 않기 때문에 발정을 앞당기는 효과는 없다. 또한 암컷들이 일제히 발정하면 난교적 경향이 강화돼 수컷은 암컷과 독점적으로 짝짓기를 할 수 없다. 그렇게 되면 수컷은 특정한 암컷과 교미해서 확실하게 자신의 자식을 남기려 하기보다는 많은 암컷들과 교미하는 길을 택할 것이다. 새끼 살해를 해서까지 암컷의 발정을 앞당기는 의미가 없어진다.

그리고 출산 뒤의 수유 기간이 긴 종에서도 새끼 살해가 일어날 가능성이 높다. 새끼 살해가 수유를 중단시키고 암컷의 발정을 앞당기는 효과가 있다면, 애초에 수유 기간이 짧은 종은 새끼 살해를 하는 의미가 없다고 생각되기 때문이다.

부성이라는 억제 장치

만일 사회생태학이 예측하듯이 새끼 살해가 영장류의 사회성을 만드는 커다란 요인으로 작용한다면, 새끼 살해가 일어나지 않는 종은 어떻게 봐야 할까. 수컷이 여러 암컷들과 살아가는 종으로, 새끼 살해가 발견되지 않는다면 그것은 새끼 살해가 일어나지 않도록 사회를 만들었기 때문이라고 봐야 할지 모르겠다. 카렐 반 샤이크 등

은 거기에는 두 가지 방향성이 있다고 생각했다. 수컷이 새끼의 부성
父性을 확신할 수 있도록 하는 방향성과, 부성을 혼란시켜 어느 수컷
에게나 부성이 있다고 생각하게 만드는 방향성이다. 전자는 수컷이
암컷과 독점적으로 교미를 할 수 있는 길로, 후자는 완전한 난교로
이어진다.

그것을 유인원의 사회 구조와 번식 양식에 적용시켜 생각해 보자.
긴팔원숭이는 짝 생활, 오랑우탄은 단독 생활로, 모두 새끼 살해가
일어나기 어려운 사회 구조를 갖고 있다. 하지만 앞서 얘기했듯이 긴
팔원숭이는 실은 각각의 수컷과 암컷이 여러 이성과 짝짓기 관계를
맺는다. 이는 이웃 무리의 수컷한테서 새끼 살해를 당하지 않도록 부
성을 혼란시키는 것이라고 해석하는 설도 있다. 오랑우탄의 암컷은
유인원 중에서 가장 긴 젖 먹이는 기간(수유기)을 갖고 있다. 또 최근
오랑우탄 중에는 성숙해도 수컷다운 특징이 발달하지 않는 수컷이

그림 5-6 오랑우탄의 플랜지 수컷.

있다는 사실이 알려졌다. 오랑우탄 수컷은 성숙하면 몸 털이 길어지고 양쪽 뺨에 널빤지 모양의 물렁살 혹(플랜지flange)이 발달하는데, 이것을 플랜지 수컷이라고 부른다.(그림 5-6)

플랜지를 발달시키지 않는 수컷은 날씬하고 눈에 띄지 않으며 플랜지 수컷처럼 영토를 갖지 않고 돌아다닌다. 그리고 암컷을 발견하면 발정한 상태가 아니라도 교미를 강요한다. 오랑우탄은 영장류 중에서 유일하게 이런 유사 강간과 비슷한 교미를 하는 것으로 알려졌는데, 플랜지 수컷이 아닌 오랑우탄 수컷은 90% 이상이 이런 형태로 교미를 한다. 플랜지 수컷은 영토를 만들어 롱 콜long call이라 불리는 울음소리를 내서 암컷을 끌어들여 교미를 한다. 플랜지 수컷이 아닌 수컷은 암컷에게 살며시 다가가 강간을 한다. 흥미롭게도 오랑우탄 암컷에겐 성피가 없어서 발정 징후를 알 수가 없다. 교미는 배란과는 관계없이 이뤄지며, 사육하는 오랑우탄은 매일매일 계속 교미를 하는 경우도 있다. 암컷의 성적 허용력이 이렇게 높은 것은 수컷의 새끼 살해를 막기 위해 발달시킨 것으로 여겨지고 있다.

한편 고릴라는 수컷이 한없이 부성을 확신할 수 있는 사회 구조와 번식 양식을 갖고 있다. 단일 수컷-복수 암컷 무리로 핵심 수컷은 외부 수컷의 접근을 허용하지 않고, 암컷들은 늘 핵심 수컷 가까이에 모여 생활한다. 발정기가 따로 없으며, 암컷이 한 마리씩 발정을 하는데, 발정은 거의 배란일로 한정돼 있기 때문에 여러 암컷들이 동시에 발정하는 경우는 많지 않다.

그런데 암컷이 무리를 옮기는(이적) 특징을 갖고 있기 때문에 암컷과 수컷의 배우자 관계나 새끼의 부성이 종종 애매해지게 된다. 부성을 명확히 하고 새끼의 보호자를 특정한 수컷으로 한정해 버리면 그 수컷이 죽을 경우 새끼의 안전이 위험해진다. 수유 기간이 길다는, 새끼 살해를 일으키기 쉬운 특징도 갖고 있다. 하지만 고릴라가 유인원 중에서 가장 몸집이 크다는 점을 감안하면 수유 기간이 짧은 편이다. 어쩌면 수유 기간의 단축은 새끼 살해를 어렵게 하기 위해 발달한 것인지도 모른다.

침팬지와 보노보는 비슷한 사회 구조를 갖고 있으면서 대조적인 성 특징을 갖고 있다. 서열이 높은 침팬지 수컷은 암컷과 독점적으로 교미하려 하지만, 보노보는 완전한 난교 상태에 가깝다. 그 때문인지 새끼 살해는 침팬지에서만 발견된다. 침팬지의 새끼 살해는 조금 다르다. 무리 내 수컷들은 혈연관계가 있기 때문에 무리에서 태어난 새끼를 살해할 경우 살해자와 희생자 사이에도 혈연관계가 있을 것으로 생각된다. 새끼 살해 사례들이 많이 알려진 마할레에서도 곰베에서도 수컷 새끼가 살해당하고 있기 때문에 장래 암컷을 둘러싼 경쟁자가 될 수컷을 제거하는 것이라는 설도 있다.

하지만 막 새로 들어온 암컷이 출산하는 새끼가 살해당하는 예가 많기 때문에 고릴라와 마찬가지로 교미를 하지 않은 암컷이 출산하면 그 새끼를 죽이는 경향이 있는 것인지도 모른다. 침팬지의 새끼 살해에서 기이한 특징은 죽인 새끼를 모두 먹어 치운다는 점이다. 이는 사냥한 고기를 먹을 때와 아주 유사해서 수컷과 암컷들이 몰려들어 고기를 요구하며 분배를 조른다. 이 기이한 흥분이 육식이라는 습성 때문인지, 아니면 다른 요인 때문인지는 아직 모른다.

보노보한테서 새끼 살해 사례를 찾아볼 수 없는 이유는 암컷의 발정 특징과도 관련이 있다. 앞서 얘기했듯이 보노보 암컷은 출산한 뒤 1년이 지나면 발정 능력을 회복한다. 출산 뒤 3, 4년은 배란을 하지 않기 때문에 임신은 하지 않지만 발정은 해서 수컷과 교미를 하게 된다. 이것도 수컷의 새끼 살해를 억제하는 하나의 특징으로 여겨진다. 보노보 수컷은 강간을 하지 않지만 오랑우탄 암컷과 마찬가지로 암컷이 수컷에 대한 성적 허용성을 높여 수컷들 간의 경쟁을 약화시키는 데 성공한 것이다. 그것이 새끼 살해 방지와 연관된 게 아닌가 하는 생각을 하고 있다.

인간 사회는 성과 폭력을 어떻게 조절하나

이처럼 유인원을 비교해 보면, 형태상 단독 생활이나 짝 생활을 하든지 복수 수컷-복수 암컷으로 완전한 난교의 짝짓기 양식을 취하는 종에서는 새끼 살해가 일어나지 않는다는 것을 알 수 있다. 수컷의 암컷 독점 경향이 강하고, 그럼에도 그것이 달성될 수 없는 사회형이나 교미 양식을 지닌 종에서 새끼 살해가 일어나는 것이다. 고릴라와 침팬지는 모두 수컷이 단독으로든 또는 혈연관계가 있는 여러 수컷들이 서로 암컷을 차지해 번식의 독점을 지향하는 무리를 만든다. 이 수컷의 독점 체제에 파열이 생겼을 때 새끼 살해가 발현되는 게 아닐까.

인간 사회에서 일어나는 폭력이나 유아 학대는 유인원과는 비교가 되지 않을 정도로 다양하고 복잡한 인간관계가 그 원인이다. 그러나 많은 경우 거기에 성 문제가 얽혀 있는 것을 부정할 수 없다. 어린이 사망률은 어느 사회에서나 한 살까지의 유아기에 가장 높고 그 이후 급속히 감소하는데, 사춘기에 다시 상승한다. 유아 사망에는 어버이의 보호 체제에 파열이 일어난 것이, 그리고 청소년, 특히 젊은 남자의 사망에는 지나친 자기주장이 원인으로 생각되는 경우가 적지 않다. 거기에는 성적 문제가 영향을 주는 경우가 많지 않을까 생각한다.

그것을 인간 사회는 긴팔원숭이나 보노보처럼 잘 해결하지 못하고 있다. 왜냐하면 인간은 긴팔원숭이와 같은 짝을 이루는 사회도 보노보와 같은 난교적 성관계도 발달시키지 못했기 때문이다. 왜 인간은 성을 둘러싼 폭력을 억제하는 사회를 만들 수 없었을까. 인류가 진화해 온 역정을 더듬어 보면서 인간 사회의 특이성을 생각해 보자.

인간은 어떻게
진화해 왔나

인류 탄생의 땅에서

약 700만 년 전에 침팬지와의 공통 조상으로부터 갈라져 나와 인류는 어디에서 어떤 생활을 영위했을까. 180만 년이 넘는 세월 전의 인류 화석은 모두 아프리카에서 발견되고 있으므로 인류는 먼저 아프리카에서 진화했다고 해도 좋을 것이다.

초기 인류가 살았던 장소에 대해 이브 코팡Yves Coppens은 이스트사이드 스토리East Side Story라는 설을 주창했다. 동아프리카에는 남북으로 달리는 대지구대大地溝帶라는 대지의 균열이 있고, 그 서쪽에는 산맥의 장벽이 생겼다.(그림 5-7) 마이오세(중신세中新世)부터 플라이오세(선신세鮮新世)에 걸쳐서(약 2400만~160만 년 전) 일어난 지구 규모의 지각변동(알프스 조산운동)으로 만들어진 것이다. 현재 살아 있는 유인원은 대부분 대지구대보다 서쪽에 있는 열대우림에서 살았는데, 인류 화석은 모두 동쪽 사바나에서 출토된다. 이는 유인원과 인류가 나뉘어 살았기 때문이 아니냐는 설이 있다. 서쪽에서 불어온 습한 바람이 산

그림 5-7 동아프리카대지구대.

맥에 부딪혀 서쪽 콩고 분지에 비를 뿌렸고, 대지구대의 동쪽에는 건조한 사바나를 만들었다. 이후 서쪽 열대우림에는 유인원이, 동쪽 사바나에는 인류가 살게 됐다는 것이다.

그러나 21세기에 들어서 대지구대 서쪽에 있는 차드의 토로스메날라TorosMenala에서 700만 년 전의 사헬란트로푸스 차덴시스 *Sahelanthropus Tchadensis*('차드에 살았던 사헬이라는 인류'라는 뜻)라는 가장 오랜 인류 화석이 발견됐다. 대지구대 동쪽에 위치한 케냐와 에티오피아에서도 고릴라나 침팬지의 조상 화석이 발견됐다. 또한 초기 인류가 살았던 환경이 사바나가 아니라 숲(삼림)이었다는 사실이 판명되고, 유인원과 인류가 숲에서 분포 영역을 겹친 채 살고 있었던 게 아닐까 하는 생각들을 하게 됐다.

초기 인류와 침팬지의 차이

인류의 뇌가 커지기 시작한 것은 240만 년 전의 지층에서 발견된 610cc의 뇌를 지닌 호모 하빌리스*Homo Habilis* 때부터다. 그때까지의 인류 화석은 모두 유인원과 비슷한 500cc 이하의 뇌 용량을 갖고 있었다. 이때부터 초기 인류가 오랜 세월 현재 살아 있는 유인원과 같은 생활을 하였다는 생각이 등장했다. 특히 침팬지처럼 넓게 펼쳐진 건조한 숲에서 과일을 먹고 때로는 수렵으로 고기를 잡아 먹는 식생활을 하였던 것으로 생각하는 사람이 많다. 초기 인류는 침팬지가 갖고 있는 능력을 많든 적든 물려받아 그것을 토대로 해서 점차 사바나와 같은 넓게 트인 환경으로 진출해 갔다는 것이다. 즉 초기 인류도 침팬지처럼 도구를 만들고 먹이를 분배하고 암컷이 적극적으로 수컷을 끌어들이는 성적 특징을 갖고 있었으며, 혈연관계에 있는 수컷들이 연합하여 이웃 집단과 서로 죽이는 것도 불사하는 격심한 적대관계를 이루었던 게 아닌가 하는 생각이다.

하지만 이런 사고방식에는 여러 문제점이 있다. 우선 초기 인류가 침팬지와 같은 수렵을 했던 것으로 보이진 않는다. 그리고 수렵과 수컷의 공격성은 다른 것일 뿐 아니라, 사회의 편성에 큰 영향을 주는 성적 특징이 침팬지와 인간이 매우 다르다는 점이다.

두 발 걷기와 수렵

침팬지와 인류의 조상이 갈라서고 나서 최초로 나타난 인류의 독자적 특징은 서서 두 발 걷기(직립 이족 보행)다. 700만 년 전의 사헬란트로푸스 차덴시스나 600만 년 전의 오로린 투게넨시스*Orrorin Tugenensis*는 이미 직립해서 걷고 있었던 것으로 생각된다. 긴 팔, 구부러진 손가락 등 아직 나무 위 생활에 적합한 특징이 남아 있었지만 초기 인류가 주로 땅 위에서 살아가고 있었던 것은 분명하다.

그런데 두 발 걷기를 한 인류는 어떻게 수렵을 했을까. 침팬지가 사냥하는 포획물의 대부분은 나무 위에서 사는 붉은콜로부스 원숭이다. 장기 관찰이 진행되고 있는 조사지를 비교해 봐도 곰베에서 82%, 타이에서 78%, 마할레에서 53%의 포획물이 붉은콜로부스 원숭이였다. 침팬지는 나무 위에서 붉은콜로부스 원숭이를 끝까지 쫓아가 수관이 끊어져 다른 나무로 건너뛰어 갈 수 없게 된 원숭이를 포획한다. 지상에서 살아가게 된 초기 인류에게 이런 대단한 재주가 있었다고는 생각할 수 없다.

사실 화석 증거로 보건대, 인류가 수렵을 시작한 건 훨씬 나중의 일이다. 사헬란트로푸스 차덴시스나 오로린 투게넨시스는 물론 에티오피아에서 발굴된 440만 년 전의 아르디피테쿠스 라미두스*Ardipithecus Ramidus*나 300만~350만 년 전의 오스트랄로피테쿠스 아파렌시스*Australopithecus Afarensis*에서는 동물을 먹은 흔적도 도구를 사용한 흔적도 발견하지 못했다.

최초의 석기가 발견된 것은 250만 년 전으로, 오스트랄로피테쿠스 가르히*Australopithecus Garhi*가 사용한 것으로 생각된다. 그러나 이 올

두바이Oldowan식 석기는 뭉우리돌을 잘게 깨서 날카로운 날을 만든 것으로, 도무지 수렵 도구로 볼 수는 없다. 아마도 육식 짐승이 먹다 남긴 포획물을 확보한 다음 이 석기를 써서 뼈에서 고기를 발라내거나 뼈를 부숴 골수를 꺼내 먹은 것으로 생각된다.

이런 죽은 고기를 먹는 식생활은 240만 년 전에 나타난 호모 하빌리스, 그 뒤에 나타난 호모 에렉투스Homo Erectus에서도 기본적으로는 변화가 없었다. 180만 년 전에는 처음으로 아프리카 바깥의 조지아(그루지아)에서 인류 화석이 발견됐다. 최근에 이 호모 에렉투스의 전신 골격이 출토됐는데, 다리는 날씬하게 길어져 두 발 걷기에 적합하지만 팔은 아직 길어서 나무 위 생활도 버리지 않았던 것으로 추측된다.

이들의 뚜렷한 특징은 육식이다. 조지아의 드마니시Dmanisi에서 커트 마크cut mark(석기를 사용해서 뼈에서 고기를 떼어낸 흔적)가 새겨진 동물 뼈가 무수히 발견됐기 때문이다. 하지만 뇌 용량은 아직 600cc를 조금 넘는 정도로, 아프리카의 조상 호모 하빌리스와 다름이 없다. 이것은 인류가 뇌를 키우기 전에 이미 아프리카 바깥으로 나가려 했음을 암시한다. 인류가 숲을 나와 사바나를 건너고 계절 변화가 있는 가혹한 고위도 지방으로 진출하는 데 큰 뇌는 필요하지 않았던 것이다.

뇌의 진화와 육식

드마니시의 화석은 인류가 뇌를 키우기 전에 육식을 받아들였음을 암시한다. 영장류의 먹이와 소화기계의 진화를 연구하고 있는 캐서린 밀턴Katharine Milton은 초기 인류가 단백질 요구를 충족시키기 위해 육식 경향을 증대시킨 것으로 생각했다. 현대인은 유인원에 비해 짧은 소화관을 갖고 있다. 또 소화관에서 큰 비중을 차지하는 것은 유인원에서는 잘록창자(결장. 맹장에 닿아 있는 대장의 한 부분)이지만 인간은 작은창자(소장)이다.

침팬지가 육식을 한다고 해도 그것은 연간 먹이의 5% 정도에 지나지 않는다. 하지만 열대 지방의 수렵 채집민은 숲이나 사바나를 불문하고 먹이 전체의 20~30%를 고기가 차지한다. 이 비율은 고위도 지방으로 갈수록 높아져 북극 지방에 사는 이누이트인들은 거의 고기나 생선 등 동물성 먹이에 의존해 살아간다. 즉 인류는 한랭 건조 계절이 긴 환경으로 이주하면서 육식 비중을 높여 육식에 적합한 소화관을 가지게 된 것이다.

왜 육식이 뇌의 증대에 필요했을까. 뇌는 많은 칼로리를 소비하는 기관이다. 무게는 체중의 2%밖에 되지 않는데 소비 에너지는 20%에 달한다. 고기에는 과일의 2배 이상, 잎의 10배 이상의 칼로리가 들어 있다. 그리고 육식을 함에 따라 소화관이 작아졌기 때문에 소화에 쓰이는 에너지를 줄여 뇌로 돌릴 수 있게 됐다.

그러면 왜 인류에게 커다란 뇌가 필요하게 된 것일까. 수렵을 해서 고기를 먹고 살아가면서도 열대우림을 나가지 않았던 침팬지는 뇌를 키우지 않았다. 아마도 뇌를 키운 것은 아프리카의 사바나에서 많은 동물과 공존하면서 새로운 생태적 지위를 개척하는 과정에서 필요하게 된 게 틀림없다. 초기 인류가 등장한 시대는 동아프리카에 초원이 펼쳐지고 많은 초식 동물이나 육식 동물들이 사바나에서 진화를 이루던 시기였다. 코끼리, 코뿔소, 하마 등 대형 초식 동물과 기린과 얼룩말 등의 유제류, 그들을 잡아먹는 큰 이빨 고양이나 거대한 하이에나가 몇 종류나 사바나를 활보했다. 초기 인류는 그들 초원성 포유동물들과 함께 살아가면서 숲에는 없던 새로운 식생활과 행동 양식을 몸에 익힐 수밖에 없었다.

뇌를 키우는 것은 몇 가지 선택지 중의 하나였다. 파란트로푸스 *Paranthropus*는 오스트랄로피테쿠스속屬이나 호모속과 동시대(약 270만 ~120만 년 전)에 살았던 다른 속의 인류인데, 작은 뇌와 튼튼한 턱을 갖고 있었다. 에나멜질의 두껍고 커다란 어금니로 뿌리나 나무껍질 등을 씹어 먹고 살았던 것으로 보인다. 그들은 단단한 식물 섬유를 소화하는 씹기 기관(저작 기관)과 소화 기관을 발달시키면서 뇌를 키우지 않고 호모 하빌리스나 호모 에렉투스와 공존했다.

한편 호모속의 인류는 질 높은 먹이를 구해 초식 동물이나 육식 동물들 사이를 돌아다니며 잡식성을 몸에 지니게 된 것으로 보인다. 식성을 특수화한 포유동물들이 많은 가운데 호모속이 잡식이 된 것은 여러 동물들에게 내몰린 결과로 생각된다. 임기응변의 먹이 활동 방식을 갖게 되고, 다른 동물들이 손댈 수 없는 먹이를 손에 넣는 데는 큰 뇌가 유용했다. 육식 동물을 앞질러서 포획물을 가로채거나 석기로 뼈를 부수어 골수를 꺼내고, 막대기로 단단한 땅을 파서 땅속뿌리나 뿌리줄기를 캐거나 흰개미 등을 잡아먹는 데 기억력, 통찰력, 응용력이 필요해졌음이 분명하다.

초기 인류의 뇌가 커진 것은 수렵을 하게 됐기 때문이 아니다. 무기를 사용한 명백한 증거는 독일 쇠닝겐에서 발견된 40만 년 전의 창이 최초다. 다 자란 가문비나무의 속 줄기로 만들었는데, 2~3m 길이에 양 끝을 가늘고 뾰족하게 가공했다. 호반 가까이에 잠복해서 야생마를 기다리다가 찔러 죽이기 위해 사용한 것으로 보인다. 던지는 투창이 아니라 포획물을 몰아넣기 위해 사용한 것이라는 설도 있으나, 어쨌든 효과적인 무기로 생각하긴 어렵다.

25만 년 전 유럽에 등장한 네안데르탈인도 투창이 아니라 찌르는 창을 사용한 듯한데, 몸에 대형 포획물과 맞서 싸운 흔적이 남아 있다. 본격적인 투창을 사용한 수렵은 1만 8000년 전에 유럽에서 살고 있던 크로마뇽인이 던지는 창을 발명함으로써 비로소 가능해진 것으로 생각되고 있다. 한편 현대인과 같은 뇌의 크기는 60만 년 전의 호모 하이델베르겐시스*Homo heidelbergensis* 시대에 달성됐다. 인류의 본격적인 수렵은 극히 최근까지도 행해진 바 없다는 게 확실하며, 수렵 기술의 발달과 뇌의 크기는 직접적 관계가 없다.

그리고 무기를 사용한 전쟁의 증거는 약 1만 년 전에 농경이 시작된 이후에야 발견된다. 9000년 전의 농경 중심지였던 것으로 보이는 팔레스타인 예리코(여리고)는 석조의 요새 도시로, 전쟁에 대비한 감시탑 등이 세워졌다. 5000년 전에 문자를 발명한 수메르인의 기록에서도 이미 지역 집단들 사이에 전쟁을 벌인 사실을 알 수 있다. 그러나 인류가 석기를 발명한 것이 250만 년 전이고, 무기를 수렵에 사용하기 시작한 것이 40만 년 전인 점을 생각하면, 오랜 세월 인류는 도구를 무기로 삼아 같은 종의 인류를 겨냥해 사용하지는 않았다는 걸 알 수 있다. 먹이를 얻기 위한 도구, 포획물을 잡기 위한 수렵 도구, 그리고 전쟁을 하기 위한 무기는 전혀 다른 별개의 물건인 것이다.

잡아먹히는 포획물로서 인류

최근 도나 하트Donna Hart와 로버트 서스먼Robert Sussman은 《사람은 잡아먹히면서 진화했다Man the Hunted: Primates, Predators, and Human Evolution》는 책을 출간해, 인류 진화의 원동력은 수렵이라는 수렵 가설에 반론을 전개했다. 인류는 사냥을 해서가 아니라 포획 동물에게 사냥당함으로써 진화했다는 주장을 편 것이다. 그들은 인간 이외의 영장류의 예를 충분히 활용해 초기 인류의 행동이나 사회가 어떻게 포식자로부터의 위험을 피하기 위해 진화했는지 설명하려 했다. 이 책에서도 소개한 바와 같이, 사회생태학은 영장류의 무리 생활이 먹이의 분포와 포식자로부터의 위험에 따라 형성됐다고 예측한다. 이는 초기 인류에도 해당한다고 보는 것이 일반적 생각일 것이다.

그런데 왜 인간만 사냥당한 것이 아니라 사냥함으로써 진화했다는, 다른 영장류와는 다른 해석을 적용하는 것일까. 도나 하트와 로버트 서스먼은 그것이 기독교에서 유래한 사고방식이라고 지적한다.

신의 은혜를 잃고 원죄를 진 인간이 포식자로서 본능을 뇌의 확대를 통해 발휘했다고 하는 사고방식이다. 육식자로서 능력이 수렵을 발달시켰고, 그것이 인간들의 싸움을 과격하게 만들었으며, 그게 또한 필연적으로 현대의 전쟁으로 이끌었다는 것이다. 영장류학의 상식으로 보면 그런 일은 있을 수 없다.

숲을 나온 인류와 숲에 남은 유인원

포식자로부터의 위험을 피하는 영장류의 방법은 여러 가지가 있다. 주행성 영장류는 포식자의 존재를 알아채기 위해 큰 무리를 만들고 경계음을 일으켜 동료들에게 위험을 알렸다. 케냐의 사바나에서 살아가는 벨벳원숭이는 독수리, 뱀, 표범 등 각기 다른 포식자들에게 각기 다른 경계음을 낸다는 사실이 확인돼 있다.

인류가 등장할 무렵, 아프리카에는 지금보다 더 큰 대형 육식 동물들이 북적거리고 있었다. 사바나에 진출한 초기 인류가 먼저 포식자에 대한 대책으로 동료들 간의 사회관계나 커뮤니케이션을 발달시켰다고 생각하는 것이 타당할 것이다. 퇴로가 막히면, 영장류는 수컷들이 협력하여 포식자에 맞서 싸운다. 특히 새끼들이 위기에 처할 때는 무리의 동료들이 모두 방어에 참가한다. 여러 마리의 원숭이들이 포식자 앞으로 줄줄이 뛰어들어 교란을 한다. 수컷의 몸집이 크고 공격적으로 만들어진 것은 포식자로부터 방어 능력이 뛰어난 수컷을 암컷이 번식 상대로 선호했기 때문이다. 침팬지는 표범 등의 강력한 포식자를 향해 나뭇가지를 던진다. 초기 인류도 포식당할 위험을 피하기 위해 도구를 사용했을 가능성이 높다고 봐야 하지 않을까.

현재 살아 있는 유인원이 열대우림에서 나갈 수 없었던 것은 육식동물이 많은 땅 위에서 생활할 수 없었기 때문이다. 아시아의 열대우림에는 호랑이가 있기 때문에 긴팔원숭이나 오랑우탄은 나무 위로 생활 범위가 한정돼 있다. 영장류 중에서 가장 몸집이 큰 고릴라조차 표범의 습격을 받는 수가 있다. 아프리카에서도 표범이나 사자의 위협은 커서, 침팬지나 보노보는 극소수의 예외를 빼고는 나무 위에 잠자리를 만든다. 땅 위에 잠자리를 만드는 고릴라도 핵심 수컷을 잃게 되면 앞서 얘기했듯이 암컷들은 일제히 나무 위에 잠자리를 만든다. 이들 유인원에 비해 훨씬 연약한 몸을 지니고 있었던 것으로 보이는 초기 인류가 어떻게 땅 위 생활에 적합한 특징을 몸에 지니게 되었고, 이윽고 나무가 없는 사바나로 진출하게 됐는지, 지금까지 풀지 못한 수수께끼다.

나는 초기 인류가 개발한 독특한 이동 양식과 사회성에 그 이유가 있다고 생각한다. 바로 두 발 걷기와 가족이다. 그리고 생태적 이유로 발달한 이들 특징이 나중에 언어를 탄생시키고 인간만의 독특한 폭력을 만들어 내는 바탕이 됐던 것이다.

가족과
이상한 생활사

두 발 걷기 기원에 관한 여러 가지 설

지금까지 두 발 걷기(직립 이족 보행)라는 기묘한 보행 양식은 초기 인류가 숲에서 초원으로 삶터(서식지)를 확대하는 과정에서 생겨난 생태학적 적응으로 해석돼 왔다.

마이오세 후기(1000만~500만 년 전)에 일어난 지구 규모의 건조·한랭화는 아프리카에 널리 퍼져 있던 숲을 축소시켰으며, 대지구대 형성은 동아프리카에 거대한 초원을 만들었다. 그때까지 풍성한 숲에서 살고 있던 유인원의 조상들은 삶터의 축소·분단에 직면해 고릴라나 보노보처럼 숲에 남기를 고집할지, 아니면 침팬지처럼 넓게 펼쳐진 건조한 숲(소개림疏開林, open forest)으로 분포지를 넓힐지 선택해야 할 상황으로 내몰렸다. 초기 인류는 먼저 소개림으로 발걸음을 옮겼고 이윽고 숲에서 떠나 살 수 있게 됐다. 그 생활양식을 바꾸는 데 도움이 된 것이 바로 두 발 걷기라는 것이다.

두 발 걷기는 에너지 효율이 좋다는 설이 있다. 네 발 걷기(사족 보행)

그림 5-8 일어서서 가슴 두드리기를 하는 고릴라. 수컷
이 가장 빈번하게 이용하는 과시 행동이다.

에 비해 민첩성이나 속력은 떨어지지만 시속 2~4km로 걸어가면 네
발 걷기 동물보다 에너지 효율이 높다. 또 걷는 거리가 길어질수록
에너지 절약률이 높아진다는 보고도 있다. 즉 두 발 걷기는 장거리를
천천히 걷는 데 적합하다는 것이다. 이는 인류가 출현한 당시 환경과
잘 부합한다.

질이 높은 먹이를 얻으려고 띄엄띄엄 떨어진 작은 숲을 돌아다니고
있던 초기 인류는 침팬지 이상으로 넓은 범위를 걸을 수밖에 없었던
것으로 생각되기 때문이다. 이 특징은 현대의 수렵민 집단에도 계승
되고 있다. 숲의 수렵민 피그미는 수백 km²에 이르는 사냥터를 갖고
있으며, 하루에 30km를 걷는 경우도 드물지 않다. 칼라하리 사막에

사는 부시맨의 수렵은 독을 칠한 창이나 화살로 대형 짐승의 힘을 뺀 뒤 포획물이 쓰러질 때까지 끈질기게 추적을 계속하는 오래달리기가 중심을 이룬다. 모두 에너지 효율이 좋은 두 발 걷기의 은혜를 수렵 채집에 활용하고 있다.

또 서서 걷는 자세는 나무가 없는 사바나에서 일사량의 영향을 막는 효과가 있다는 설, 그리고 과시 행동을 위해 일어선 것은 아닌가 하는 설도 있다.(그림 5-8)

두 발 걷기가 가져온 분배

외부 환경에 대한 적응만이 아니라 사회적 원인의 관점에서 두 발 걷기의 이점을 설파한 것이 오언 러브조이Owen Lovejoy다. 두 발 걷기는 상반신, 특히 내장의 무게를 받칠 수 있도록 골반의 형태를 접시 모양으로 바꾸었고, 또한 다리를 신장시키기 위한 근육 부착부를 확보할 필요 때문에 몸통 가로나비에도 제한이 걸렸다. 이런 제약들 때문에 아기를 낳는 산도産道의 크기가 제한을 받게 되어 인류는 뇌를 키우려 해도 머리가 큰 아이를 낳을 수가 없게 됐다. 따라서 인류는 뇌의 크기는 유인원과 비슷하고 몸이 제대로 발달하지 못한 신생아를 낳아 성장에 필요한 에너지를 뇌로 돌리는 쪽으로 전략을 바꾸었다. 그 덕에 신체의 성장이 늦어져, 키우는 데 손이 드는 유아를 몇 명이나 안고 있어야 하는 상황이 됐다. 엄마 혼자서는 도무지 키울 수 없어 여러 명의 육아 보조가 필요하게 됐다. 또 미숙한 아기를 안고 있으면 위험한 초원을 재빨리 돌아다닐 수 없다. 그리하여 남자가 영양가 높은 먹이를 찾고 그것을 어미와 새끼가 있는 곳으로 가져와서 분배를 하게 되었다. 두 발 걷기로 자유롭게 된 손은 무기가 아니라 먹이를 운반하여 가족을 부양하기 위해 발달했다는 것이다.

이 설은 두 발 걷기의 원인 가설이라기보다 결과라고 생각하는 쪽이 더 나을지도 모르겠다. 육식 짐승이 많은 초원으로 나간 것도, 뇌가 커지기 시작한 것도, 두 발 걷기의 출현보다 훨씬 나중의 일이었을 것으로 생각되기 때문이다. 하지만 두 발 걷기가 먹이 운반에 도움이 됐다면, 그것은 다시 물건을 쥐고 두 발로 걷는 이동 양식을 완성시키는 쪽으로 연결됐음이 분명하다.

'다산'이라는 인류의 초기 조건

오언 러브조이의 설은 가족과 같은 사회 단위가 언어가 발생하기 훨씬 전에 만들어졌음을 암시한다. 뇌의 증대를 제쳐두고라도, 생활사의 변화를 피할 수 없게 되면서 그것이 초기 인류에게 특수한 사회성의 발달을 촉진한 것이 아닐까 생각한다.

즉 인류가 이른 시기에 다산을 하게 된 것을 말한다. 사바나는 숲에 비해 포식자로부터의 위험이 많다. 포식자가 노리는 것은 아기나 유아, 노령기의 개체, 병약한 개체 등 포획하기 쉬운 대상들이다. 그 때문에 초기 인류가 초원을 걷기 시작했을 때 먼저 직면한 것은 사망률의 상승이라는 문제였을 것이다. 사바나에서 살아가는 영장류는 모두 숲에서 살아가는, 혈연적으로 가까운 종들보다 출산율이 높다.

예컨대 사바나를 주요 서식지로 삼고 있는 파타스원숭이는 초산 연령이 세 살, 출산 간극이 12개월이지만, 숲에서 사는 푸른원숭이는 초산 연령이 여섯 살, 출산 간극은 2년 이상이다. 둥지에서 새끼를 키우는 야행성 원원류나 남아메리카에 사는 타마린, 마모셋원숭이 등 소형 영장류는 쌍둥이나 세쌍둥이를 출산함으로써 다산한다. 그러나 몸집이 큰 주행성 진원류는 초산 연령을 끌어내리고 출산 간극을 단축함으로써 다산 능력을 발달시켰다. 인류도 이 길을 걸었음이 분명하다.

인류와 가까운 유인원은 모두 숲에 살면서 매우 느릿느릿한 생활사를 갖고 있다. 미숙한 아기를 낳아 오랜 수유 기간을 거쳐 천천히 아기를 키운다. 출산 간극은 고릴라는 4년, 침팬지는 5~7년, 오랑우탄은 7~9년이나 된다. 초산은 고릴라가 열 살, 침팬지나 오랑우탄은 열다섯 살이 넘어야 시작한다. 하지만 현대인의 출산 간극은 2, 3년으로 유인원보다 짧고 연년생을 낳는 사람도 드물지 않다.

초산은 유인원과 비슷하게 늦지만, 적어도 출산 간극이 짧은 만큼 다산을 한다는 걸 알 수 있다. 이 능력을 인류가 언제 발달시켰는지 분명하진 않지만, 만일 다산하는 것이 포식자가 많은 초원에서 살아남기 위해 필요했다면 이른 시기에 그런 능력을 지니게 됐으리라 생각해도 좋을 것이다. 그렇다면 인류는 뇌가 커지기 전부터 많은 아기를 안고 육아에 다른 이를 동원하고 먹이를 분배하는 사회성을 발달시킬 필요성이 있었던 셈이다.

초기 인류가 취한 방책은 아기의 보호자를 특정한 남자로 한정하는 것이었으리라 생각된다. 유인원 중에서 출산 간극이 가장 짧은 것은 고릴라다. 고릴라 수컷은 젖을 떼기 시작한 아기를 엄마한테서 떠맡아 사춘기까지 극진하게 보살핀다. 수컷의 육아 참여로 암컷의 출산 간극이 짧아졌을 가능성이 있다. 그리고 그것은 수유 기간의 단축과 연결되어, 앞서 얘기했듯이 수컷의 새끼 살해 행동을 억제하는 효과를 갖고 있을 가능성이 있다. 다만 아기 보호를 특정한 남성에게 맡기기 위해 엄마는 그 남성과 지속적인 배우자 관계를 유지할 필요가 있게 된다.

인류와 새끼 살해

수컷의 새끼 살해를 방지하는 수단으로 수컷에게 부성을 확신시키는 방향과, 부성을 혼란시키는 방향이 유효하다는 것을 앞에서 얘기했다. 짝을 이루어 생활하는 긴팔원숭이 사회는 전자를, 보노보의 난혼 사회는 후자를 지향한 결과다. 고릴라와 침팬지는 암컷을 둘러싼 수컷들 간의 경쟁이 심한 사회를 만들었기 때문에 새끼 살해가 발현된다. 오랑우탄은 단독 생활을 통해 수컷 사이의 갈등을 완화시키고 암컷의 성적 허용력을 높여 새끼 살해의 위험을 피한다. 그러면 인류는 도대체 어떤 수단을 채택했을까. 나는 전자였을 것으로 생각한다.

		발정 징후		
		없다	약간 있다	뚜렷하다
집단 구조	단혼	10	1	0
	단일 수컷-복수 암컷	13	6	4
	복수 수컷-복수 암컷	9	11	14

표 5-1 영장류의 집단 구조와 발정 징후(실렌-툴베리 & 묄러, 1993).

그것은 인간에게는 침팬지나 보노보와 같은 성피가 없기 때문이다. 진원류 가운데 짝을 지어 생활하는 종에서는 일본원숭이처럼 얼굴이나 엉덩이가 붉어지거나 개코원숭이처럼 성피가 부풀어 오르는 발정을 표시하는 징후가 발달하지 않았다. 발정 징후와 사회 구조의 대응 관계를 계통적으로 분석한 스웨덴의 비르기타 실렌-툴베리 Birgitta Sillen-Tullberg와 안데르스 묄러Anders Moeller는 단일 수컷-복수 암컷 무리를 만드는 23종 중에서 13종이 발정 징후가 없고 4종에 뚜렷한 발정 징후가 나타난다고 보고했다.(표 5-1)

한편 복수 수컷-복수 암컷 무리를 만드는 34종 중에서 9종은 징후가 없고, 14종이 뚜렷한 징후를 나타냈다. 어느 정도 상관관계는 있으나 발정 징후와 사회 구조가 완전히 일치하진 않는다. 하지만 계통수를 더듬어 올라가면서 발정 징후나 사회 구조에 변화가 일어났는지를 조사해 보니, 발정 징후가 뚜렷하고 난혼적 사회를 만드는 종에서는 발정 징후가 없는 단혼형 사회가 만들어지지 않는다는 사실이 밝혀졌다. 즉 침팬지와 같은 성 특징을 가진 사회 구조에서는 인간의

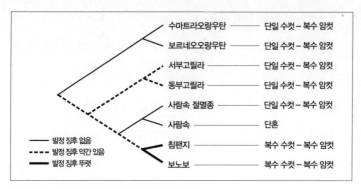

그림 5-9 유인원의 짝짓기 양식과 성피 부풀리기.

성이나 사회적 특징은 생겨나지 않는다는 것이다.

그러면 그것은 어떤 형태의 조상에서 발전한 것일까. 비르기타 실렌-툴베리와 안데르스 묄러는 단일 수컷-복수 암컷 무리에서 약간의 발정 징후를 나타내는 고릴라형 사회였던 게 아닐까 하는 생각을 갖고 있다.(그림 5-9)

고릴라는 그것을 계승했고, 침팬지는 발정 징후를 뚜렷이 나타내는 쪽으로, 인류는 먼저 발정 징후를 없애고 나서 단혼형 사회로 나아갔다. 그러나 인류가 아직 완전하게 단혼형 사회를 완성한 것은 아닌데, 그것은 암수 간 체격 차이가 분명한 것이라든지 인간 사회에서 일어나는 성을 둘러싼 수많은 문제 등을 보면 알 수가 있다. 그도 그럴 것이, 인류는 더 큰 집단 속에서 짝을 이루어 생활하는, 달리 그 예를 찾아볼 수 없는 난제에 도전했기 때문이다.

초기 인류의 사회 구조

포식자가 많은 환경 조건은 여러 수컷들 사이의 결속을 촉진한다. 초기 인류가 다산 경향을 강화하면서 아이의 보호자를 특정한 수컷으로 한정하고 발정 징후를 없애 짝을 이루는 사회성을 발달시키려 했지만, 각각의 짝들이 독립적 생활을 하기에는 사바나는 너무나 위험했다. 파타스원숭이처럼 고속으로 질주하는 능력도 없으니, 개코원숭이류처럼 여러 수컷들이 공존하는 큰 무리에서 살아갈 수밖에 없었다. 두 발 걷기라는, 고속 주행에는 적합하지 않은 능력을 발달시킨 인류는 개코원숭이와 비슷한 길을 걸었다.

나무가 없는 초원에서 포식자에 대항하기 위해 개코원숭이류는 다른 영장류에는 없는 사회성을 발달시켰다. 이는 여러 단일 수컷-복수 암컷 무리가 모여 씨족clan을 만들고, 다시 여러 씨족들이 모여 밴드band라는 상위 집단을 만드는 중층 사회다. 같은 씨족의 수컷은 혈연관계가 있고, 암컷은 씨족 내 또는 밴드 내에서 단일 수컷-복수 암컷 무리들 사이를 옮겨 다닌다. 같은 밴드에 소속된 복수의 씨족들은 물 마시는 곳이나 먹이 먹는 곳을 공유하며, 복수의 밴드들이 모여 수백 마리의 개체들이 소속된 대집단 트룹troop을 형성해 같은 숙박지에서 잠을 잔다.

아마도 여기에 유인원의 공통적 특성인 잠자리를 만들어 자는 행동이 인류에게서 사라진 비밀이 감춰져 있을 것이다. 초기 인류는 망토개코원숭이처럼 안전한 장소에 많은 동료들과 함께 모여 잠을 잤음이 분명하다. 하지만 그런 장소가 도처에 널려 있었을 리 없고, 초원에서는 잠자리를 만들 재료를 찾기도 어려웠을 것으로 보인다. 인류는 자는 방법을 바꿔야 했다. 파수꾼을 세우고 동료들과 함께 바위산이나 덤불 속에서 잠을 잤을 것이다. 초기 인류는 짝을 짓든지 단일 수컷-복수 암컷형의 무리를 만들었고, 그런 단위들이 모여 살아가는 중층 사회를 형성했음에 틀림없다.

근친상간 터부가 '가족'을 낳다

그러나 복수의 동료들이 일상적으로 얼굴을 마주치게 되면 이성을 둘러싼 문제가 생겨난다. 특히 남성들 사이에선 그것이 격화되기 십상이다. 인류는 그것을 어떻게 해결했을까. 망토개코원숭이는 수컷이 목 깨물기 등의 의례적 공격으로 암컷을 자기 밑으로 끌어들이고, 수컷과의 다툼에는 제3자가 개입하여 진 쪽을 도와 줌으로써 대등성을 유지한다.

인류도 이런 대등성을 유지하는 사회 교섭을 창출했을까. 그렇지 못한 것 같다. 인류의 사회성이 유인원과 공통성을 지니고 있음을 기억하기 바란다. 망토개코원숭이와 가까운 아누비스개코원숭이는 일본원숭이와 같은 엄격한 서열 관계 속에서 살아간다. 망토개코원숭이의 단일 수컷 집단 사회는 이런 아누비스개코원숭이 사회에서 수컷이 암컷을 배우자 관계로 취함으로써 탄생한 사회다. 암컷을 둘러싼 수컷들 사이의 관계는 대등하게 유지되지만 먹이를 둘러싼 갈등에는 서열 관계가 반영된다. 상대를 주시하는 것은 위협을 의미하며 서열이 낮은 이는 그 시선을 피하며 먹이에 손을 대지 않는다. 인류는 먹이를 둘러싼 갈등을 서열 관계로 풀지 않는 유인원의 사회성을 이어받았다. 망토개코원숭이와는 다른 방법으로 공존 관계를 확립하려 한 것으로 생각된다.

그것이 근친상간 금지와 음식을 공동으로 먹는 것이었다고 나는 생각한다. 고릴라에서 찾아볼 수 있는 근친상간 회피는 수컷이 새끼를 돌보면서 만들어진 결과다. 그것은 아버지와 딸 사이에 교미를 피하게 하고, 아버지와 아들 사이에 이성을 둘러싼 경쟁을 고조시키지 않고 공존하는 길을 만든다. 근친상간 금지는 규범으로 성적 관계를 유지하는 상대를 한정해서 동성 간의 성적 갈등을 억제하는 역할을 해온 것이 분명하다. 모계 중심이 아닌 비모계 유인원 사회에서 이 규범을 통해 강화되는 건 혈연관계에 있는 수컷들의 공존이다. 먼저 아버지와 아들이, 그리고 형제들이 서로 각기 다른 상대와 배우자 관계를 확립해 공존하게 되며, 부계의 친족 집단으로 결속을 강화해 간 것이 아닐까 생각한다.

가족은 그 결과로 생겨났다. 가족은 하나의 독립된 집단 단위가 아니라 근친상간 금지를 매개로 다른 가족과 밀접하게 연결돼 있다. 가족 중에서 성행위가 허용되는 것은 부부뿐이며, 어버이와 자식, 형제자매 그리고 조부모와 손자·손녀, 큰아버지·작은아버지나 큰어머니·작은어머니와 조카·조카딸 사이에는 금지된다. 이것이 가족의 원형이다. 클로드 레비스트로스Claude Lévi-Strauss(1908~2009)를 비롯한 많은 인류학자들이 인간 가족의 조건으로 근친상간 터부를 들면서, 그것을 가장 원초적인 규범으로 보는 이유가 여기에 있다고 생각한다.

가족이 서로 나누는 것

이렇게 해서 생겨난 가족 내 또는 가족 간의 유대는 먹이를 공유함으로써 강화된다. 인류는 기묘한 식습관을 갖고 있다. 그것은 늘 동료와 식사를 함께한다는 것이다. 자기 혼자서 먹을 수 있는 것도 굳이 동료와 나눠 먹으려 하며, 동료와 함께 먹기 위해 먹이를 모으러 간다. 현대인은 그것이 당연하다고 생각하지만, 인간 이외의 영장류에겐 정말 이해할 수 없는 일이다.

본래 갈등의 화근이 되는 먹이를 왜 친한 동료들과의 사회 교섭에 활용할까. 잘 생각해 보면, 매우 이상한 짓을 하고 있다는 걸 알 수 있다. 하지만 이는 유인원이 먹이 활동 장소를 양보하고 먹이를 분배하는 습성에서 물려받은 행동 특성으로, 그것을 독자적으로 발전시켜 온 것이다. 일본원숭이의 서열 사회와 달리 유인원의 식성에는 서열이 낮은 이가 먹이를 앞에 놓고 서열이 높은 이에게 자제를 요구하는 특징이 있다.

서열이 높은 이가 그것을 양해할 때 비로소 서열 관계 없이 복수의 동료들이 얼굴을 맞대며 함께 먹을(공식共食) 수 있다. 그리고 함께 먹음으로써 상호 유대와 협력 관계에 있다는 걸 확인할 수 있다. 초기 인류는 이 공동 식사와 공존을 떠받치는 작업을 가족 내에서만이 아니라 가족들 간에도 활용한 게 분명하다. 함께 먹는 것은 어느 문화에서도 가족을 넘어 동료들과의 사이에서 이뤄지고 있으며, 이웃에게 먹을거리를 주지 않는 가족은 경멸당하며, 모두 뒤에서 손가락질을 한다. 인류는 성을 가족 내로 가둬 놓는 대신 식사를 공개하여 공동 행위로 발전시킨 것이다.

서로 나눠 갖는
사회

수렵민의 아낌없는 분배 사회

왜 인간은 이토록 기꺼이 이웃에게 음식을 나눠 주는 걸까. 침팬지나 보노보도 먹을 것을 분배한다. 그러나 먹이의 소유자는 분명히 분배를 주저하며, 집요하게 구걸을 하지 않으면 분배하지 않는다. 그 아쉬워하면서도 나누는 분배에서 서열이 높은 이의 공존을 향한 바람과 자제를 엿볼 수 있는데, 이것이 인간의 분배와는 명백히 다른 지점이다. 인간 사회에서는 남 앞에서 분배를 꺼리거나 하지 않는다. 오히려 매우 기뻐하고 즐거워하면서 음식을 가진 이가 나누고 식사를 대접한다. 도대체 왜 이런 이상한 행동이 생겨났을까.

여러 사회 중에서도 특히 수렵 채집 사회가 음식물을 철저히 분배하는 사회로 알려져 있다. 콩고의 숲속 종족 피그미도, 칼라하리 사막의 부시맨도, 탄자니아의 사바나에 사는 핫자도, 파라과이 숲에 사는 아체도, 그리고 북극 땅의 사냥꾼인 이누이트도 사냥 포획물을 막사에서 함께 생활하는 전원에게 분배해서 먹는다. 그렇다면 수렵이나 채집 활동 속에 분배라는 행위가 내장된 것일까.

침팬지와 마찬가지로 현재의 수렵 채집민도 수렵하는 것은 언제나 남성이다. 침팬지의 수렵 성공률은 수컷 수가 많을 때 높아지며, 발정한 암컷이 있으면 수컷들이 모이는 경향이 있다. 포획물을 손에 쥔 수컷은 그것을 동맹 관계에 있는 수컷이나 발정한 암컷에게 분배하려 한다. 따라서 침팬지의 수렵이나 고기 분배는 수컷의 번식 전략으로 이해할 수 있다고 생각하는 사람도 있다. 마찬가지로 인간의 수렵 활동도 호혜성과 남성의 번식 전략으로 이해할 수 있다는 설이 있다. 파라과이의 아체족 여인들은 우수한 사냥꾼을 좋아한다. 따라서 많은 포획물을 잡아 오는 사냥꾼은 많은 연인을 얻을 수 있다. 자기에게 배당되는 몫이 줄어도 자손을 많이 남길 수 있기 때문에 그런 노력은 확실히 보상을 받는 셈이다. 사냥꾼들은 그것을 알기에 언제든 흔쾌히 사냥한 포획물을 모두에게 내미는 것이다.

그러나 이런 설이 모든 수렵 채집 사회에 적용될 수 있는 것은 아닌 듯하다. 다른 사회에서는 사냥꾼들이 그보다 소극적이며, 여인들은 사냥 솜씨만으로 남자를 선택하진 않는다.

분배를 호혜적 행위로 간주하는 설도 있다. 수렵 채집으로 획득한 먹이는 한꺼번에 많이 얻을 수 없고, 저장하기도 어렵다. 따라서 자신에게 필요한 것 이상으로 획득했을 때는 분배함으로써, 자신이 획득할 수 없을 때 거꾸로 분배를 받을 수 있도록 해 두려는 것이다. 불안정한 먹이 환경 속에 놓인 사회에서 형성된 일종의 보장 체계가 아닐까 하는 생각이다. 그렇다면 인간의 먹이 분배는 보답을 기대하고 의무를 부과하는 호혜성이 그 뒤를 떠받치는 행위로 볼 수 있다. 과연 그럴까.

증여 받는 것은 심리적 부채일까

먹이를 교환하는 것은 현대 사회에서 당연한 것처럼 이뤄지고 있으나, 마르셀 모스Marcel Mauss는 교환이라는 행위가 생기기 이전에 증여贈與 행위가 있었다고 생각했다. 증여는 그것을 받는 쪽에게 일종의 부담감을 느끼게 만들어 그에 상응한 것을 증여자에게 주는 행위를 낳는다. 침팬지와는 달리, 적극적으로 타자에게 먹을 것을 주는 인간의 행위는 바로 상대에게 심리적 부채감을 느끼게 만들어 결과적으로 교환을 성립시키는 행위일지도 모른다.

하지만 탄자니아의 핫자 부족을 연구한 제임스 우드번James Wood-burn은 수렵 채집민의 분배는 호혜성이나 교환이라는 개념으로는 명확히 설명할 수 없다고 한다. 분배가 호혜성에 바탕을 두고 있다면 분배를 받은 이가 그에 보답하는 것이 의무화되고 습관화돼 있어야 하지만, 그런 예는 존재하지 않는다. 또한 먹을 것을 소유한 이가 반드시 분배하는 것은 아니며, 고기도 직접 사냥하지 않은 이가 분배하는 경우도 많이 있다. 이누이트도 음식물의 분배에는 교환이 없으며, 음식물 소유자가 아닌 제3자가 분배하거나 일방적으로 이양 받거나 하는 경우가 많고 분배를 요구하는 경우도 거의 없다고 한다.

그림 5-10 카메룬의 바카Baka 피그미족 엄마와 아이들. 숲
에서 채집한 견과류 야생망고Irvingia 껍질을 벗기고 있다.

　한편 중앙아프리카의 열대우림에 사는 피그미나 칼라하리 사막에
사는 부시맨은 수렵으로 부富가 한쪽으로 쏠리지 않도록 하는 규범이
사회 구석구석에 널리 퍼져 있는 것으로 보인다. 콩고민주공화국의
이투리Ituri 숲에 사는 무부티 피그미Mbuti Pygmy는 큰 포획물을 잡은
사냥꾼이 전혀 흥분한 기색을 나타내지 않고 차분한 태도로 막사로
돌아온다고 한다.(그림 5-10) 좀 색다르게 창을 쥐고 있는 것을 빼면,
보통 때와 전혀 다를 바 없이 눈에 띄지 않게 처신하는 사냥꾼의 관습
이다.

그림 5-11 칼라하리 사막에서 잡은 겜스복을 해체해 분배하는 부시맨 사람들(노나카 겐이치野中健一 촬영).

무부티 피그미도 콩고의 아카 피그미Aka Pygmy도 포획물은 먼저 사냥꾼들의 규칙에 따라 창이나 총을 가진 이, 사냥에 참가한 이들 사이에 분배되며, 그 뒤에 막사 내의 각 가족들에게 분배된다. 요리한 고기는 다시 식사 자리에서 분배된다. 자신의 창이 있는데도 굳이 다른 사람의 창을 빌려서 사냥하거나, 자신도 상대도 이미 갖고 있는 식재료까지 굳이 분배하기도 한다. 마치 분배하는 것을 목적으로 사냥을 하는 듯이 보인다.

부시맨도 포획물을 잡아 온 사냥꾼은 소극적 태도를 취하는 게 보통이다. 막사에 돌아와도 누가 먼저 묻기 전에는 얘기하지 않는다. 다음 날 모두가 포획물을 가지러 가서도 전혀 칭찬하는 소리가 나오지 않는다. 그러기는커녕 모두 포획물이 너무 작다느니, 이렇게 멀리

오게 만든다느니 하며 불만들을 털어놓는다. 사냥꾼 자신도 자신이 사냥한 포획물이 보잘것없다는 점을 인정하고 미안해하는 듯한 태도를 취한다. 이것은 물론 농담이다. 부시맨들은 고기를 평등하게 분배하고 그 행복을 마음껏 맛보기 때문에 동료들에 대한 사냥꾼의 공헌은 높이 평가 받는다. 하지만 그 지점에서 포획물을 잡아 온 사냥꾼이 위세를 떨지 않도록 절도 있는 처신을 요구하는 것이다.(그림 5-11)

나눠 주는 것과 나눠 갖는 것은 다르다

오랫동안 피그미 사회를 계속 연구한 단노 다다시丹野正는 그들 사회가 '나눠 준다'가 아니라 '나눠 갖는다'(Sharing)는 정신으로 특징지워질 수 있다는 점을 지적했다. 피그미나 부시맨의 분배는 가진 자가 음식물을 나눠 주고, 받는 자가 그 소유를 인정하는 것이 아니다. 오히려 소유하는 것을 철저히 회피한다는 것이다. 누가 포획해 왔든 그것은 막사에서 함께 살아가는 사람들이 나눠 갖고 공유해야 한다.

부시맨의 음식 분배나 요리에 대해 조사한 이마무라 가오루今村薫는 분배는 나눠 갖는 것의 한 측면에 지나지 않는다고 말한다. 여자들은 요리를 하여 동료들에게 나눠 주면서 친밀한 관계임을 확인한다. 때로는 같은 요리를 서로 주고받는 적도 있다. 도움이 필요 없는 사소한 작업이라도 많은 사람들이 관여하여 서로 협력한다. 기껏 한 절구의 들풀을 뜯어 와 요리를 하는데 8명이 물품을 내고 10명이 작업을 해서 13명이 먹었다고 이마무라 가오루는 기록했다. 그 지나친 주고받기는 이미 실용의 범주를 넘어선 것이고, 거기에서 나눠 가짐으로써 삶을 서로 확인하는 의례의 장과 같은 분위기를 느낄 수 있다고 한다.

아카 피그미의 사냥과 분배를 조사한 다케우치 기요시竹內潔는 그들이 고기를 직접 건네주지 않는 데에 주목했다. 사냥한 뒤 포획물 주변에 사람들이 모여들면 절단된 고기들을 나눠 주는데, 보통 고기들은 내던져 놓은 상태라고 한다. 또 여성들은 양동이에 담아 마을로 갖고 온 고기를 잎으로 싸서 동료들의 오두막집까지 갖고 가 두고 온다. 받는 쪽은 표정 변화도 없이 내던져 놓은 고기를 싸거나, 놓아둔 고기를 오두막집 안으로 가지고 들어간다. 분배 받은 쪽이 거의 아무런 감사 표시도 하지 않는 게 정말 인정머리 없어 보인다고 한다. 그것은 분배할 때 양자 간의 인격적 증여 관계를 배제하려는 그들의 행동 방식이다.

고기 분배는 주는 '나'와 받는 '너'라는 양자 관계 속에서 완결되는 것이 아니라, 같은 막사에서 생활하면서 함께 사냥하는 '우리'라는 문맥 위에서 참여자들에게 주어지는 것을 표현하는 방식이라는 것이다. 다케우치 기요시는 그것을 마르셀 모스의 '부채負債 이데올로기'에 대비시켜 '공재共在(공존) 이데올로기'라고 불렀다.

유인원과 인류의 분배 차이

수렵 채집민의 분배는 먼저 음식을 '우리'한테로 모아서 그것을 평등하게 나누는 행위다. 거기에는 소유라는 의식을 의도적으로 지우려는 노력이 들어가 있다. 그러나 보노보의 먹이 분배 행동을 연구한 구로다 스에히사는 분배가 커뮤니케이션으로서 의미를 지니기 위해서는 분배물의 소유자가 명확해야 한다고 말한다. 침팬지나 보노보의 분배는 누군가가 먹이를 가지는 데서부터 시작된다. 손에 쥐지 않은 먹이는 아직 소유자가 확실하지 않기 때문에 누가 가져도 좋다. 그들의 분배는 먹이를 가진 이에게 누군가가 다가가서 그것을 달라고 조름으로써 비로소 발현되는 것이다. 따라서 그들은 행위 그 자체가 목적이 아니라 '특정 상대와의 행위'를 추구하는 것이라고 구로다 스에히사는 보고 있다. 즉 수렵 채집민이 물건을 통해 양자 간의 관계가 만들어지는 것을 꺼리는 데 비해 유인원은 오히려 그것을 추구한다고 할 수 있다.

보노보는 분배를 조름으로써 소유자의 자제를 제안한다. 거기서 소유자는 자기 안의 타자와 만나게 된다. 타자의 욕구를 자기 욕구와 같은 수준에서 느끼고 그것을 공존시키기 위해 분배에 동의한다. 그것을 구로다 스에히사는 '공감共感'이 싹트는 것으로 파악했다. 그리고 침팬지나 보노보의 먹이 분배에서 나타나는 마음의 움직임은 자기를 객관화해서 바라보는 것이나 타자 이해, 소유, 가치 등의 출현과 연동돼 있으며, 언어로 표현되지 않는 규범이나 자연 제도로 이어질 가능성을 지니고 있다고 지적한다.

먹이가 지닌 사회적 힘

그렇다면 수렵 채집민의 '공존 이데올로기'는 왜 먹이를 매개로 한 양자 간의 커뮤니케이션을 부정하려 할까. 그것은 그들이 사람들의 관계에 끼칠 먹이(음식물)의 영향력을 잘 알기 때문일 것이다. 구로다 스에히사는 소유는 물건 소유자의 인격을 각인하는 것이라고 한다. 일단 소유된 먹이는 분배를 매개로 먹이와 함께, 아니 먹이를 먹은 뒤에도 먹이를 나눠 준 이의 존재를 받은 이에게 계속 기억하게 만든다. 양자 간의 특별한 관계는 공존의 장을 허무는 위험성을 내포하고 있다. 수렵 채집 활동으로 먹이를 현장에서 분리하고 그것을 조작할 수 있게 된 인간은 먹이를 정치적 수단으로 삼는 걸 스스로 금지한 것이다.

주행성의 진원류는 주로 식물성 먹이를 이용해 진화해 왔다. 사회생태학이 보여 주듯이, 그들의 사회성에는 식물성 먹이를 둘러싼 동료들과의 경쟁을 여러 방법으로 해소해 온 역사가 새겨져 있다. 먹이는 갖고 움직이는 것이 아니라 과일이나 잎, 나무껍질이 있는 장소에서 그대로 입으로 가져가는 것이었다. 개코원숭이나 일본원숭이처럼 볼주머니가 있는 원숭이들은 일단 먹이를 볼주머니에 넣어 두었다가 안전한 장소에 온 뒤에 입 속으로 옮겨 느긋하게 먹을 수 있다. 하지만 그것을 동료에게 주거나 동료들과 함께 먹지는 않는다. 볼주머니가 없는 유인원은 늘 먹이가 있는 장소에서, 먹이의 분포에 따라 흩어져 동료들의 움직임에도 신경을 써 가며 먹어야 한다.

따라서 원숭이나 유인원들의 먹이를 둘러싼 경쟁은 기본적으로 먹이가 있는 장소를 둘러싸고 벌어진다. 먹이가 있는 장소가 한정돼 있다면 누군가가 물러서고 누군가가 그것을 점유하는 사태가 일어난다. 그 행위에 개체들 간의 서열 관계가 반영되는 것이다. 많은 영장류들은 장소 점유를 둘러싼 갈등을 서열 관계를 반영시킴으로써 해소해 왔다고 할 수 있다. 유인원은 그러한 갈등에 서열 관계를 반영시키지 않고 분배 행동이라는 커뮤니케이션을 만들어 냈다. 침팬지 사회에서는 수컷의 고기 분배가 이미 정치적 수단으로 사용되고 있다는 지적도 있다.

 인류의 식생활에서 현저한 특징은 굳이 먹이를 동료들이 있는 곳으로 가져가서 먹는다는 점이다. 현장에서 먹을 수 있는 먹이도, 별로 양이 많지 않은 먹이도 인간은 거기서 바로 소비하지 않고 갖고 돌아오는 경우가 많다. 그것은 본래의 먹이 분포를 인위적으로 바꿔 타자 앞에서 여러 획득 방법을 제시할 수 있다는 것을 의미한다. 원숭이들처럼 먹이 획득 방법에 서로의 사회관계를 반영시키는 것이 아니라 먹이를 조작해 사회관계를 만들어 내는 것이다.

 원숭이들은 이런 일을 할 수 없다. 앞서 얘기했듯이, 인간이 먹이를 주는 상황에서는 먹이가 움직이기 때문에 일본원숭이들은 서열 관계를 반영시킬 수 없게 돼 혼란을 일으킨다. 따라서 서열을 확인하려는 공격 행동이 빈발하게 된다. 인간은 먹이를 이용해서 친밀함도 적의도 나타낼 수 있다. 하지만 그것이 마음대로 행해지면 인간관계는 혼란을 일으키고 질투와 증오가 횡행해 사회는 불안정해진다. 따라서 어떤 사회에서도 먹이 분배에는 섬세한 규칙이나 에티켓이 요구된다. 수렵 채집민은 그 영향을 극도로 억제하는 사회를 만들었다고 할 수 있다.

소유와
가족의 기원

가족이라는 사회

인류는 가족을 만든 시대에 이 나눠 갖는 행위를 확립했다고 나는 생각한다. 왜냐하면, 가족은 호혜성이 통용되지 않는 장이기 때문이다. 어버이는 전혀 보상을 기대하지 않고 자식에게 계속 먹이를 주며, 그렇게 한다고 해서 자식이 어버이에게 분명히 감사의 뜻을 표시하지도 않는다. 이 비호혜적 관계는 가족 내의 어버이와 자식 이외의 혈연관계에서도 일반적이다. 호혜적 주고받음이 생기는 것은 가족 간 또는 집단 간이다.

다른 가족은 결합해서 같은 가족이 될 가능성을 갖고 있다. 그것이 결혼이다. 결혼을 통해 그때까지 호혜적 관계밖에 갖지 못했던 두 가족이 인척이 되고 비호혜적 사이로 변질되는 것이다. 여기서 흥미로운 것은 결혼이 분배 불가능한 성적 자원을 교환함으로써 성립된다는 사실이다. 레비스트로스는 근친상간 터부를 집단 간에 여성의 교환을 통해 호혜성을 실현하기 위한 제도로 이해했다. 가족 내에서 성

행위가 금지되는 딸을 만들어 다른 가족과의 교환을 가능하게 만들어 주기 때문이다. 이 딸의 교환이 집단들을 묶어 주고 협력 관계를 형성하도로 촉진한다.

여기에 인류가 만들어 낸 참으로 기묘한 사회성이 상징적으로 표현돼 있다. 본래 소유하기 어려운 성의 상대를 호혜성에 바탕을 둔 교환에 활용하여 그 소유를 공동체를 통해 합의하고, 소유를 낳기 쉬운 음식을 철저히 나눠 가짐으로써 갈등을 억눌렀던 것이다. 그것은 복수의 가족들이 모여 더 큰 공동체를 만드는 데 불가결한 것이었다. 그리고 음식을 나눠 가짐으로써 강화된 결속력은 무상으로 가족이나 공동체에 봉사하는 행위를 낳아, 대형 육식 동물이 배회하는 사바나에서 초기 인류가 살아남는 큰 원동력이 됐음이 분명하다.

노래가 언어에 앞선다

그런데 인류가 언어를 갖게 된 것은 기껏해야 수만 년 전의 일이라고 한다. 언어를 교환하지 않고 초기 인류는 어떻게 강한 결속력을 유지할 수 있었을까. 음식을 나눠 갖는 것만으로 동료들이 일치단결하여 행동하는 게 가능할까. 나는 그것이 음악을 통해 만들어진 게 아닐까 생각한다. 현대의 수렵 채집민은 모두 음악을 무척 좋아한다. 특히 피그미의 춤이나 노래는 유명하다. 무부티 피그미의 민족지民族誌를 남긴 콜린 턴불은 사냥 뒤에 그들이 숲 속 동물들을 모방해 능숙하게 춤을 추었고, 수많은 의례에 집단 춤이 빠지지 않았다는 사실을 기록했다. 춤을 출 때는 몇 사람의 가수가 독립된 파트를 노래하면서 멋진 하모니를 이뤄 냈다. 이는 폴리포니polyphony(다성 음악)라고 하는데, 노래나 춤에 참가한 사람을 일체화시켜 고양된 공동 의식으로 이끄는 효과가 있다.

물론 이 정도로 멋진 노래나 춤을 초기 인류가 할 수 있었다고 생각되진 않는다. 하지만 두 발 걷기가 에너지 효율이 좋은 신체만이 아니라, 노래와 춤에 적합한 신체도 만들어 냈다는 설이 있다. 스티븐 미튼Steven Mithen은 손이 나무 위나 땅 위에서 몸을 떠받치는 기능에서 해방됨으로써 흉부(가슴)에 가해지는 압력이 줄고 성대에 변화가 일어나 아름다운 가락의 음을 발성할 수 있게 됐다고 추측한다. 동시에 두 발 걷기로 자유롭게 된 손을 흔들고 허리를 돌려 스텝을 밟으며 갖가지 몸짓을 표현할 수 있게 되었다. 침팬지나 고릴라는 인간의 춤과 같은 매끄럽고 복잡한 몸짓 표현을 할 수 없다. 두 발 걷기는 율동적인 근육들의 협조를 끌어내고 그것을 유지하기 위해 고도의 정신적 기구를 진화시킬 필요가 있었을 것이다. 현대에도 몸짓이나 표정은 인간의 의사소통에서 큰 부분을 차지한다. 그것은 사고보다도 감정을 잘 표현한다. 음악은 인간에게 우선 감정을 표출하는 새로운 기법을 선사했으며, 큰 사회성의 변화를 가져다주었다고 볼 수 있다.

언어와 다른 음악의 특징은 여러 가지다. 먼저 음악은 문화들 사이에 번역을 할 필요가 없다. 음악에는 언어와 같은 지시적 의미는 없으며, 음악의 규칙은 문법과 같은 의미를 갖고 있지 않다. 무엇보다 중요한 것은 음악이 사람의 감정을 흔들고, 사람의 기분을 조작하는 힘이 있다는 것이다. 동료들과 함께 노래 부르고 춤을 춤으로써 자신과 타자 사이의 경계가 사라지고 일체화된 듯한 기분을 맛볼 수 있다. 즉 음악은 '우리 의식'을 강화하는 중요한 수단이 된다.

음악이 어미와 자식 간의 의사소통 과정에서 생겨났다는 발상도 있다. 심리학자 엘렌 디사나야케Ellen Dissanayake는 초기 인류가 다산을 하면서 미숙한 아기를 낳게 됐을 때 어미가 자식과의 유대를 강화시킬 필요가 있었고 그것이 음악 발생의 원인이라고 본다. 유인원의 아기는 울지 않지만 인간의 아기는 잘 운다. 이것은 인간의 엄마가 아기를 낳은 직후부터 품에서 떼어 놓기 때문이다. 어미 고릴라도 어미 침팬지도 한 살이 될 때까지는 아기를 동료에게 맡기지 않는다. 하지만 인간의 엄마는 일찌감치 아기를 다른 사람에게 맡겨 버린다. 그 때문에 아기는 요란스런 소리로 울면서 자기주장을 하고 누군가로부터 보살핌을 받으려고 귀여운 얼굴로 생글거리는 것이다.

그래서 흐느끼는 아기를 달래기 위해 자장가가 필요했다. 자장가를 통해 엄마와 아기는 떨어져 있어도 감정을 공유할 수 있고, 일체화된 기분을 느낄 수 있다. 자장가를 통해 아기의 감정을 조작할 수 있게 되면서 엄마가 아닌 사람들도 아기를 키울 수 있게 되었을 것이다. 자장가의 음조에는 세계의 문화들 간의 경계를 뛰어넘는 공통적 특징이 있다는 지적도 있다. 자장가의 기원이 오래다는 걸 보여 주는 증거일지도 모르겠다.

포식자로부터의 위험이 큰 사바나에서 살아남은 초기 인류에게 다산과 공동 육아는 높은 사망률을 보완해 주는 중요한 능력이었다. 하지만 방어력을 키우지 않고는 분포를 확대해 아시아나 유럽으로 진출하는 건 도저히 불가능했을 게 분명하다. 음악은 자장가만이 아니라 남성들의 연대를 강화하고 가족과 공동체에 봉사하는 행위를 이끌어 내는 데에 공헌했을 게 틀림없다. 더 나아가, 그것이 외부를 향한 집단의 적개심을 키우고 집단 간의 싸움으로 발전하는 공동 의식을 창출한 것으로 생각된다.

싸움의
본질

침팬지도 전쟁을 하는가

야생 침팬지도 집단 간에 싸움을 한다. 혈연관계에 있는 수컷들이 집단을 만들어 이웃 무리의 활동 영역에 침입해 홀로 있는 수컷이나 암컷을 덮쳐 깨물고 찢어 죽인다. 이런 폭력 사태가 탄자니아의 곰베와 마할레, 우간다의 키발레kibale에서 일어난 사실이 알려져 있다. 수컷들이 잇따라 습격을 당한 결과 곰베와 마할레에서 무리가 소멸하고 많은 암컷들이 습격자의 무리로 들어갔다. 이런 싸움을 통해 습격을 한 수컷들은 이웃 무리의 땅도 암컷도 빼앗았다고 연구자들은 지적한다.

이런 침팬지의 싸움과 인간의 집단 간 싸움에는 뚜렷한 차이가 있다. 그것은 침팬지 수컷들은 각 개체의 이익과 욕망에 휘둘려 싸움을 일으키는 데 비해 인간의 싸움은 늘 무리에 봉사한다는 것이 전제되기 때문이다. 침팬지 암컷들이 수컷들의 싸움을 지지하고, 수컷들에게 용기를 주거나 고무하는 일은 없다. 하지만 인간의 남성들이 싸우는 것은 가족을 살리기 위해, 공동체의 긍지를 지키기 위해서이고, 그것을 위해 다치고 죽는 것이다. 침팬지 수컷들은 목숨을 걸고 싸우진 않는다. 자신이 동맹을 맺고 있는 상대의 힘과 승리 가능성이 싸움을 일으키는 동기와 결심을 크게 좌우한다. 인간의 싸움은 그런 손익 계산으로는 해석할 수 없다.

때로는 질 줄 알면서도 싸워야 하는 경우가 있다. 그것은 싸움에서 이기는 것만이 목적은 아니기 때문이다. 가족이나 공동체의 일원으로서 어울리는 행동을 보여 주지 않으면 자신뿐만 아니라 가족도 살아갈 수 없다. 인간이 싸움을 하는 동기는 어디까지나 공동체 내부에 있다. 현대의 전쟁은 그러한 인간의 사회성과 심리를 위정자들이 능란하게 조작해 국가나 민족 집단에 봉사하도록 만들기 위해 벌어진다.

확대된 공동체의 운명

본래 공동체란 가족의 연장이며, 나눠 갖는 정신을 토대로 만들어진 집단이다. 그것을 유지하기 위해서는 서로 얼굴이나 개성을 잘 알고 있어야 한다. 그 수는 대체로 150명을 넘지 않아야 되는 것으로 알려져 있다. 그 정도 수의 동료(구성원)들이라면 소문에 오른 얘기를 해도 즉각 당사자의 얼굴을 떠올릴 수 있고, 각각의 경우에 맞는 대처를 할 수 있다. 따라서 일일이 호혜성에 근거한 주고받기를 하지 않더라도, 소유를 금지함으로써 불공평한 분배나 부의 편재를 막을 수 있다.

현대의 수렵 채집민들도 대체로 150명 정도의 거주 집단을 만든다. 이 수를 유지했더라면 대규모 전쟁이 일어나지 않았을지도 모른다. 공동체의 확대는 그 내부의 호혜적 관계의 필요성을 증대시키게 된다. 그와 동시에 구성원 수의 증가는 호혜성을 유지하기 위한 사회적 비용도 증대시킨다. 싸움의 규모나 빈도가 늘어난 것은 인간이 공동체의 규모를 키우려고 했기 때문이다. 공동체의 외부는 호혜적이든 비호혜적이든 증여를 매개로 하는 관계를 만들 필요가 없는 세계다. 따라서 교역이나 전쟁도 이 세계에서 일어난다. 가치가 다른 공동체들 간에 교환을 통해 이익을 얻거나, 폭력을 동원해 착취하고 약탈할 수 있게 됐기 때문이다. 공동체 내부의 호혜적 관계를 유지하기 위해 땅을 넓히고 부를 축적하는 일이 장려되며, 그것은 다른 공동체와의 알력을 만들어 낸다. 농경민의 집단 간 폭력 때문에 일어나는 사망 발생률은 수렵 채집민의 3배에 이른다는 지적도 있다.

대량 살육은 왜 일어났을까

　왜 대량 살육을 불사할 만큼 가혹한 전쟁을 인류는 벌이게 됐을까. 그것은 언어의 출현과 땅의 소유, 그리고 죽은 자와 연결되는 새로운 정체성Identity의 창출을 통해 가능했다고 나는 생각한다. 언어는 초월적 커뮤니케이션을 가능하게 만든다. 음악은 그때그때 현장에서 체험을 공유하는 것이 본질이지만, 언어는 그곳에 없는 일이나 공상 속의 이야기를 전달하는 기능이 있다. 실제로는 보지 않은 것, 듣지 않은 것을 체험케 하고 그것을 동료들이 공유하게 만들 수 있다. 이 기능을 통해 언어는 가상의virtual 공동체를 만들어 낸다. 국가나 민족이라는 환상의 공동체가 사람들 마음속에 깃들게 되는 것이다.

수렵 채집이라는 생업 양식에서는 각각의 공동체에 토지를 소유할 필요가 없었다. 앞서 애기했듯이 영장류 무리가 영토를 갖기 위해서는 그 활동 영역이 하루 이동 거리에 맞춰 돌아볼 수 있을 정도로 좁아야 한다. 열대우림에 사는 피그미도 사막의 부시맨도 수백 km²에서 1000km²를 넘는 활동 영역을 갖고 있다. 도무지 지켜 낼 수 있는 영토가 아니다. 게다가 식물의 열매는 계절이나 해에 따라 바뀌고 포획물인 동물은 이동한다. 그런 변화하기 쉬운 자원을 먹이로 삼자면, 좁은 지역을 점유하기보다는 넓은 지역을 복수의 집단들이 공유지로 삼는 쪽이 유리하다.

따라서 수렵 채집민 집단의 테두리는 땅이 아니라 집단 그 자체다. 집단은 여러 가족들의 집합으로, 독립적으로 움직이는 암컷들의 활동 영역을 공동으로 관리하는 침팬지 수컷들의 연합과는 다르다. 집단은 호혜성을 바탕으로 한 거래와 결혼을 통한 친족 재편성으로 적대적 관계에 빠지는 것을 방지한다. 아마도 인류 공동체는 이런 기본 도식에 따른 사회생태학적 특징을 유지해 왔을 것으로 생각된다.

하지만 1만년 전 농경의 출현은 사람들의 토지 이용법을 극적으로 바꿔 공동체 안팎의 관계에 큰 영향을 끼치게 된다. 농경은 땅을 갈아서, 씨를 뿌리고, 비료를 주고, 잡초를 제거해 작물이 열매를 맺도록 하기 위해 많은 노력을 쏟아부어야 한다. 땅을 침입해 작물에 피해를 주는 곤충이나 동물은 해충, 해로운 짐승으로 제거해야 할 대상이 된다. 수확은 이런 노력에 걸맞은 보수여서, 일을 분담하지 않은 이와 평등하게 나눠 가질 수 있는 게 아니다. 그 때문에 토지 소유권을 개인이나 집단에 귀속시켜 거기에 투자하여 이익을 얻는 권리를 명확히 해 둘 필요가 있다. 농경에 적합한 땅도 있고 그렇지 않은 땅도 있으므로, 장소에 따라 커다란 가치의 차이가 생긴다. 그래서 가치가 높은 토지에 표시를 하고 울타리를 쳐서 타인이 손댈 수 없도록 한다. 사람들의 생활에 경계가 출현한 것이다.

수렵적 공간 인지와 농경적 공간 인지

멜라네시아 제도 원주민들의 공간 인지에 대해 연구한 다케카와 다이스케竹川大介는 여기서 어장漁場은 점으로 인식되며, 면적이나 경계는 중요하지 않다는 걸 지적한다. 이에 비해 농경 사회에서는 토지(면面)의 소유가 명확하고 그 경계가 중요한 의미를 지닌다. 이런 인지 지도認知地圖의 차이는 사회적 차이와도 밀접하게 엮여 있다. 점 지도占地圖에서는 각각의 점이 선으로 연결되면서 네트워크를 확대해 간다. 각각의 점들은 대등하며, 하나의 점을 여러 개의 점들과 연결하거나 떨어져 있는 두 점을 직접 연결할 수도 있다. 면 지도面地圖에서는 경계를 가진 영역들이 복수로 모여 큰 영역을 만드는 식으로 계층 구조적으로 확대돼 간다. 중앙집권화하기 쉬운 특징을 지니고 있는 것이다.

어민들과 마찬가지로 수렵 채집민은 점 지도로서 공간을 인지하며, 사냥터를 공유지로 삼아 서로 중복적으로 이용하고 있는 것으로 보인다. 오랜 기간 수렵 채집자로서의 인류에게 땅의 경계는 그다지 중요하지 않았으며, 집단의 정체성이 개인을 묶어 두는 그릇이었을 것이다. 하지만 농경의 출현은 개인과 집단을 땅에 귀속시켜, 땅을 관리하는 이에게 큰 권한을 부여했다. 경계를 따라 소유권이 명확해진 땅은 결합해서 커다란 영역으로 관리되게 됐고, 그것을 통괄하는 이가 땅과 동시에 집단을 통치하는 지배자가 됐다. 이 구조적 개변改變이 땅과 경계를 둘러싼 싸움을 야기했고, 집단들 간의 전쟁으로 발전할 여지를 만들어 낸 것으로 보인다.

그러나 사람의 일생은 짧다. 전 생애에 걸쳐 권리를 주장할 수 있는 땅의 넓이는 뻔하다. 그래서 인류는 죽은 이(사자死者)를 이용하는 법을 창안해 냈다. 이 땅은 아버지로부터 물려받은, 선조 대대로 내려온 땅이라고 선언함으로써 그 소유권을 자손들에게 물려주는 것이다. 무덤은 그것을 위해 조성됐다. 사람들이 조상을 숭배하고 가계도를 중시하는 것은 조상을 증거로 삼아 땅에 대한 권리를 지키려 하기 때문이다. 수렵 채집민이나 유목민 사회에는 무덤을 만들지 않는 문화가 많다. 피그미도 부시맨도 주검을 묻지만 무덤은 만들지 않는다. 몽골 유목민들은 조장鳥葬으로 주검을 새들에게 먹여, 매장조차 하지 않는다.

기원에 대한 의문이 전쟁을 부르다

자신의 유래를 알고자 하는 감정은 인간 특유의 것이다. 나는 누구의 자식이며, 어디에서 어떻게 태어났는가. 그리고 부모는 어떤 인물이었는가. 그런 것을 생각하고 고뇌하는 동물은 인간 이외에는 없다. 이는 인간의 문화에 보편적 경향이기 때문에 인류 정체성의 공통된 특징을 보여 주는 것이라고 생각한다. 인간 사회에서 개인의 정체성은 부모, 그리고 공동체로 연결돼 있다. 그것은 부모나 자신이 속한 공동체가 범한 과오를 자손인 내가 속죄하고 갚겠다는 마음가짐 속에 여실히 표현돼 있다.

부모가 자기들 자식의 과오에 대해 책임을 느낀다는 것은 새삼스런 얘기가 아니다. 자식의 행위에는 그 자식을 키운 부모의 영향이 짙게 표출된 것으로 여기기 때문이다. 하지만 왜 자식이 자신이 태어나기 전에 부모 세대가 저지른 과오에 대해 책임을 느껴야 할까. 거기에 인간 정체성의 기묘한 특징이 있다. 즉 사람은 이미 죽은 세대의 행위 덕에 이익도 얻고 손해도 보는 것으로 철석같이 느끼기 때문이다. 그 때문에 전쟁도 일어난다. 부모의 한, 친족의 한을 갚고 조상의 비원을 달성하고자 하는 마음도 여기에 깃들어 있다.

그런 자신의 계보를 더듬어 보는 사람의 정체성이라는 존재 방식이 공동체의 규모를 확대하고 경계 바깥으로 적의를 향하게 하는 동인이 돼 왔다고 나는 생각한다. 안면이 있는 동료들만으로 만든 공동체 규모는 작다. 하지만 같은 조상을 가졌다는 이유로 친족의 규모는 확대된다. 실제 만나 본 적도 없는 사람이 몇 세대 전의 조상을 공유한다는 사실을 근거로 친족의 일원이 된다. 그 궁극적 형태가 민족民族이라는 개념일 것이다.

민족에는 반드시 시조 신화始祖神話가 존재하며, 그것이 전승되면서 정체성의 핵이 됐다. 그리고 그것을 통해 가족이나 작은 공동체 안에서만 활용돼 온 나눠 갖기 정신이 민족의 이념으로 이용된다. 가족을 지키기 위해 싸우던 남자들이 같은 정신을 지닌 민족을 위해 싸우도록 호명된다. 공동 식생활과 성의 규범에 따라 형성된 사랑과 봉사의 마음은 그 힘이 미치지 않는 영역을 지배하는 자들에 의해 바꿔치기 당해 전쟁으로 내몰리게 된다.

영장류로서 인류의 가능성

현대는 그런 인간의 정체성을 그대로 놔둔 채 경계 없는 borderless 단계로 돌입해 버린 혼란의 시대다. 조상 전래의 땅은 국가나 기업에 매수당했고, 지구화globalization로 개인의 정체성을 붙들어 두던 국가나 민족의 경계도 희미해졌다. 사람들의 이동이 격심해지고 통신 기기가 발달해 사람들은 면이 아니라 점과 친숙해지게 됐다. 안면이 있는 동료들이나 친족으로 구성된 공동체는 무너지고 가족 내에서조차 비호혜적인 주고받기에 바탕을 둔 나눠 갖기 생활은 불가능해졌다.

그러나 폭력은 소멸하기는커녕 오히려 늘고 있다. 국가나 민족이라는 확실한 경계가 희박해진 뒤를 메우려 들 듯 막연한 형태의 집단이 종교나 사상의 원리, 관념적 내셔널리즘이나 공상적 민족주의를 앞세워 사람들을 싸움으로 몰아간다. 옴진리교가 저지른 사린sarin 가스 살인 사건, 이슬람 근본주의자들의 자폭 테러 등을 보노라면, 사람들은 단결하고 사랑을 확보하기 위해 굳이 적을 만들고 경계를 그으려는 것처럼 보인다. 잃어버린 공동체를 되찾기 위해, 자신의 정체성을 확고한 것으로 만들기 위해 전쟁을 일으키고 있을 가능성이 있다. 사람은 믿을 수 있는 동료가 없으면 살아갈 수 없다. 가정 내 폭력domestic violence은 사랑하는 이와 믿음을 나눠 가질 수 없게 된 탓에 생겨난 초조와 안달을 과잉 표현한 결과이기도 하다. 이 악순환을 어딘가에서 끊지 않으면 현대의 폭력이나 전쟁을 멈출 수 없을 것이다.

그러기 위해서는 인간이 지닌 능력을 좀 더 활용해야 한다고 나는 생각한다. 인간의 사회성을 떠받치고 있는 근원적 특징은 공동 육아, 공개적인 식생활과 함께 먹기共食, 근친상간의 금지, 대면對面 커뮤니케이션, 제3자의 중재, 언어를 이용한 대화, 음악을 통한 감정 공유 등이다. 영장류로부터 물려받아 독자적 형태로 발전시킨 이런 능력들을 활용해 인류는 서로 나눠 갖는 사회를 만들었다. 그것은 결코 권력자를 만들어 내지 않는 공동체였을 것이다. 우리는 다시 한 번이 공동체로부터 출발해서 위로부터가 아닌 아래로부터 짜 올라가는 사회를 만들어 가야 한다.

인류는 다산성을 획득한 이래 공동 육아를 사회의 중심에 두어 왔다. 공동 식사도 근친상간 터부도 공동 육아와 깊은 관계를 갖고 있다. 앞서 얘기했듯이, 육아에 관한 행동이나 커뮤니케이션에는 문화의 차이를 넘어서는 보편적 특징들이 많이 있다. 그것을 이용해 인간은 다시 한 번 사회의 화평과 힘을 되찾을 수 있다고 나는 생각한다.

유인원의 새끼들과 달리 인간의 아이들은 일찍부터 엄마 이외 사람들의 손을 편력하며 성장한다. 교육이 가능한 것은 인간뿐이다. 교시教示(가르쳐 보임) 행동은 사냥 기술을 습득해야 하는 육식 동물이나 맹금류들에서만 찾아볼 수 있으며, 그것도 어미 몫으로 한정돼 있다. 인류에 가까운 침팬지에서조차 교시 행동은 거의 찾아볼 수 없다.

왜 인간에게만 어미 이외의 존재가 아이를 가르치는 행위가 발달했을까. 수렵이 그 원인이었다고 생각되진 않는다. 사냥을 하는 침팬지에게선 그런 식의 육아 흔적이 희박하기 때문이다. 사냥이나 육식이 아니라 공동 육아가 교육의 길을 열었음이 분명하다.

교육을 통해 인간의 아이들은 다양성과 가소성可塑性을 몸에 익힐 수 있게 됐다. 그것이 공동체의 경계를 넘어 복수의 공동체들을 오가는 능력을 발달시켰다. 고릴라도 침팬지도 일단 다른 무리로 이적한 개체는 원래 있던 무리로 돌아가기 어렵다. 하물며 단기간 내에 여러 무리를 편력하기는 불가능하다. 무리들이 평화롭게 융합하기도 하는 보노보조차 암컷은 무리들 사이를 자유롭게 오갈 수 없다. 인간 이외의 영장류에게 무리 속에서 살아간다는 것은 커다란 구속이며 행동 제약을 의미하는 것이다.

인간이 일상적으로 다양한 집단을 출입하며 살아갈 수 있는 것은 타자에 대한 허용성을 높임과 동시에 안면이 없는 동료들이 있는 집단에 금방 동화될 수 있는 가소성을 넓힐 수 있었기 때문이다. 바로 거기에 경계 없는 시대를 살아갈 수 있는 비결이 감춰져 있다고 나는 생각한다.

최근 3주간 나는 아프리카 가봉에 있는 무카라바국
립공원에서 서부저지대고릴라를 조사했다. 오랜만에 열대우림을 마
음껏 맛봤다. 무엇보다, 대단히 습했다. 습도는 늘 100%로, 잠시만
내버려 두면 뭐든 금방 곰팡이가 핀다. 거기에 곤충이 달려들어 계
속 괴롭힌다. 아침저녁으로는 하루살이, 낮에는 체체파리, 밤에는 모
기가 피를 빨러 온다. 숲 속에서는 진드기가 꾀어들고 파리와 부봉침
벌도 끈질기게 엉겨 붙는다. 이런 크고 작은 벌레들을 막으려고 '무안
즈'라는 벌레 쫓는 막대기를 두드리며 숲을 걷고 있자면 인간은 이게
싫어 숲을 나간 게 아닐까 하는 생각마저 든다.

지금은 우기 초기로, 나무들은 붉은 빛을 띤 새 잎들을 달고 있다.
마치 단풍을 보는 듯한 기분이 든다. 갖가지 과일들이 익기 시작해
숲에는 달큼한 향이 떠돈다. 숲 속 바닥에는 빨갛고 노란 과일들이
흩어져 있고, 동물들이 먹고 간 흔적들이 남아 있다. 고릴라 이빨 자
국이 찍힌 과일들도 여기저기 보여, 그들도 이 호사스러운 때를 즐기

고 있다는 걸 알 수 있다.

이번에는 기쁜 날들이 이어졌다. 고릴라들이 마침내 우리 인간을 받아들이기 시작한 것이다. 커다란 몸집의, 등이 흰 수컷(실버 백)이 몇 m 앞에 모습을 드러내 적의를 보이지 않고 앉아서 쉬었다. 덕분에 암컷과 새끼 고릴라들도 하나 둘 우리 앞에 모습을 나타내기 시작했다. 새끼들은 이미 손이 닿을 만큼 가까이 다가와 겁먹은 표정으로 우리를 지켜보다가는 물러갔다. 어깨동무를 하거나 동료의 등을 꽉 껴안고 오는 새끼도 있었다.

마침내 고릴라와 인간의 사귐이 가능할 것 같다는 생각이 샘솟아, 매일 고릴라를 만나는 게 그렇게 즐거울 수 없었다. 2004년에 이 고릴라 집단을 그룹 장티(상냥한 집단)라고 이름을 붙인 뒤 안도 지에코安藤智惠子가 끈질기게 고릴라와의 사귐을 시도한 결과 드디어 그 성과를 보게 된 것이다.

그룹 장티가 스물두 마리의 고릴라로 이뤄진 대집단인 것도 확인할 수 있었다. 이미 거의 대부분의 개체들에 이름이 붙어 있다. 실버 백은 한 마리로, 파파 장티라고 한다. 안도 지에코의 명명으로, 말 그대로 만일 이 수컷이 상냥하게 우리를 받아들여 주지 않았다면 다른 고릴라들도 이렇게 마음을 열진 않았을 것이다. 우리와 함께 일하는 현지 주민들도 고릴라의 이름을 기억해 주었고, 그들이 제안한 대로 붙인 이름도 있다. 우핀다는 검다는 의미의 푸누 어인데, 세 살짜리 수컷에게 붙여졌다. 마동(보조개)이라는 이름이 붙여진 암컷도 있다.

이렇게 고릴라를 개체별로 식별해 가면서 친밀감을 키운 결과 그룹 장터는 인근 마을에도 소문이 났다. 고릴라와 친하게 사귀는 일은 지역 주민들에게도 미지의 경험이다. 그들이 사람들의 사랑을 받는 존재가 되기를 바란다.

이제까지 나는 3종의 아종 고릴라들과 인간의 접촉(사귐) 작업을 벌여 왔다. 그중에서도 이번에 손을 댄 서부저지대고릴라가 가장 힘들었다. 아무리 쫓아다녀도 '구악' 하는 실버 백의 고함 하나로 모든 고릴라들은 재빨리 도망쳐 버렸다. 실버 백이 친숙해지기 시작했을 때도 암컷이 경계음을 내지르며 돌격해 왔다. 그룹 장터에도 아직 이런 공격적인 암컷이 있다. 이 정도로 적의에 찬 암컷들을 가까이할 수 있었던 건 처음 경험한 일이었다. 지금까지 서부저지대고릴라를 완전히 사람과 친숙하게 만든 예가 없었던 이유는 이런 뿌리 깊은 적의를 고릴라들한테서 제거할 수 없었기 때문일 것이다. 그룹 장터가 사람과 사귀게 되면 전에 없던 쾌거가 된다.

그런데 고릴라와 인간은 도대체 언제부터 이토록 심하게 적대하게 된 것일까. 중앙아프리카 저지대의 열대우림에는 고릴라를 식용 대상으로 삼고 있는 곳이 많다. 따라서 고릴라가 인간을 무서워하기 시작한 것은 아마도 이 땅에서 농경이 시작되기 이전일 것이다. 하지만 인간이 활이나 창, 특히 철기를 이용해 동물을 사냥한 것은 비교적 아주 최근의 일이다.

그 전까지 인간이 고릴라나 코끼리 등 대형 동물을 사냥하기는 매우 힘든 일이었을 것이다. 오히려 인간이 고릴라를 무서워하고 있었을지도 모르겠다. 원래 인류의 조상이 숲을 나와 사바나로 간 것은 고릴라나 침팬지 등 숲에 사는 삼림성 유인원의 조상들로부터 내쫓겼기 때문일지도 모른다.

그러나 설사 그렇다 하더라도 고릴라들의 인간에 대한 적의가 우리만큼 심한 것은 아니다. 그 증거로, 그들은 지금 우리 눈앞에서 적의를 풀려고 한다. 우리 인간은 그것을 흉내 낼 수 없다. 자신들의 생활 영역에 들어오는 동물은 모조리 짐승이라며 배제하는 게 관습이 돼 버렸기 때문이다.

인간은 언제부터인가 그런 태도를 같은 인간에 대해서도 취하게 됐다. 자신의 문화나 생활을 위협하는 자들은 철저히 배제하고, 기회만 있으면 다른 문화 속에서 살아가는 사람들에게도 자신의 문화를 강요하려 한다. 그것이 안 되면 외적이나 무법자 취급을 하고, 저항하면 때로는 말살 대상으로 삼는다. 지금 세계에서 벌어지고 있는 비극은 인간 이외의 동물들에게선 찾아볼 수 없는 기묘한 적의의 산물이다.

이 책은 그것이 도대체 어떤 인간성에 뿌리를 두고 있는지를 유인원이나 다른 영장류와 조상을 공유하던 시대로 거슬러 올라가 살펴본 것이다. 유인원과 진화의 길이 갈라지고 나서 인류가 큰 성공을 거둔 원동력이 된 능력이 지금은 인간에게 절멸의 위기를 안겨 주고 있다. 바로 집단의 힘이다. 가족과 집단을 동시에 편성할 수 있는 능력을 지닌 인간은 타자에 의존해 살아갈 수 있는 세계를 만들었다. 그러나 그 타자는 지금 이름도 얼굴도 없는 가공의 사람이 돼 버렸다. 홀로 살아갈 수 없다는 것을 누구나 알게 됐지만, 누구에게 기대어 살고 있는지는 모른다. 그런 가운데 자기 탐색의 공허한 여행을 계속하고 있는 것이 현대의 인간이다.

고릴라를 보고 있노라면 그들이 무리를 마치 자신의 몸처럼 느낀다는 것을 잘 알 수 있다. 암컷도 새끼들도 실버 백의 일거수일투족에 신경을 쓰면서 실버 백이 행동하면 금방 거기에 호응하듯 움직인다. 실버 백도 대단한 존재다. 암컷이 소리를 내면 곧바로 응답하고 살펴보러 달려오며, 새끼가 나무 위에 남아 있으면 그 아래서 꼼짝 않고 기다린다. 그것을 알기에, 암컷이나 새끼들은 마음 내키는 대로 나무에 올라가 과일을 따 먹으며 안심하고 놀 수 있는 것이다. 거기에는 우리가 잊어버린 믿음이라는 것이 힘차게 작동하고 있다.

현대의 인간은 누가 우리 편인지 적인지도 알 수 없게 됐고, 그런 환경 속에서 우리 몸을 지키기 위해 어쩔 수 없이 폭력을 휘두르고 있는 듯한 생각이 든다. 바로 그렇기 때문에, 적의 존재가 확실해지면 폭력을 사용하는 데 주저하지 않게 된 게 아닐까. 우리는 다시 한번 인간이 만든 공동체가 어떤 것이었는지를 재확인하지 않으면 안 된다. 고릴라나 침팬지에서는 드러나지 않았던 어떤 특징이 거기에 숨어 있는 것일까. 사람들은 어떻게 믿음을 확보했을까. 신뢰의 토대가 되는 공감이란 어떻게 만들어지는 것일까. 그 답은 인간의 가족이 모순 없이 지구 사회에 받아들여지는 데에 있다.

현대의 사람들은 필사적으로 믿을 수 있는 모임의 장을 찾아다닌다. 휴대 전화를 통해 그리고 인터넷 속에서, 만난 적도 없는 사람들의 가상 공동체가 우후죽순처럼 등장하는 데에는 그런 사람들의 고달픈 생각들이 반영돼 있다. 현대는 경제적 효율과 편익을 목적으로 만들어진 기기나 시스템이 예상하지도 못한 형태로 인간성을 파괴해가는 시대다. 편의점이나 패스트푸드는 1인 식사('나 홀로 식사')를 증대시켜, 인간에게 중요한 식사라는 사회 교섭을 상실하게 만들었다. 사람들은 그로 인한 구멍을 메우기 위해 레스토랑이나 바, 노래방에 모인다. 하지만 그건 어딘가 잘못돼 있다.

이 책에서는 현대의 인간이 안고 있는 문제에 진화의 역사가 관련돼 있다는 점을 지적하려고 했다. 제대로 핵심을 찔렀는지 어떤지 불안하지만 적어도 인류가 당연한 걸로 느끼는 것들의 배후에 생각지도 못한 진화의 역사가 새겨져 있다는 점은 제시할 수 있었다고 생각한다.

폭력이나 전쟁이라는 해석하기 어려운 인간의 행위를 주제로 삼다보니, 도처에서 뜻하지 않게 지나친 얘기를 한 대목도 있다. 질책해주신다면 다행으로 여기겠다.

이 책을 완성하는 데 NHK출판의 이모토 미쓰토시井本光俊, 가가미 사치코各務早智子 씨에게 큰 신세를 졌다. 멀리 가봉의 오지까지 이들의 조언이 전달되지 않았다면, 이 책을 이렇게 일찍 완성할 수 없었을 것이다.

2000년, 코피 아난Kofi Atta Annan 유엔 사무총장은 밀레니엄 서밋(새천년 정상회담)에서 '공포로부터의 자유'와 '결핍으로부터의 자유'를 실현하는 게 중요하다고 얘기했다. 그 뒤 유엔난민기구 고등판무관을 지낸 오가타 사다코緒方貞子와 경제학자 아마르티아 센Amartya Kumar Sen을 공동 의장으로 한 '인간의 안전 보장'을 지향하는 위원회가 발족했다. 거기서 이미 국가라는 단위는 그 대상이 아니다. 개인의 자유가 어떻게 폭력에 의해 침해당하고 인간의 믿음이 손상되고 있는지 느낄 수 있다.

이 밀레니엄 보고서는 또 한 가지 자유의 필요성을 제안하고 있다. 그것은 '미래 세대가 이 지구에서 계속 살아갈 자유'다. 급속히 진행되고 있는 환경 파괴를 막고, 그 가치를 미래 세대에 전하는 것이야말로 우리 세대의 의무다. 20세기에 체결된 유엔 인간환경회의(스톡홀름회의)의 인간환경선언도, 세계유산조약이나 생물다양성조약도, 모두 지금 남아 있는 지구의 자원은 우리만이 아니라 미래 세대의 재산이기도 하다는 사상에 토대를 두고 있다.

그 지속적 가치를 지키는 노력과 함께 그 재산을 물려받을 아이들을 세계가 한마음으로 키우는 것이야말로 지금의 인간에게 요구되는 길이라고 생각한다. 그것은 또한 인간 공동체를 원초적 정신으로 되돌아가 재편하려는 시도와도 연결돼 있다. 이제까지 어떤 문화도 아이들을 위한다면서 실제로는 많은 아이들을 희생시키는 잘못된 싸움의 길을 걸어왔다. 싸움은 결코 아이들을 행복하게 해 주지 못한다는 사실을 명심해야 할 것이다.

2007년 11월
가봉의 숲, 무카라바 캠프에서
야마기와 주이치

"인간적인,
  너무나 인간적인…"

스탠리 큐브릭 감독이 작가 아서 클라크와 함께 만든 〈2001 스페이스 오디세이〉의 도입부는 정말 충격적이었다. 오래전에 본 그 영화에서, 알 수 없는 존재가 남긴 비석 같은 구조물의 등장 이후 유인원(원숭이)이 동물 뼈를 무기로 활용하면서 그것을 결국 동족 내의 경쟁자들을 향해 휘두르기 시작하는 장면, 그리고 그들 중 한 마리가 튕겨 올린 뼈가 달을 향하는 우주선으로 바뀌는 장면은 특히 인상적이었다. 그때의 배경 음악 리하르트 슈트라우스의 〈자라투스트라는 이렇게 말했다〉와 요한 슈트라우스 2세의 〈아름답고 푸른 도나우 강〉은 소름이 돋게 했다.

그런데 그 영화 제작에 힌트를 준 인간 폭력의 수렵 유래설이 이젠 거의 오류로 판명된 가설이라고 야마기와 주이치는 이 책에서 얘기한다. 인류 진화 과정에서 무기로 짐승을 사냥해서 먹은 수렵, 그리고 채집을 주업으로 삼아 진화해 온 역사는 인간의 전체 역사에서 99%를 차지하지만 인류가 무기를 동족 살해에 본격적으로 사용하기 시작한 것은 극히 최근의 일이라고 그는 말한다. 오랜 역사를 간직한 아프리카 등의 오지 수렵 채집민의 실태도 그것을 입증한다. 그들은 동족을 향해 그 무기들을 휘두르지 않는다. 수렵 채집민들은 일반적으로 잡은 고기를 나눠 먹는 매우 온순하고 평화적인 집단(보통 150명 정도의 소집단 단위)이라는 것이다. 국제영장류학회 회장을 맡을 정도로 그 분야에서 높은 전문성을 지닌 야마기와 교수는 자신의 아프리카 오지 고릴라 현장 연구와 학계에서 발표한 여러 첨단 연구 결과들을 토대로 이를 매우 설득력 있게 설파한다.

그렇다고 해서 그 영화의 감동이 줄어드느냐? 물론 전혀 그렇지 않다. 비전문가의 생각으로는, 그것을 수렵과 연관시키지 말고 도구(무기) 자체의 발견(발명)과 활용에 초점을 맞춰 생각하면 별 무리가 없지 않을까. 이건 순전히 문외한의 주관적 판단이다.

이왕 영화로 이야기를 시작했으니, 최근에 본 영화 얘기를 하나 더 하겠다. 브라질 출신의 인도주의 사진가요 환경보호운동가 세바스티앙 살가두의 전기 다큐멘터리 〈제네시스 — 세상의 소금〉인데, 처음부터 펼쳐지는 충격적인 흑백 화면들에 우선 압도당했다. 돈을 향한 인간의 광기와 끔찍한 착취, 수십만 수백만이 학살당하고 기약 없는 난민들로 전락한 처참한 현장들을 누비며 그가 찍은 사진들이 웅변적으로 전하는 메시지.

야마기와 교수도 이 책《인간 폭력의 기원》서문에서 끝없는 르완다 분쟁 난민 행렬, 소년병들과 맞닥뜨렸던 섬뜩했던 체험들을 얘기한다. 70년 전, 100년 전, 아니 불과 수십 년 전 우리도 그와 유사하거나 그보다 더한 폭력을 체험했다. 지금 우리는 요행히 그 속에서 살아남은 존재들이다. 그리고 전쟁과 폭력은 여전히 세계 도처에서 현재 진행형이다.

다른 어떤 생물체들과도 비교되지 않는 인간의 이 무자비한 폭력은 살가두의 말대로 "인간은 구제 받을 수 없는 존재"라는 말을 곱씹게 했다. 마지막에 수백만 그루의 나무를 심어 자기 고향을 재건한 살가두의 실천이 그나마 희망을 되살리지만, 그 영화는 인간의 잔혹한 폭력이 과연 어디서 왔는지를 거듭 되묻게 했다.

인간의 폭력은 어디서 왔나?

야마기와 교수가 이 책에서 펴는 논지는 어렵지 않으면서도 나름 치밀해서 매우 설득력이 높다. 일본원숭이들이 무리 지어 살고 있는 일본이 영장류학의 발상지요, 현재의 연구 수준 또한 세계적으로도 앞서간다는 사실도 이 책을 통해 알게 됐다.

《인간 폭력의 기원》는 2008년 7월, '디아스포라의 눈'이라는 타이틀로 《한겨레》에 에세이를 연재하던 서경식 도쿄경제대 교수가 쓴 글(‘인간이 고릴라보다 폭력적인 이유’)에 소개됐다. 지난해 4월 제6쇄를 찍은 이 책 1쇄가 2007년 말에 나왔으니까, 서 교수는 일찍부터 그 책을 눈여겨봤던 모양이다. 그 글에는 야마기와 교수를 도쿄경제대에 초청해 강연까지 들었다는 얘기도 나온다. 자신의 학생들을 인솔하여 아우슈비츠를 견학한 뒤 바로 다음 일정으로 보노보 등 베를린동물원의 유인원 관람을 짜 넣을 정도로 평소 동물원을 자주 찾는다는 서 교수 특유의 깊숙한 '인간학'의 주요 모티프 중 하나가 바로 그 유인 원 관찰인 듯하다. 고릴라, 침팬지, 오랑우탄, 일본원숭이, 긴팔원숭 이 등 진원류와 여우원숭이, 안경원숭이 등 원원류들의 현재 행태와 긴 진화 역사를 통해 인간의 특성, 특히 전쟁과 집단 학살 등의 잔혹 한 대량 폭력을 휘두르는 인간의 폭력적 특성이 어디서 유래하는지, 현장 연구와 첨단 이론들을 토대로 하나하나 그 근원을 더듬어 가는 《인간 폭력의 기원》의 문제의식은 서 교수의 그것과도 딱 맞아떨어지 는 것이었으리라는 생각이 든다.

그런데 그 글을 번역까지 하고도 그동안 나는 그런 사실들을 까맣 게 잊고 있었다. 이 책 번역을 내게 맡긴 출판사 대표가 얼마 전 서경 식 교수 얘기를 할 때까지는.

이 책을 우리말로 옮기면서 "옳거니!" 하고 감탄하거나 깜짝깜짝 놀랐던 적이 많았다. 유인원 특유의 먹이 활동, 주거 활동, 번식 활동 등 개체적·사회적 삶의 다양한 형태가 먹이의 종류와 질·양, 분포 형태에 따라 어떻게 다르고 교미(성) 상대의 특성에 따라 어떻게 달라 지며, 표범 등 맹수나 천적 유무에 따라 또 어떻게 달라지는지 야마 기와 교수는 흥미로운 사례들을 통해 하나하나 보여 준다.

먹이는 양적으로 무한정 존재하지 않고, 질적으로도 다르며, 그것 이 있는 장소나 시간도 편재돼 있다. 성도 마음에 들거나 자손 번식 에 유리한 상대가 무제한 있는 게 아니다. 천적 대처도 환경에 따라

천차만별로 달라진다.

이 제한과 부족, 편재 등으로 생물 개체나 집단들 사이에 결핍, 불평등, 불안과 불안정, 불만 등이 조성되고 마침내 폭력으로 발전한다. 진화 과정에서 살아남은 생명체 또는 생물 집단들은 그런 폭력 유발 요인들을 어떤 형태로든 제거하거나 최소화하는 방법들을 창안해 냈다. 무리를 짓고, 서열을 만들어 먹이·성 등을 차별적으로 배분하고, 난교나 일부일처 또는 일처다부·일부다처, 근친상간 터부 등 성 문제 해소를 위한 다양한 방식을 개발했으며, 음식을 나눠 먹고, 혼인을 통해 적대 관계를 해소하고, 분쟁이 발생했을 때 그것을 해소하는 독특한 방식들을 개발해 냈다.

그렇게 해서 폭력을 제어하지 못한 종들은 멸종으로 내몰렸을 것이다. 《인간 폭력의 기원》는 이 폭력을 어떻게 제어해 왔는지 영장류에 대한 조사·연구를 통해 밝혀내려는 노력의 산물이라고도 할 수 있다.

먹이·성·천적을 매개로 한 영장류들의 특성 분석은 인간에게도 거의 그대로 적용될 수 있겠다는 생각이 들었다. 그것이 연구자들의 애초 문제의식이기도 하겠지만, 인간 역시 같은 조상을 지닌 동물의 한 종에 지나지 않는다는 사실을 이 책에서 새삼 확인할 수 있었다고 할까. 동물, 특히 유인원은 어떤 면에선 인간보다 훨씬 더 '인간적'이었다. 물론 '인간적'이라는 얘기는, 인간을 다른 동물들 나아가 다른 모든 생명체들보다 우월하다고 철석같이 믿고 있는 인간의 추상적 관념어에 지나지 않는 것이지만, 그 '인간적'이라는 기준에 맞춰 보더라도 실제 인간보다는 고릴라가 훨씬 더 '인간적'일 수 있음을 이 책은 현장 관찰을 토대로 자세히 보여 준다. 한마디로 고릴라는 할리 우드 영화가 그린 '킹콩'이 아니다. 고릴라가 인간이 상상하는 것보다 훨씬 더 평화적일 뿐 아니라 '신사적'이라는 사실을 야마기와 교수는 아프리카 오지 고릴라 서식지에서 실체험을 통해 확인한다.

그리고 놀랍게도, 가족의 기원이 근친상간 회피라는 것, 그리고 그 근친상간 회피의 생물학적 기원이 열성인자 발현을 피하려는 일종의 우생학적 고려와 연결된 것이긴 하지만, 그보다는 성 교섭 상대를 둘 러싼 자식들이나 혈족들과의 파국적 경쟁을 피하기 위한 장치라는 것도 이 책을 통해 새롭게 확인했다. 그러니까 형제를 비롯한 혈족들 끼리 성 교섭 상대를 두고 서로 경쟁하는 것은 도덕 · 윤리 차원의 문 제 이전에 무리의 생존 자체를 불가능하게 만드는, 멸종으로 가는 길 이기 때문이다. 그 절대적 요구가 터부로, 도덕 · 윤리로 발현되고 굳 어진 셈이다. 인간은 가족 노동에 의존한 농경 사회가 출현하기 이전 에 이미 이런 성적 문제를 해소하기 위해 일찍부터 가족을 만들었다 고 야마기와 교수 등은 보고 있다. 천적으로부터의 안전 확보도 가족 탄생의 동인 중 하나지만, 그런 이유에서라면 굳이 오직 한 쌍의 남 녀에게만 성 교섭을 허용하면서 다른 모든 구성원에겐 그것을 불허 하는 지금의 가족 형태를 고수할 이유가 없다. 가족 외의 다른 대안 들이 얼마든지 존재할 수 있기 때문이다.

요즘 우리나라도 별로 다른 것 같지 않지만, 일본에선 오래 함께 산 부부들끼리 좀체 잠자리를 같이하지 않는, 이른바 '섹스리스' 부부 생활을 두고 반우스갯소리 삼아 "우리 식구끼리 무슨……"이라고들 한다는데, 이런 농담 아닌 농담이 상당한 생물학적 근거가 있다(?)는 것도 이 책에서 배웠다. 예컨대 고릴라는 새끼가 태어나면 그 양육의 상당 부분을 수컷이 맡게 되는데, 그렇게 어릴 때부터 곁에 두고 키운 딸은, 그 딸이 사춘기를 지나도 절대 교미 상대로 삼지 않는다고 한다. 영장류학자들은 이런 사실을 오랜 세월 동안 그들 영장류들과 가까이서 함께 생활(각각의 개체들에 모두 인간처럼 이름까지 붙여 준다)하면서 확인했다. 자신이 낳은 딸 중에도 그런 과정을 거치지 않고 따로 자란 딸과는 교미해서 자식까지 낳는다는 사실을 연구자들은 관찰 및 디엔에이 분석을 통해 확인했다.

성 행동을 좌우하는 것은 피(혈연)가 아니라 양육 과정 또는 생활 속에서 형성된 친밀감 여부, 친밀도인 것이다. 그러니 결혼한 뒤 함께 오래 살아온 중년 부부가 점점 상대를 성 교섭 상대로 여기지 않게 되는 것은, 다른 여러 이유들도 있겠지만 고릴라 생태 연구를 통해 그 까닭을 충분히 유추해 볼 수 있지 않겠는가. 영장류는 비교적 가까웠던 이성과 교미를 할 때는 그 전에 상대에게 화를 내든지 내쫓아서 그런 친밀 관계를 깨 낯설게 하는 작업부터 한다는 관찰에도 고개가 끄덕여졌다.

그것은 그리스 신화의 오이디푸스 비극과도 상통하는 면이 있지 않은가. 영화배우 최민식이 주연한 영화 〈올드 보이〉도 핏줄과의 오랜 단절로 인한 오인이 그 영화를 끌어가는 기본 요소다. 물론 그 비극은 그에게 복수한 오누이의 근친상간과 맞물려 있지만, 가족을 핵으로 한 인간 사회 최대의 터부라 할 그 근친상간 문제야말로 〈올드 보이〉의 알파요 오메가였다.

친자가 아닌 아이들을 차별하고 심지어 죽이기까지 하는 인간의 유구한 계모·계부 박해 역사도 성 교섭 및 번식 기회를 늘리려는 수컷의 욕망과 밀접하게 얽힌 침팬지의 새끼 살해 역사의 연장선상에 있다고 해야 할 것 같다.

그런데 유인원을 비롯한 다른 동물들도 폭력을 행사하긴 하지만 인간만큼 대규모로, 조직적으로 대량 학살을 자행하진 않는다. 특히 동족을 상대로 인간이 자행하는 무자비한 폭력의 원인을 야마기와 교수는 언어의 출현, 일족의 노동력을 투입해 지켜야 할 잉여를 축적할 수 있게 된 농경 사회의 출현, 그리고 무덤을 만들고 제사를 지내면서 이미 죽어 버린 조상들까지 끌어들여 편짜기에 이용하는 아이덴티티의 확장, 즉 상상의 공동체의 출현('민족'이 그 전형) 등과 그것이 만들어 내는 독특한 사회구조, 사회성에서 찾는다.

야마기와 교수는 인간 폭력을 만들어 낸 이 특성들 속에 그것을 해소할 수 있는 가능성도 들어 있다고 본다. 특히 부모뿐만 아니라 여러 일가 친척과 이웃들까지 아이 키우기에 함께 참여하는 공동 육아와 함께 음식을 나눠 먹는 공식共食, 그 연장선상에 있는 교육을 통해 상상의 공동체들 간의 분절과 대립을 해소할 수 있는 요소들을 발양시켜 경계들을 제한 없이 오갈 수 있게 만드는 것, 그것이 하나의 돌파구가 될 수 있다고 보는 듯하다. 그 요소들은 바로 다양성, 그리고 결정론적으로 미리 정해져 있지 않고 뭐든 될 수 있는 가능성을 의미하는 가소성可塑性이다.

"인간이 일상적으로 다양한 집단을 출입하며 살아갈 수 있는 것은 타자에 대한 허용성을 높임과 동시에 안면이 없는 동료들이 있는 집단에 금방 동화될 수 있는 가소성을 넓힐 수 있었기 때문이다. 바로 거기에 경계 없는 시대를 살아갈 수 있는 비결이 감춰져 있다고 나는 생각한다."

인간이 과연 그런 단계에까지 나아갈 수 있을까?

인구 과잉과 그로 인한 생존 경쟁 과열도 인간이 대량 폭력을 휘두르게 만드는 원인 중 하나가 아닐까 하는 생각이 들었지만, 막연한 추측일 뿐 근거가 없다. 2014년 교토대 총장에 당선됐다는 야마기와 교수의 이야기가 그런 막연한 추측과 다른 결정적 차이가 바로 그 체험적·실험적·이론적 근거를 들이댄다는 것이다. 그의 책이 영장류학의 의미를 되새기게 하는 기회가 될 수도 있겠다.

한승동

|단행본|

• 다이앤 포시Dian Fossey, 《안개 속의 고릴라 – 마운틴고릴라와 13년Gorillas in the Mist》(하네다 세쓰코羽田節子·야마시타 게이코山下惠子 옮김, 하야카와쇼보早川書房, 1986).

• 도나 하트Donna Hart, 로버트 서스먼Robert Sussman, 《사람은 잡아먹히면서 진화했다Man the Hunted: Primates, Predators, and Human Evolution》(이토 노부코伊藤伸子 옮김, 가가쿠도진化學同人, 2007).

• 데이비드 스프레이그David Sprague, 《원숭이의 생애, 사람의 생애 – 인생 계획의 생물학》(가와노 쇼이치河野昭一 외 엮음, 교토대학 학술출판회, 2004).

• 로버트 아드레이Robert Ardrey, 《아프리카 창세기 – 살육과 투쟁의 인류사 African Genesis》(도쿠다 기사부로德田喜三郎 외 옮김, 지쿠마쇼보筑摩書房, 1973).

• 로빈 던바Robin Dunbar, 《언어의 기원 – 원숭이의 털 고르기, 사람의 가십 Grooming, Gossip, and the Evolution of Language》(마쓰우라 슌스케松浦俊輔·핫토리 기요미服部清美 옮김, 세이도샤青土社, 1998).

• 루이스 헨리 모건Lewis Henry Morgan, 《고대사회Ancient Society》(아라타케 간손荒畑寒村 옮김, 가도카와쇼텐角川書店, 1954).

• 리처드 랭엄Richard Wrangham, 데일 피터슨Dale Peterson, 《남성의 흉포성은 어디서 왔나Demonic Males: Apes and the Origins of Human Violence》(야마시타 아쓰코山下篤子 옮김, 미타슈판카이三田出版會, 1998).

• 리처드 클라인Richard G. Klein, 블레이크 에드거Blake Edgar, 《5만 년 전 인류에게 무슨 일이 일어났는가? – 의식의 빅뱅 The Dawn of Human Culture》(스즈키 요시미鈴木淑美 옮김, 신쇼칸新書館, 2004).

• 마르셀 모스Marcel Mauss, 《사회학과 인류학1 Soziologie Und Anthropologie》(아

리치 도오루有地亨 · 이토 마사시伊藤昌司 · 야마구치 도시오山口俊夫 옮김, 고분도弘
文堂, 1973).

- 마크 리들리Mark Ridley, 《덕의 기원 – 타인을 배려하는 유전자 Cooperative Gene》(기
시 유지岸由二 감수, 후루카와 나나코古川奈々子 옮김, 쇼에이샤翔永社, 2000).

- 마틴 데일리Martin Daly, 마고 윌슨Margo Wilson, 《사람이 사람을 죽일 때 – 진화로
그 수수께끼를 푼다 Homicide》(하세가와 마리코長谷川眞理子 · 하세가와 도시카즈長
谷川壽一 옮김, 신시사쿠샤新思索社, 1999).

- 맷 카트밀Matt Cartmill, 《인간은 왜 살인을 하는가 – 수렵 가설과 동물의 문명사 A
View to a Death in the Morning : Hunting and Nature Through History》(우치다
료코內田亮子 옮김, 신요샤新曜社, 1996).

- 세라 허디Sarah Blaffer Hrdy, 《여성은 진화하지 않았나 The Woman That Never
Evolved》(가토 야스다케加藤泰建 · 마쓰모토 료조松本亮三 옮김, 시사쿠샤思索社,
1982).

- 스티븐 미턴Steven Mithen, 《노래하는 네안데르탈 – 음악과 언어로 본 인간의 진화
The Singing Neanderthals : The Origins of Music, Language, Mind, and Body》(구
마가야 준코熊谷淳子 옮김, 하야카와쇼보, 2006).

- 이레나우스 아이블–아이베스펠트Irenaus Eibl–Eibesfeldt, 《프로그램된 인간 – 공격
과 친애의 행동학 Love and Hate : A Natural History of Behavior Patterns》(시모
야마 도쿠지霜山德爾 · 이와부치 다다타카岩淵忠敬 옮김, 헤이본샤平凡社, 1977).

- 엘리자베스 토머스Elizabeth Marshall Thomas, 《함리스 피플 – 원시에서 살아가는
부시맨The Harmless People》(아라이 다카荒井喬 · 쓰지 다다오辻井忠男 옮김, 가이
메이샤海鳴社, 1977).

- 이브 코팡Yves Coppens, 《루시의 무릎 – 인류 진화의 시나리오 Lucy's Knee : The Story
of Man and the Story of His Story》(바바 히사오馬場悠男 · 나라 다카시奈良貴史 옮김,

기노쿠니야쇼텐紀伊國屋書店, 2002).

- 재레드 다이아몬드Jared M. Diamond, 《섹스는 왜 즐거운가 Why is Sex Fun? : The Evolution of Human Sexuality》(하세가와 도시카즈長谷川壽一 옮김, 소시샤草思社, 1999).

- 제인 구달Jane Goodall, 《숲 속의 이웃사람 – 침팬지와 나 My Life with the Chimpanzees》(가와이 마사오河合雅雄 옮김, 헤이본샤, 1973).

- 제인 구달Jane Goodall, 《야생 침팬지의 세계 The Chimpanzees of Gombe : Patterns of Behavior》(스기야마 유키마루杉山幸丸 · 마쓰자와 데쓰로松澤哲郎 옮김, 미네르바쇼보, 1990).

- 조지 샬러George Schaller, 《마운틴 고릴라 The Year of the Gorilla》(후쿠야 세이슈福屋正修 옮김, 시사쿠샤, 1979, 1980).

- 콘라트 로렌츠Konrad Zacharias Lorenz, 《공격 – 악의 자연지 On Aggression》(히다카 도시타카日高敏隆 · 구보 가즈히코久保和彦 옮김, 미스즈쇼보, 1970).

- 콜린 턴불Colin Turnbull, 《숲의 사람The Forest People》(후지카와 하루토藤川玄人 옮김, 지쿠마쇼보, 1976).

- 크레이그 스탠퍼드Craig B. Stanford, 《사냥을 하는 사람 – 육식 행동을 통해 인간화를 생각한다 The Hunting Apes : Meat Eating and the Origins of Human Behavior》(세토구치 미에코瀨戶口美惠子 · 세토구치 다케시瀨戶口烈司 옮김, 세이도샤, 2001).

- 클로드 레비스트로스Claude Lévi-Strauss, 《친족의 기본구조》(마부치 도이치馬渕東一 · 다지마 사다오田島節夫 감역, 하나자키 고헤이花崎皐平 외 옮김, 반쵸쇼보番町書房, 1977).

- 티머시 휘트모어Timothy C. Whitmore, 《'열대우림' 총론》(구마사키 미노루熊崎實 · 고바야시 시게오小林繁男 감역, 쓰키지쇼칸築地書館, 1993).

- 프랑스 드 발Frans de Waal, 《당신 안의 원숭이 – 영장류학이 밝혀주는 '인간다움'의

기원Our Inner Ape : The Best and Worst of Human Nature》(후지이 류미 옮김, 하야카와쇼보, 2005).

• 프란스 드 발Frans de Waal, 《원숭이와 스시(초밥) 장인 – '문화'와 동물의 행동학The Ape And The Sushi Master : Cultural Reflections Of A Primatologist》(니시다 도시사다西田利貞 · 후지이 류미藤井留美 옮김, 하라쇼보原書房, 2002).

• 프란스 드 발Frans de Waal, 《이기적인 원숭이, 타인을 배려하는 원숭이 – 모럴(도덕)은 왜 생겨났나Evolved Morality : The Biology and Philosophy of Human Conscience》(니시다 도시사다 · 후지이 류미 옮김, 소시샤, 1998).

• 프란스 드 발Frans de Waal, 《정치를 하는 원숭이 – 침팬지의 권력과 성Chimpanzee Politics : Power and Sex among Apes》(니시다 도시사다 옮김, 헤이본샤, 1994).

• 프란스 드 발Frans de Waal, 《화해 전술 – 영장류는 평화로운 삶을 어떻게 실현했나 Natural Conflict Resolution》(니시다 도시사다 · 에노모토 도모오榎本知郎 옮김, 도부쓰샤, 1994).

• 한스 쿠머Hans Kummer, 《영장류 사회 – 원숭이의 집단생활과 생태적 적응 Primate Societies》(미즈바라 히로키水原洋城 옮김, 사회사상사, 1978).

———

• Brain, C. K., 1981, *The Hunters or the Hunted? : An Introduction to African Cave Taphonomy.* The University of Chicago Press, Chicago.

• Cheney, D. L., Seyfarth, R. M., 1990. *How Monkeys See the World.* The University of Chicago Press, Chicago.

• Du Chaillu, P., 1861. *Exploration and Adventures in Equatorial Africa.* Harper Brothers, New York.

• Fleagle, J. G., 1999. *Primate Adaptation and Evolution.* Second edition. Academic

Press, London.

- Lee, P. C.(ed.), 1999. *Comparative Primate Socioecology.* Cambridge University Press, Cambridge.
- Lee, R., De Vore, I.(eds.), 1968. *Man the Hunter.* Aldine Transaction, New Jersey.
- Russon, A. E., Begun, D. R.(eds.), 2004. *The Evolution of Thought : evolutionary origins of great ape intelligence.* Cambridge University Press, Cambridge.
- Wolf, A. P., 1995. *Sexual Attraction and Childhood Association : a Chinese brief for Edward Westermarck.* Stanford University Press, Stanford.

———

- 伊谷純一郎, 一九五四年《高崎山のサル　日本動物記 2》(今西錦司編), 光文社.
- 伊谷純一郎, 一九七二年《霊長類の社会構造　生態学講座 20》共立出版.
- 伊谷純一郎, 一九八七年《霊長類社会の進化》平凡社.
- 市川光雄, 一九八二年《森の狩猟民 ―ムブティ・ピグミーの生活》人文書院
- 井上民二, 二〇〇一年《熱帯雨林の生態学―生物多様性の世界を探る》八坂書房.
- 今西錦司, 一九五一年《人間以前の社会》岩波書店.
- 今西錦司, 一九六〇年《ゴリラ》文藝春秋新社.
- 内田亮子, 二〇〇七年《人類はどのように進化したか―生物人類学の現在》勁草書房.
- 榎本知郎, 一九九四年《人間の性はどこから来たのか》平凡社.
- 海部陽介, 二〇〇五年《人類がたどってきた道―"文化の多様化"の起源を探る》ＮＨＫブックス.
- 加納隆至, 一九八六年《最後の類人猿―ピグミーチンパンジーの行動と生態》どうぶつ社.

- 河合雅雄, 一九七七年《ゴリラ探検記》講談社学術文庫.
- 河合雅雄, 一九九二年《人間の由来(上・下)》小学館.
- 川田順造編, 二〇〇二年《近親性交とそのタブー──文化人類学と自然人類学のあらたな地平》藤原書店.
- 川道武男, 一九七八年《原猿の森──サルになりそこねたツパイ》中央公論社.
- 京都大学霊長類研究所編, 一九九二年《サル学なんでも小事典──ヒトとは何かを知るために》講談社ブルーバックス.
- 黒田末寿, 一九八二年《ピグミーチンパンジー──未知の類人猿》筑摩書房.
- 黒田末寿, 一九九九年《人類進化再考──社会生成の考古学》以文社.
- 黒田末寿, 二〇〇二年《自然学の未来──自然への共感》弘文堂.
- 菅原和孝, 二〇〇二年《感情の猿＝人》弘文堂.
- 杉山幸丸, 一九九三年《子殺しの行動学》講談社学術文庫.
- 杉山幸丸編, 一九九六年《サルの百科》データハウス.
- 高畑由紀夫編著, 一九九四年《性の人類学──サルとヒトの接点を求めて》世界思想社.
- 田中二郎, 一九七一年《ブッシュマン──生態人類学的研究》思索社.
- 寺嶋秀明編著, 二〇〇四年《平等と不平等をめぐる人類学的研究》ナカニシヤ出版.
- 土肥昭夫・岩本俊孝・三浦慎悟・池田啓, 一九九七年《哺乳類の生態学》東京大学出版会.
- 徳田喜三郎, 一九五七年《動物園のサル 日本動物記4》(今西錦司編), 光文社.
- 徳田喜三郎・伊谷純一郎, 一九五八年《幸島のサル──その性行動 日本動物記3》(今西錦司編), 光文社.
- 中川尚史, 一九九四年《サルの食卓──採食生態学入門》平凡社.
- 中川尚史, 二〇〇七年《サバンナを駆けるサル──パタスモンキーの生態と社会》京都大学学術出版会.

- 西田利貞, 一九八一年《野生チンパンジー観察記》中公新書.
- 西田利貞, 一九九九年《人間性はどこから来たか——サル学からのアプローチ》京都大学学術出版会.
- 西田利貞・伊澤紘生・加納隆至編, 一九九一年《サルの文化誌》平凡社.
- 西田利貞・上原重男編, 一九九九年《霊長類学を学ぶ人のために》世界思想社.
- 長谷川寿一・長谷川眞理子, 二〇〇〇年《進化と人間行動》東京大学出版会.
- 浜田穣, 二〇〇七年《なぜヒトの脳だけが大きくなったのか——人類進化最大の謎に挑む》講談社ブルーバックス.
- 古市剛史, 一九九九年《性の進化, ヒトの進化——類人猿ボノボの観察から》朝日選書.
- 村山美穂・渡辺邦夫・竹中晃子編, 二〇〇六年《遺伝子の窓から見た動物たち——フィールドと実験室をつないで》京都大学学術出版会.
- 山極寿一, 一九九三年《ゴリラとヒトの間》講談社現代新書.
- 山極寿一, 一九九四年《家族の起源——父性の登場》東京大学出版会.
- 山極寿一, 一九九七年《父という余分なもの——サルに探る文明の起源》新書館.
- 山極寿一, 二〇〇五年《ゴリラ》東京大学出版会.
- 山極寿一 編著, 二〇〇七年《ヒトはどのようにしてつくられたか》岩波書店.
- 湯本貴和, 一九九九年《熱帯雨林》岩波新書.

|논문|

- Bartholomew, G. A., Birdsell, J. B., 1953. Ecology and the Protohominids. *American Anthtopologist*, 55 : 481-498.
- Barton, R. A., Byrne, R. W., Whiten, A., 1996. Ecology, feeding competition and

social structure in baboon. *Behavioral Ecology and Sociobiology*, 38 : 321-329.

- Bradley. B. J., Doran-Sheehy, D. M., Lukas, D., Boeshe, C., Vigilant, L., 2004. Dispersed male networks in western gorilas. *Current Biology*, 14 : 510-513.

- Clutton-Brock. T. H., Harvey, P. H., 1977. Primate ecology and social organization. *Journal of Zoology*, 183 : 1-39.

- Constable, J. L., Ashley, M. V., Goodall, J., Pusey, A. E., 2001. Noninvasive paternity assignment in Gombe chimpanzees. *Molecular Ecology*, 10 : 1279-1300.

- Dart, R. A., 1949. The predatory implemental technique of Australopithecus. *American Journal of Physical Anthropology*, 7 : 1-38.

- Dart, R. A., 1953. The predatory transition from ape to man. *International Anthropological and Linguistic Review*, 1 : 201-217.

- Dart, R. A., 1955. Cultural status of the South African man—apes. *Annual Report of the Smithsonian Institution*, 1955 : 317-338.

- Dissanayake, E., 2000. Antecedants of the temporal arts in early mother-infant iteraction. In : Wallin, N. L., Merker, B., and Brown, S.(eds.), *The Origins of Music*. The MIT Press, Cambridge, pp. 389-410.

- Dixon, A. F., 1983. Observations on the evolution and behavioral significance of "sexual skin" in female primates. *Advances in the Study of Behavior*, 13 : 63-106.

- Gilby, I. C., Eberly, L. E., Pintea, L., Pusey, A. E., 2006. Ecological and social influences on the hunting behaviour of wild chimpanzees, Pan troglodytes schweinfurthii. *Animal Behaviour*, 72 : 169-180.

- Harcourt, A. H., Harvey, P. H., Larson, S. G., Short, R. V., 1981. Testis weight, body weight and breeding system in primates. *Nature*, 293 : 55-57.

- Hashimoto, C., Furuichi, T., 2006. Freguent copulations by females and high promiscuity in chimpanzees in the Kalinzu Forest, Uganda. In : Newton-Fisher, N., Notman, H., Paterson, J., and Reynolds, V.(eds.), *Primates of Western Uganda*. Springer, New York, pp. 248-257.

• Henzi, P., Barrett, L., 2003. Evolutionary ecology, sexual conflict, and behavioral differentiation among baboon populations. *Evolutionary Anthropology*, 12 : 217-230.

• Hosaka, K., Nishida, T., Hamai, M., Matsumoto-Oda, A., Uehara, S., 2001. Predation of mammals by the chimpanzees of the Mahale Mountains, Tanzania. In : Gadikas. B. M. E., Briggs, N. E., Sheeran, L. K., Shapiro, G. L., Goodall, J.(eds.), *All Apes Great and Small*. Kluwer Academic/Prenum, New York, pp. 107-130.

• Inoue, M., Takenaka, A., Tanaka, S., Kominami, R., Takenaka, O., 1990. Paternity discrimination in a Japanese macaque group by DNA Fingerprinting. *Primates*, 31 : 563-570.

• Inoue, M., Mitsunaga, F., Ohsawa, H., Takenaka, A., Sugiyama, Y., Soumah, A. G., Takenaka, O., 1991. Male mating behaviour and paternity discrimination by DNA fingerprinting in a Japanese macaque group. *Folia Primatologica*, 56 : 202-210.

• Jason, C. H., 2000. Primate socio-ecology : the end of a golden age. *Evolutionary Anthropology*. 9 : 73-86.

• Kawamura, S., 1958. The matriarchal social order in the minoo-B Group : a study on the rank system of Japanese Macaque. *Primates*, 1 : 149-156.

• Kuester, J., Paul, A., Arnemann, J., 1994. Kinship, familiarity and mating avoidance in Barbary macaques, Macaca sylvanus. *Animal Behaviour*, 48 : 1183-1194.

• Linton, S., 1975. Woman the gatherer: male bias in anthropology. In : Reiter, R., (ed.), *Toward an Anthropology of Women*. Monthly Review Press, New York.

• Lovejoy, C. O., 1981. The origin of man. *Science*, 211 : 341-350.

- Matsubara, M., Sprague, D. S., 2004. Mating tactics in response to costs incurred by mating with multiple males in wild female Japanese macaques. *International Journal of Primatology*, 25 : 901-917.

- Matsmura, S., 1999. The evolution of "Egalitarian" and "Despotic" social systems among macaques. *Primates*, 40 : 23-31.

- Milton, K., 2006. Diet and Primate Evolution. *Scientific American Special Edition*, 16 : 22-29.

- Mitani, J. C., Rodman, P. S., 1979. Territoriality : The relation of ranging pattern and home range size to defendability, with an analysiss of territoriality among primate species. *Behavioral Ecology and Sociobiology*, 5 : 241-251.

- Mitani, J. C., Gros-Louis, J., Manson, J. H., 1996. Number of males in primate groups : comparative tests of competing hypotheses. *American Journal of Primatology*, 38 : 315-332.

- Mori, A., 1977. The social organization of the provisioned Japanese monkey troops which have extraordinary large population sizes. *Journal of the Anthropological Society of Nippon*, 85 : 325-345.

- Reichard, U. H., 2003. Social monogamy in gibbons : the male perspective. In : Reichard, U. H., Boesch, C.(eds.), *Monogamy : mating strategies and partnerships in birds, humans and other mammals*. Cambridge University Press, Cambridge, pp. 190-213.

- Ridley, M., 1986. The number of males in a primate troop. *Animal Behaviour*, 34 : 1848-1858.

- Saito, C., Sato, S., Suzuki, S., Sugiura, H., Agetsuma, N., Takahata, Y., Sasaki, C., Takahashi, H., Tanaka, T., Yamagiwa, J., 1998. Aggressive intergroup encounters in two populations of Japanese macaques (*Macaca fuscata*). *Primates*, 39 : 303-312.

• Sillen-Tullberg, B., Moller, A. P., 1993. The relationship between concealed ovulation and mating systems in anthropoid primates : a phylogenetic analysis. *The American Naturalist*, 141 : 1-25.

• Sterck, E. H. M., Watts, D. P., van Schaik, C. P., 1997. The evolution of female social relationships in nonhuman primates. *Behavioral Ecology and Sociobiology*, 41: 291-309.

• Suzuki, S., Noma, N., Izawa, K., 1998. Inter-annual variation of reproductive parameters and fruit availability in two populations of Japanese macaques. *Primates*, 39 : 313-324.

• Tanner, N., Zihlman, A., 1976. Woman in evolution, part 1 : Innovation and selection in human origins. *Signs* 1 : 585-608.

• Tutin, C. E. G., 1979. Mating patterns and reproductive strategies in a community of wild chimpanzees (*Pan troglodytes schweinfurthii*). *Behavioral Ecology and Sociobiology*, 6 : 29-38.

• Tutin, C. E. G., Williamson, E. A., Rogers, M. E., Fernandez, M., 1991. A case study of a plant-animal relationship : Cola lizae and lowland gorillas in the Lope Reserve, Gabon. *Journal of Tropical Ecology*, 7: 181-199.

• van Schaik, C. P., 1983. Why are diurnal primates living in groups? *Behaviour*, 87 : 120-144.

• van Schaik, C. P., 2004. Mating conflict in primates : infanticide, sexual harassment and female sexuality. In : Kappeler, P. M., van Schaik, C. P.(eds.), *Sexual Selection in Primates*. Cambridge University Press, Cambirdge, pp. 131-150.

• van Schaik, C. P., Dunbar, R. I. M., 1990. The evolution of monogamy in large primates: a new hypothesis and some crucial tests. *Behaviour*, 115 : 30-62.

• Vigilant, L., Hofreiter, M., Siedel, H., Boesch, C., 2001. Paternity and relatedness in wild chimpanzee communites. *Proceedings of the National Academy of Sciences of the United States of America*, 98: 12890-12895.

• Watts, D. P., 1989. Infanticide in mountain gorillas : new cases and a reconsideration of the evidence. *Ethology*, 81 : 1-18.

• Watts, D. P., 1996. Comparative socio-ecology of gorillas. In: McGrew, W. C., Marchant, L. F., Nishida, T.(eds.), *Great Ape Societies*. Cambridge University Press, Cambirdge, pp. 16-28.

• Woodburn, J., 1982. Egalitarian Societies. *Man (New Series)* 17 : 431-451.

• Woodburn, J., 1988. African hunter-gatherer social organization : is it best understood as a product of encapsulation? In : Ingold, T., Riches, D., Woodburn, J.(eds.), *Hunters and Gatherers (1)-History, Evolution and Social Change*, Berg Publishers, Oxford, pp. 31-64.

• Wrangham, R. W., 1980. An ecological model of female-bonded primate groups. *Behaviour*, 75 : 262-300.

• Wrangham, R. W., 1987. Evolution of social structure. In : Smuts, B. B., Cheney, D. L., Seyfarth, R. M., Wrangham, R. W., Struhsaker, T. T.(eds.), *Primate Societies*. University of Chicago Press, Chicago, pp. 282-296.

• Yamatiwa, J., Kahekwa, J., 2001. Dispersal patterns, group structure, and reproductive parameters of eastern lowland gorillas at Kahuzi in the absence of infanticide. In: Robbins, M. M., Sicotte, P., Stewart, K. J.(eds.), *Mountain Gorillas : Three Decades of Research at Karisoke*. Cambridge University Press, Cambridge, pp. 89-122.

• Yamagiwa, J., Kahekwa, J., 2004. First observations of infanticides by a silverback in

Kahuzi-Biega. *Gorilla Journal*, 29 : 6-9.

———

- 伊谷純一郎, 一九七七年〈行列〉, 伊谷純一郎編著《チンパンジー記》講談社, 四三九 - 四七二頁.
- 伊谷純一郎, 一九八六年〈人間平等起原論〉, 伊谷純一郎・田中二郎編《自然社会の人類学―アフリカに生きる》アカデミア出版会, 三四九 - 三八九頁.
- 今村薫, 一九九六年〈ささやかな饗宴―狩猟採集民ブッシュマンの食物分配〉, 田中二郎・掛谷誠・市川光雄・太田至編著《続 自然社会の人類学―変貌するアフリカ》アカデミア出版会, 五一 - 八〇頁.
- 岸上伸啓, 二〇〇三年〈狩猟採集民社会における食物分配の類型について―《移譲》,《交換》,《再分配》〉《民族学研究》六八号, 一四五 - 一六二頁.
- 北西功一, 一九九七年〈狩猟採集民アカにおける食物分配と居住集団〉《アフリカ研究》五一号, 一 - 二八頁.
- 竹内潔, 二〇〇二年〈分かちあう世界―アフリカ熱帯森林の狩猟採集民アカの分配〉, 小馬徹編《くらしの文化人類学第5巻 カネと人生》雄山閣, 二四 - 五二頁.
- 竹川大介, 二〇〇二年〈結節点地図と領域面地図, メラネシア海洋民の認知地図―ソロモン諸島マライタ島の事例から〉, 松井健編著《核としての周辺》京都大学学術出版会, 一五九 - 一九三頁.
- 丹野正, 一九九一年〈《分かち合い》としての《分配》―アカ・ピグミー社会の基本的性格〉, 田中二郎・掛谷誠編《ヒトの自然誌》平凡社, 三五 - 五七頁.
- 丹野正, 二〇〇五年〈シェアリング, 贈与, 交換―共同体, 親交関係, 社会〉《弘前大学大学院地域社会研究科年報》第一号, 六三 - 八〇頁.
- 中川尚史・岡本暁子, 二〇〇三年〈ヴァン・シャイックの社会生態学モデル：積み重ねてきたものと積み残されてきたもの〉《霊長類研究》第一九

巻, 二四三 - 二六四頁.

- 西邨顕達, 一九九九年〈野生ウーリーモンキー雌の性・生殖パターン〉《同志社大学理工学部研究報告》第四〇巻二号, 一 - 一四頁.
- 古市剛史, 二〇〇二年〈ヒト上科の社会構造の進化の再検討─食物の分布と発情性比に着目して〉《霊長類研究》第一八巻, 一八七 - 二〇一頁.
- 松本晶子, 二〇〇七年〈メスの繁殖戦略からみたチンパンジーの社会─発情の時間的な分布〉《生物科学》五八号, 八七 - 九五頁.
- 丸橋珠樹, 一九九三年〈頬袋の有無と霊長類の進化〉《霊長類研究》第九巻, 二三五 - 二四四頁.

인간 폭력의 기원

폭력의 동물적 진화를 탐구하다

지은이 야마기와 주이치
옮긴이 한승동

1판 1쇄 펴냄 2015년 7월 24일
2판 1쇄 펴냄 2018년 7월 6일
2판 2쇄 펴냄 2022년 5월 12일

펴낸곳 곰출판
출판신고 2014년 10월 13일 제406-2510020140000187호
전자우편 walk@gombooks.com
전화 070-8285-5829
팩스 070-7550-5829

ISBN 979-11-89327-00-2

● 이 책은 2015년 출간된 《폭력은 어디서 왔나》의 개정판입니다.